DER VERKAUFSCODE

IAN MILLS, MARK RIDLEY,
BEN LAKER & TIM CHAPMAN

DER VERKAUFSCODE

DIE ERFOLGSGEHEIMNISSE DER WELTBESTEN VERKÄUFER

MIDAS MANAGEMENT VERLAG
ST. GALLEN • ZÜRICH • BERLIN

DER VERKAUFSCODE

Die Erfolgsgeheimnisse der weltbesten Verkäufer

1. Auflage 2019
Midas Management Verlag AG, Zürich

ISBN 978-3-03876-524-0

«Handeln Sie immer so, als würde das, was Sie tun, einen Unterschied bewirken. Das wird es. Haben Sie keine Angst vor dem Leben. Glauben Sie daran, dass das Leben lebenswert ist, und dann wird Ihre Überzeugung dazu beitragen, dass es so ist.«

William James
Vater der amerikanischen Psychologie
1842–1910

INHALTSVERZEICHNIS

1. SO KNACKEN SIE DEN VERKAUFSCODE DER WELTBESTEN VERKÄUFER..... 13

2. ERFÜLLUNG.. 47

3. KONTROLLE.. 79

4. RESILIENZ.. 107

5. EINFLUSS 139

6. KOMMUNIKATION 173

7. KNACKEN SIE DEN VERKAUFSCODE 205

8. DER VERKAUFSCODE – LEKTIONEN FÜR MANAGEMENT UND FÜHRUNG..... 217

9. DIE SECHS GRUNDTYPEN IN ANLEHNUNG AN EDUARD SPRANGERS PSYCHOLOGISCHE TYPENLEHRE.. 233

DANKSAGUNG

Die Autoren möchten den folgenden Personen für ihre unermüdliche Unterstützung danken. Ohne eure Beiträge wäre das Buch nicht möglich gewesen:

Zwei unserer Fellow-Partner von Transform Performance International:

- Nancy Loates-Taylor, die zu diesem Buch wertvolle Ideen und Thought Leadership beigetragen hat.
- Tanya Lucas, die die Perspektive der professionellen Psychologie beigesteuert hat und alles verkörpert, worüber wir geschrieben haben. Sie wurde bei den Women Sales Awards (Europa) 2016 zur »Best Woman in Professional Services Sales« gekürt

Unser Dank geht außerdem an alle Mitarbeiter von Transform Performance International, die dafür gesorgt haben, dass wir während der Manuskripterstellung stets gut organisiert waren.

Vielen Dank an Sam Chapman für die vielen Stunden, die er damit verbracht hat, jedes einzelne Interview zu transkribieren.

Ebenfalls danken wir Nic Read für seine unschätzbare Unterstützung während des Redaktionsprozesses.

Und natürlich danken wir unseren »ikonenhaften« Verkäufern, den Unternehmen, die uns ermöglicht haben, mit ihren Verkäufern zu sprechen, und natürlich den Verkäufern selbst, die uns Einblick in ihre sehr persönliche Welt gewährt haben.

Und ein großes Dankeschön an unseren Verlag LID dafür, dass er an unser Projekt geglaubt hat und für die Unterstützung, die wir im Verlauf der Bucherstellung erhalten haben.

ERSTES VORWORT

Wir befinden uns in einer Zeit des Wandels und der Ungewissheit im politischen, im kulturellen und im Geschäftsleben. In diesem Klima verlassen sich Unternehmen zunehmend auf ihre Verkaufsexperten. Verkauf ist aber nicht nur auf das Geschäftsleben beschränkt. Wir alle verkaufen, und zwar tagtäglich. In allen Ländern und Kulturen, Branchen und Altersgruppen bedeutet Verkauf Überzeugungsarbeit. In diesem Buch präsentieren die Autoren harte Daten und Fakten jenseits der Ungenauigkeiten und vagen Beschreibungen, die dieses Thema normalerweise umgeben. Einige der besten Verkäufer der Welt beschreiben hier die Mentalität, die es ihnen ermöglicht hat, weltweit erfolgreich zu verkaufen - in den unterschiedlichsten Branchen und in guten wie in schlechten Zeiten. Vielleicht zum ersten Mal wird in diesem Buch dem Innenleben eines Verkäufers die gleiche Aufmerksamkeit geschenkt wie seinen äußerlich sichtbaren Handlungen, und es werden die Überzeugungen und Denksysteme aufgedeckt, die gemeinsam die Person ausmachen, die ihre Wettbewerber immer wieder übertrumpft.

Von der Erkenntnis, was Sie von einer Hühnerfarm über Körpersprache lernen können, bis zur Entdeckung der Verbindung zwischen Bodybuilding und Verkaufsermüdung, gibt es in *Der Verkaufscode* für jeden etwas, wovon er oder sie profitieren kann. Die hier vorgestellten Erkenntnisse sowie die Kompetenz und Überzeugungskraft, mit der das Buch geschrieben wurde, machen es nicht nur zum aktuellsten Beitrag zum Thema Verkauf, sondern auch zu einer unverzichtbaren Lektüre.

Wenn Sie erfolgreicher verkaufen wollen - im Leben allgemein oder im Geschäft -, wird Ihnen das Buch dabei helfen, immer auf der Sonnenseite zu stehen.

Luke Johnson

Luke Johnson, Chairman von Risk Capital Partners LLP und ehemaliger Chairman von Channel 4 Television, ist Autor einer wöchentlich erscheinenden Kolumne für The Sunday Times und Teileigentümer von Patisserie Holdings, Bread Ltd (dem Unternehmen hinter der Kette Gail's Artisan Bakery). Er ist außerdem Chairman und Mehrheitseigner von Neilson Active Holidays und sitzt im Aufsichtsrat der Sportartikelunternehmen Zoggs und Brompton Bicycles sowie bei Gaucho Restaurants. Er ist der größte Anteilseigner und einer der Direktoren von Elegant Hotels Group plc, dem größten Hotel auf Barbados.

ZWEITES VORWORT

Beinahe jede erfolgskritische Funktion eines Unternehmens hat Compliance-Standards. Ob Sie in der Finanz- oder Rechtsabteilung, in der Fertigung oder im Vertrieb arbeiten, Sie müssen eine Ausbildung machen, verbindliche Inhalte erlernen, Prüfungen bestehen, sich akkreditieren lassen und Ihr Wissen und Ihre Zertifikationen ständig aktualisieren. In gewisser Hinsicht gilt das auch für Marketingfachleute und Kundenservice-Experten.

Solche formalen Qualifikationen waren im Anschluss an die Finanzkrise von 2008 sehr gefragt, als Unternehmensführer bei ihren Stellvertretern um guten Rat nachsuchten, um mithilfe von Kostensenkungen Gewinne aufrechtzuerhalten. Nach dieser radikalen Verschlankungskur lässt sich mit weiteren Kosteneinsparungen heute kaum noch Gewinn erzielen. Jetzt muss der Gewinn aus der Umsatzsteigerung kommen. Das macht den Verkaufsprozess zu einer absolut unternehmenskritischen Aufgabe. Und das führt dazu, dass die Verkaufsabteilung mehr denn je ins Rampenlicht der Aufmerksamkeit der Führungsetage rückt.

Wenn man genau hinsieht, ist der Verkauf jedoch keine echte Profession. Noch nicht. Es gibt keine verbindlichen Lehrbücher, Studiengänge oder Examen, keine offiziellen Abschlüsse und auch keine Zertifizierung, die regelmäßig aktualisiert werden muss. Verkauf ist eine Karriere mit niedrigen Einstiegshürden, die in einer Zeit, in der es vor Compliance-Standards für so gut wie alles nur so wimmelt, nach wie vor weitgehend unreguliert sind.

Früher oder später werden die verschiedenen mit der Entwicklung von verbindlichen Standards befassten Auditoren und Behörden nach Grundlagentexten suchen, die ihnen dabei helfen, den Verkauf zu demystifizieren und verbindliche Rahmen festlegen. Sie werden den Verkauf in eine besser vorhersagbare, wiederholbare Wissenschaft verwandeln und die Volatilität der Umsatzprognosen und Vertriebspipeline reduzieren wollen.

Der Verkaufscode wird ihnen dabei helfen.

Dieses Buch basiert auf profunden Recherchen über Verkaufsikonen, die ihre Rivalen während des größten Teils ihrer Karriere – in boomenden wie in konjunkturschwachen Zeiten, im Sommer wie im Winter – immer wieder übertrumpft haben.

Die Autoren haben ihren Ansatz mit wissenschaftlicher Strenge verfolgt und Daten von einem breiten Spektrum an unterschiedlichen Verkaufsexperten aus unterschiedlichsten Branchen, Kulturen und Regionen gesammelt. Die Vielfalt und Bandbreite, die Profundität ihrer Recherchen und die Qualität ihrer Interpretation machen dieses Buch zu einer wertvollen Ergänzung der bestehenden Verkaufslektüre.

Der vielleicht bedeutsamste Beitrag dieses Buches besteht darin, dass es zum ersten Mal die fünf Credos enthüllt, die jeder Topverkäufer der Welt verinnerlicht hat. In einer Branche, in der es vor Softwareprogrammen, Vorlagen, Methoden und eindrucksvollen Schlagworten nur so wimmelt, wurde das innere Überzeugungssystem herausragender Verkäufer kaum erforscht und daher sind die damit verbundenen Erkenntnisse eine höchst willkommene Bereicherung.

Das Werk zeigt, dass Exzellenz eine persönliche Entscheidung ist und sich dauerhafte Veränderungen am besten von innen heraus erzielen lassen, und nicht von außen verordnet werden können. Insofern ist dieses Buch ein Prüfstein, den Sie immer wieder zurate ziehen und in dem Sie jedes Mal wieder Neues entdecken können. Wenn Sie das Buch erneut zur Hand nehmen und es sich anfühlt, als würden Sie es zum ersten Mal lesen, liegt das nicht daran, dass sich die Natur des Buches zwischen einer Lektüre und der nächsten verändert hat, sondern daran, dass sich Ihre Fähigkeit, die darin enthaltenen Juwelen zu entdecken, mit jeder neuen Erfahrung verbessert hat.

Nicholas A. C. Read

Nic Read, Autor des Buches *Selling to the C-Suite*, ist Researcher und Bestsellerautor von Verkaufsbüchern und ehemaliger Executive Director der Beratungssparte, Praxisgruppe Revenue Growth, von Ernst & Young, der seine Karriere in Verkauf und Management verbracht hat. Seine Methoden werden in mehr als 40 Ländern angewendet und helfen Kunden, die an sie gestellten Erwartungen um viele Milliarden Dollar zu übertreffen.

KAPITEL 1

SO KNACKEN SIE DEN VERKAUFSCODE DER WELTBESTEN VERKÄUFER

Im Jahr 2013 wurden wir (die Researcher Mark Ridley und Ian Mills) gebeten, die Verkaufsergebnisse eines globalen Telekommunikationskonzerns zu steigern. Dort trafen wir mit Tim Chapman zusammen, der für die Entwicklung und Durchführung eines Verkaufsexzellenz-Programms für 750 Verkaufsmanager und Account Manager in Nordamerika, in Europa, im Mittleren Osten, in Afrika und im asiatisch-pazifischen Raum verantwortlich war. Er und sein Unternehmen wollten wissen, ob gute Verkäufer geborene Talente sind, oder ob man exzellenten Verkauf erlernen kann, und welches die Motivatoren für herausragende Leistung sind.

Nach einer Befragung der Mitarbeiter, gemeinsamen Kundenbesuchen und Gesprächen mit den Führungskräften im Verkauf, fragten wir uns, wie sich die Trends, die wir dabei aufdeckten, im Vergleich zu den Trends im Verkauf allgemein ausnahmen.

Anschließend wandten wir uns an den Wissenschaftler Dr. Ben Laker, Professor of Leadership an der Henley Business School, mit der Bitte, eine breitere wissenschaftliche Studie durchzuführen, die branchenübergreifende empirische Belege zur Beantwortung dieser Frage ergeben würde. Wir luden zahlreiche Organisationen aus Primär-, Sekundär- und Tertiärsektoren – von denen viele auf globaler Ebene operieren – dazu ein, an dieser Studie teilzunehmen.

Jede der teilnehmenden Organisationen wurde gebeten, uns eine bunt gemischte Gruppe von jeweils zehn Verkäufern für eine Befragung zur Verfügung zu stellen. Daraus entstand eine Liste mit rund 500.000 Teilnehmern. Anstatt deren jeweilige Vorgesetzte zu fragen, wer von ihnen die leistungsstarken und wer die leistungsschwachen Verkäufer waren, führten wir unsere eigenen unabhängigen Analysen auf Basis mehrerer Faktoren durch, um mögliche Verzerrungen zu vermeiden und die Zuverlässigkeit der Ergebnisse zu steigern. Auf unserer Scorecard berechneten wir einen Mittelwert und ordneten die Verkäufer ober- beziehungsweise unterhalb dieser Trennlinie ein. Dann nahmen wir die 500 leistungsstärksten Verkäufer der ersten Gruppe und die 500 leistungsschwächsten Verkäufer der zweiten Gruppe. Das ergab eine Kohorte von 1.000 Teilnehmern, die wir genauer unter die Lupe nahmen.

An dieser Stelle muss darauf hingewiesen werden, dass die Begriffe »leistungsstark« und »leistungsschwach« relativ gemeint sind. Nicht alle als leistungsschwach bezeichneten Verkäufer sind automatisch schlechte Verkäufer. Es kann durchaus sein, dass sie die Verkaufsziele ihrer jeweiligen Organisation erfüllen. Wir wissen jedoch, dass sie im Vergleich mit anderen Verkäufern in unserer Kohorte aus irgendeinem Grund weniger effektiv sind.

Die Teilnehmer beider Gruppen wurden darüber befragt, was sie wirklich dazu motiviert hat, den Verkaufsberuf zu ergreifen und im Verkauf zu bleiben. Also eine Tätigkeit dauerhaft auszuüben, die mit vielen Überstunden, gnadenlosem Leistungsdruck, ständiger Bewertung anhand von Verkaufszielen, mit Ablehnung, den Anforderungen der Unternehmenspolitik und häufiger häuslicher Abwesenheit verbunden ist. Nach wie vor herrscht das alte Vorurteil, alle Verkäufer wären von finanziellen Anreizen motiviert. Bis zu einem gewissen Grad stimmt das, aber es ist bei weitem nicht ihr größter Motivator, sondern nur einer der Faktoren in einem Mix von multidimensionalen Triebkräften.

Anschließend wurde jeder Verkäufer von den Psychometrikern unseres Unternehmens Transform Performance analysiert, mit dem Ziel, seine jeweilige tiefliegende Motivation zu ergründen (Psychometrie ist ein Zweig der Psychologie, der sich mit Theorien und Methoden der psychologischen Messung befasst; bei den Testverfahren beziehungsweise Befragungen werden psychologische Variablen quantifiziert). Im Anhang – Die sechs Grundtypen in Anlehnung an Eduard Sprangers psychologische Typenlehre – finden Sie eine ausführlichere Darstellung dieser Analysen.

Unsere Arbeit im Jahr 2013 warf mehr Fragen über die Mentalität erfolgreicher Verkäufer auf, als sie beantwortete. Wir kamen zu dem Schluss, dass wir zwar einige Erkenntnisse, aber keine identifizierbaren Muster gewonnen hatten – jedenfalls nichts, was darauf hingewiesen hätte, dass die erfolgreichsten Verkäufer über irgendeine Art von »Betriebssystem« verfügten, die alle anderen möglicherweise übernehmen konnten. Es hätte natürlich sein können, dass wir nach dem Goldschatz am Ende des Regenbogens suchten. Möglicherweise forschten wir nach etwas, das gar nicht existierte. Unser Instinkt sagte uns allerdings etwas anderes.

Im Jahr 2015 beschloss das Forscherteam, eine tiefergehende Exploration vorzunehmen. Jeder der 1.000 Verkäufer wurde in einem 90-Minuten-Interview zu seinen Motivatoren und Demotivatoren, seinen Ambitionen und Einstellungen zum Verkauf befragt. Die Befragung hatte ein semistrukturiertes Format; soll heißen, wir eröffneten das Interview mit sehr offenen Fragen, die die befragte Person dazu einluden, frei zu antworten. Anschließend verwendeten unsere Interviewer eine Technik, die als »Clean Questioning« bezeichnet wird, um tief auszuloten, wie jeder Verkäufer seine eigene Verkaufswelt interpretierte und wie er seine Erfahrungen nutzte, um eine Struktur für seinen eigenen Erfolg zu schaffen. Alle Antworten wurden aufgezeichnet und transkribiert. Die Transkripte wurden mithilfe einer Daten- und Sprachsoftware analysiert, die häufig wiederholte Schlagworte und Ideen isolierte.

Und nun wurde es spannend. Diese letzte Übung enthüllte fünf zentrale oder grundlegende Überzeugungen, die alle befragten Verkäufer aufwiesen. Nach einigem Hin und Her beschlossen wir, sie *Zielcredos* zu nennen. Die meisten der Befragten betrachten ihr Berufs- und Privatleben als einen kontinuierlichen Weg beziehungsweise eine lange Reise. Zwar räumten sie ein, diese Überzeugungen hätten ihre innere Einstellung, ihre Denkhaltung und ihr Verhalten geprägt, sie wiesen jedoch wiederholt darauf hin, dass es sich dabei um Überzeugungen handle, die sich ständig weiterentwickelten und deren Ausprägung daher Wandlungen unterworfen sei. Wir schlossen daraus, dass *Zielcredos* Überzeugungen beziehungsweise persönliche Glaubenssätze verkörpern, die gewissermaßen rote Fäden darstellen, die sich durch das ganze Leben ziehen, aber je nach veränderter Lebenssituationen eine andere Form annehmen können.

Die fünf identifizierten Zielcredos erhielten entsprechende Bezeichnungen und wurden in den nachfolgenden Interviews erforscht (siehe Abbildung 1). In diesen Interviews nahmen wir zehn der erfolgreichsten Verkäufer der Welt auf, die wir als »Verkaufsikonen« bezeichnen. Am Ende dieses Kapitels können Sie mehr über sie erfahren.

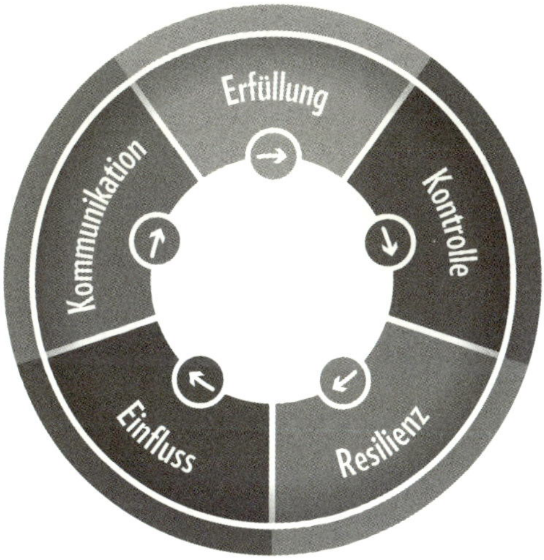

Abbildung 1 Zusammenspiel der fünf Zielcredos, die dem Verkaufscode von Spitzenverkäufern zugrunde liegen

Die spannendste Erkenntnis, die wir aus unseren Untersuchungen zogen, war der Umstand, dass ausnahmslos alle Verkäufer im Verlauf der Interviews auf die meisten der fünf Zielcredos zu sprechen kamen. Jeder einzelne konnte eine ausführliche Geschichte zu einer alltäglichen Begebenheiten zum Besten geben – Situationen, deren Ergebnis von einem bestimmten Verhalten geprägt war, das seinerseits von einer Motivation geleitet war, die auf einer bestimmten Überzeugung beruhte.

Lassen Sie das kurz auf sich wirken. Von Topverkäufern bis zu leistungsschwachen Verkäufern hatten alle eine klare Vorstellung davon, was ihnen das Gefühl der Erfüllung vermittelte, oder was Resilienz für sie bedeutete. Das war aber noch nicht alles. Es war offensichtlich, dass die fünf Zielcredos notwendige Komponenten des Glaubenssystems eines Verkäufers darstellten. Was die Topverkäufer aber wirklich von leistungsschwächeren Verkäufern unterschied, war die Art und Weise, wie sie diese Überzeugungen interpretierten und synthetisierten. Anders ausgedrückt: In Bezug auf jede dieser inneren Überzeugungen wiesen unsere Gesprächspartner ein breites Spektrum an Einstellungen auf. Das waren die zehn nachgeordneten Überzeugungen. Auf die genaue Natur des Spektrums der nachgeordneten Überzeugungen werden wir später noch ausführlicher eingehen. Am interessantesten ist jedoch, dass zahlreiche unserer Gesprächspartner nachgeordnete Überzeugungen aufwiesen, die sich an den jeweiligen Extremen des Spektrums befanden, und innerlich sogar mit ihnen ringen. Wie lernten daraus, dass die meisten erfolgreichen Verkäufer mit *größerer Intensität* auf bestimmte nachgeordnete Überzeugungen reagieren als andere. Und dies motiviert sie zu einem bestimmten Verhalten. Aus diesem Grund haben wir die nachgeordneten Überzeugungen als *Handlungsmotivatoren* bezeichnet. Sie führen uns auf einen bestimmten Handlungspfad und legen fest, wie wir im Verlauf dieses Pfads auf Ereignisse reagieren. Handlungsmotivatoren bestimmen unsere Einstellung, und wenn wir hier den Begriff »Einstellung« verwenden, meinen wir nicht eine gute oder schlechte Einstellung (wobei, falls das zutrifft ...), sondern die ursprüngliche Definition aus dem Wörterbuch, die besagt, dass eine Person einen bestimmten Standpunkt, Blickwinkel oder eine bestimmte Perspektive einnimmt. Wie der Führungsexperte John Maxwell sagt, ist Ihre Einstellung »der Bibliothekar Ihrer Vergangenheit, der Sprecher Ihrer Gegenwart und der Prophet Ihrer Zukunft.« Die Handlungsmotivatoren breiten den Pfad vor uns aus, den wir beschreiten werden. Zwar wurde schon viel über die »richtige Einstellung« gesagt und geschrieben, aber nun können wir sie zum ersten Mal bei einer ganz spezifischen Population messen. Und das legt eine Kausalkette, eine Erfolgsformel, offen – den Verkaufscode.

Das hat enorme Auswirkungen auf die Verkaufsführung. Die Antwort auf die Standardfrage, die in Bewerbungsgesprächen gestellt wird und im Allgemeinen lautet, dass »harte Arbeit« zum Erfolg führt, reicht nicht mehr aus. Ganz offen gesagt, sollten solche Fragen heute eigentlich als unausgereift gelten. Alle Verkäufer sind sich einig, dass harte Arbeit wichtig ist. Einige reagieren auf die Herausforderung, die harte Arbeit bedeutet, allerdings völlig anders, und zwar aufgrund ihrer Reaktion auf die Intensität ihrer zugrunde liegenden Handlungsmotivatoren.

Wie manifestieren sich diese? Man könnte sagen, Spitzenleister seien davon überzeugt, dass sie sich selbst die Erlaubnis erteilen, besser zu sein, als sie je geträumt hätten. Umgekehrt sind leistungsschwache Menschen davon überzeugt, Erfolg bedeute, Misserfolge zu vermeiden. Hochleister übernehmen die Verantwortung für ihren Erfolg; Leistungsschwache schreiben ihren mangelnden Erfolg lieber Faktoren zu, auf die sie ihrer Meinung nach keinen Einfluss haben. Hochleister suchen ständig nach Wegen, in harten Zeiten *intelligenter* zu arbeiten; Leistungsschwache versuchen einfach, *mehr* zu arbeiten. Spitzenleister wissen, dass man Einfluss gewinnt, wenn man flexibel reagiert, anstatt sich mit der brachialen Gewalt durchzusetzen, die auf Macht und Position basiert. Und schließlich betrachten Spitzenleister Kommunikation als einen sich ständig vertiefenden Dialog, wohingegen leistungsschwache Menschen Kommunikation eher als transaktions- und transmissionszentrierte Aktivität betrachten.

Mit dieser Erkenntnis sind Führungskräfte im Verkauf viel besser für zukünftige Einstellungsgespräche gerüstet, um die tieferliegenden Motivationen und Überzeugungen zu ergründen, die die Besten der Besten antreiben.

Als Nächstes wollen wir die fünf Zielcredos untersuchen. Das folgende Kapitel wird ausführlich jede einzelne Überzeugung und die relative Intensität der Handlungsmotivatoren beschreiben, um die optimale Balance für Spitzenleistungen im Verkauf zu bestimmen: den Verkaufscode der weltbesten Verkäufer.

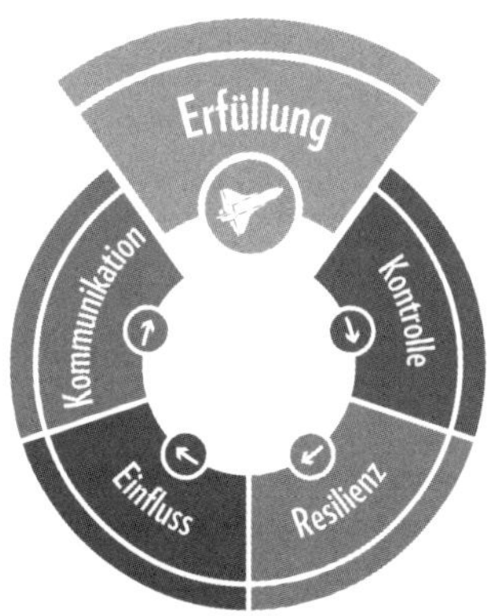

Erfüllung ist die erste Komponente. Dabei handelt es sich um einen Zustand der Befriedigung, der aus dem Wissen stammt, dass Sie entweder eine bestimmte Leistung erbracht haben oder sich auf dem Weg befinden, Ihre Leistung kontinuierlich auf ein Spitzenniveau zu steigern. Hochleister bewerten sich ständig selbst, wobei ihnen als Messlatte ein persönliches Entwicklungsziel dient: ihr maximales Potenzial auszuschöpfen und der professionellste und produktivste Verkäufer zu sein, der sie sein können. Sie wissen, dass die Ausprägung des Interesses und Engagements eines potenziellen Kunden ein Spiegelbild ihres persönlichen Kommunikationsstils (mehr dazu an späterer Stelle), ihrer Glaubwürdigkeit und Überzeugungskraft ist.

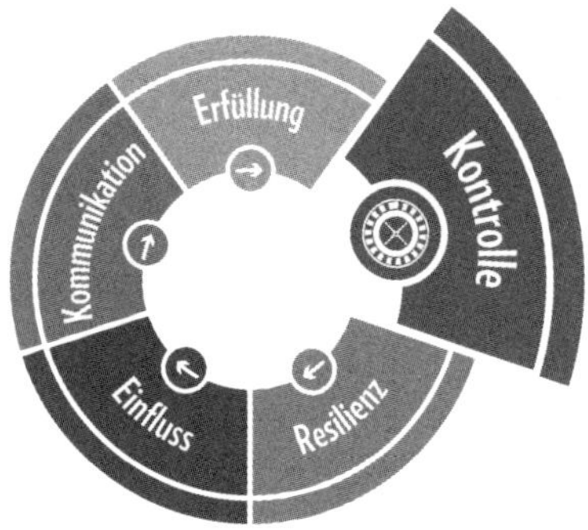

Hochleister verstehen das Konzept der **Kontrolle**, die zweite Komponente. Sie glauben daran, dass es wichtig ist, einen Plan zu besitzen, und bewerten regelmäßig ihren aktuellen Standort, ihr Ziel und die Wegstrecke, die zwischen beiden Punkten liegt. Sie fühlen sich persönlich für ihren Erfolg beziehungsweise Misserfolg verantwortlich. Wenn sie einen Misserfolg erleben (ja, das kommt auch bei Hochleistern vor), schieben sie die Schuld nicht auf die Konjunktur, ihr Unternehmen oder die Marketingabteilung. Sie akzeptieren das Misserfolgserlebnis und übernehmen die Verantwortung, denn wenn sie es als ihr Problem empfinden, können sie etwas dagegen unternehmen. Sie betrachten Misserfolg daher als einen vorübergehenden Stolperstein auf dem Weg zum unvermeidlichen Erfolg, auf dem sie jeden Kilometer Asphalt, jedes Schlagloch, jede Brücke, jede Mautstelle und Umleitung als Dinge betrachten, die sie steuern und kontrollieren können.

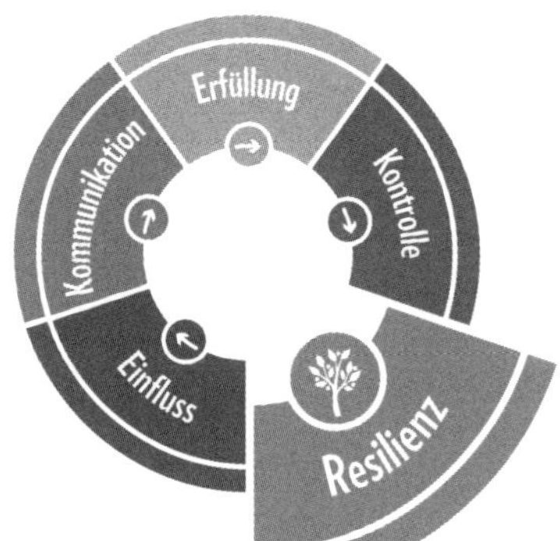

Resilienz ist die nächste Komponente. Sie ist insofern mit Kontrolle verknüpft, als sie Ihre Fähigkeit beschreibt, Rückschläge zu verarbeiten und sich wieder auf Ihr Ziel zu konzentrieren. Wie die Kontrolle offenbart sich die Resilienz in der Handlung. So wie ein Muskel nach Belastung wächst oder ein Brocken Kohle, der an Wert gewinnt, nachdem er unter hohem Druck gepresst wurde, nehmen resiliente Verkäufer jede Herausforderung an, die sich ihnen stellt. Sie verwandeln Stress in positive Energie und arbeiten ebenso intensiv wie beständig daran, ihr eigenes Glück zu schmieden. Resilienz bedeutet, sich an Veränderungen anpassen zu können und unter dem Druck von Fristen, Verkaufsabschlüssen und der Erfüllung von Verkaufszielen eine positive, ergebnisorientierte Einstellung zu bewahren. Resilienz ist ein grundlegender Baustein für die Gewinnung von Einfluss.

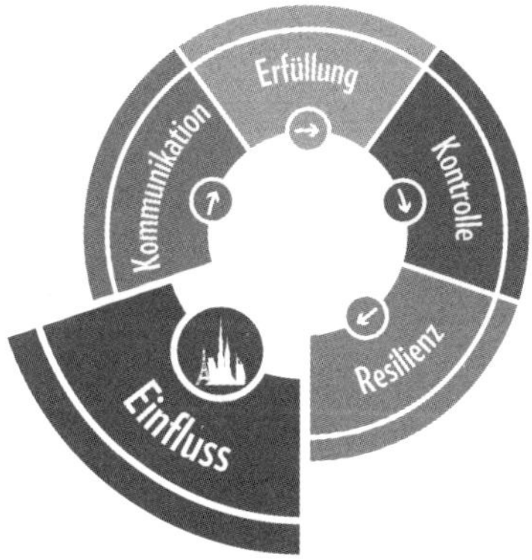

Einfluss ist die vierte Komponente in diesem Puzzle. Als Verkäufer müssen Sie Einfluss auf bestimmte Leute in der Organisation Ihres Kunden nehmen können, um Türen zu öffnen, sich die Unterstützung bestimmter Interessensgruppen zu sichern und den Auftrag zu erhalten. Sie müssen aber auch Leute in Ihrem eigenen Unternehmen beeinflussen können, um Ressourcen, Verkaufsunterstützung oder die Preisgestaltung durchzusetzen, die Sie für einen bestimmten Verkaufsabschluss brauchen. Sie benötigen Einfluss, um Zugang zu Insiderwissen zu erhalten und sich Informationen über Veränderungen, Risiken oder Chancen zu beschaffen, bevor sie offiziell verkündet werden. Einige Menschen charakterisieren diese Art Verhalten als politisch, und damit haben sie sogar recht. In jedem Job haben Sie mit Unternehmenspolitik zu tun. Menschen neigen zu Täuschungsmanövern, um auf sich aufmerksam zu machen, Verbündete zu gewinnen, eine Machtbasis aufzubauen oder Einfluss über das eigene Umfeld zu gewinnen. In diesen tückischen Gewässern zu navigieren, erfordert eine besondere Anstrengung. Daher bietet Resilienz ein überlebenswichtiges Fundament. Einfluss erhält man, indem man Kontakte knüpft und pflegt, mit vielen Menschen spricht und die Weisheit der Massen zum eigenen Vorteil nutzt, sodass man nie auf dem linken Fuß erwischt wird. Wenn Sie im Voraus wissen, welche Veränderungen anstehen, wie diese von den Betroffenen empfunden werden, was diese sich am meisten wünschen und auf wessen Meinung es wirklich ankommt, können Sie schneller und präziser handeln als andere. Sie arbeiten an Ihrer Erfolgsbilanz und gewinnen Freunde und Mitstreiter an allen wichtigen Orten, und das gibt Ihnen Einfluss. Einer der Schlüssel dazu ist Ihre Kommunikationsfähigkeit.

Kommunikation ist die fünfte Komponente. Sie können gar nicht zu viel mit einem Kunden oder Ihren Kollegen kommunizieren. In der Kommunikation sind Klarheit und Geschwindigkeit der Schlüssel. Geschwindigkeit, weil die Menschen heute im persönlichen Gespräch, telefonisch, per Video, E-Mail, Blog oder Tweet praktisch in Echtzeit Informationen versenden und empfangen. Wenn Sie Ihre Botschaft nicht in 200 Zeichen oder weniger übermitteln können, schalten die Leute ab. Anstatt im mehrwöchigen Abstand lange Meetings abzuhalten oder Briefe oder E-Mails auszutauschen, versuchen Sie, mehrmals in der Woche einen kurzen Informationsaustausch einzuführen. Wichtig ist, dass Sie immer im Bewusstsein Ihres Gesprächspartners bleiben. Klarheit ist wichtig, weil die betäubende Kakophonie der vielfältigen Botschaften, die heutzutage um unsere Aufmerksamkeit buhlen, bewirkt, dass Ihre Botschaft kurz, prägnant und auf den Punkt sein muss, wenn sie zum Empfänger durchdringen soll. Versuchen Sie, jede Kommunikation als dreiteilige Story zu betrachten: Sie brauchen eine aufmerksamkeitsstarke Überschrift, einen Grund, warum die Botschaft wichtig ist, und einen Handlungsaufruf. Das gilt für alle mündlichen und schriftlichen Kommunikationsformen. Die Lektion, die wir aus der Interviewanalyse gezogen haben, ist eindeutig: Hochleister *denken darüber nach*, wie sie kommunizieren. Sie sind sich darüber im Klaren, dass Kommunikation nie einem einheitlichen Muster folgt. Sie passen Ihren Kommunikationsstil flexibel an den jeweiligen Empfänger und die jeweilige Situation an. Und das tun sie, weil sie davon überzeugt sind, dass es ihre Pflicht ist, anderen dabei zu helfen, sie zu verstehen, und das Gegenüber in die Lage zu versetzen, Fragen zu stellen – kurzum: einen Dialog zu initiieren.

Bevor wir näher darauf eingehen, wollen wir kurz auf die Geschlechterfrage zu sprechen kommen. Haben wir in unserer Untersuchung irgendwelche Belege dafür gefunden, dass Männer und Frauen unterschiedliche Überzeugungen haben, oder zumindest Hinweise auf eine unterschiedliche *Intensität* der Handlungsmotivatoren? Kurz gesagt, nein, haben wir nicht. Als wir zu Beginn des Projekts mit der Bitte um Teilnahme zahlreiche Organisationen ansprachen, baten wir sie, uns Daten über ihre Spitzenverkäufer und die eher leistungsschwachen Verkäufer zur Verfügung zu stellen. Wir baten sie allerdings nicht darum, uns diese nach Geschlechtszugehörigkeit aufzuschlüsseln. Möglicherweise haben wir Feedback aus Branchen erhalten, die überwiegend männlich dominiert sind. Möglicherweise haben wir mit bestimmten Sektoren gesprochen, die eher weiblich dominiert sind. Wir haben uns in unserer Studie nicht auf Geschlechtszugehörigkeit konzentriert (wenngleich wir das in zukünftigen Untersuchungen möglicherweise tun werden), sondern wollten einfach nur die Glaubenssysteme von Menschen aufdecken, die sich mit Verkauf ihren Lebensunterhalt verdienen. Dabei haben wir nicht auf bestimmte Rollen und erst recht nicht auf ihre Geschlechtszugehörigkeit geachtet. Bei der Datenanalyse entdeckten wir, dass 65 Prozent der befragten Personen männlich und 35 Prozent weiblich waren. Als wir die Gesamtgruppe der Befragten auf die Spitzenverkäufer eingrenzten, ergab sich ein Verhältnis von 69 Prozent (männlich) zu 31 Prozent (weiblich). In diesen Zahlen sind die extrem erfolgreichen Verkaufsikonen nicht berücksichtigt, da wir bei ihrer Auswahl ganz bewusst auf eine ausgewogene Geschlechterverteilung geachtet haben. Die Tatsache, dass das Verhältnis zwischen männlichen und weiblichen Verkäufern zwischen der Gesamtgruppe der Befragten und der Gruppe der Spitzenverkäufer gleich bleibt, kann etwas zu bedeuten haben, aber auch reiner Zufall sein. Zum jetzigen Zeitpunkt können wir keine Schlussfolgerungen ziehen, aber das ist sicher ein faszinierendes Projekt für die Zukunft. Achten Sie darauf!

Lassen Sie uns zusammenfassen, was wir bisher wissen:

- Verkäufer betrachten ihr Leben als einen kontinuierlichen Pfad beziehungsweise eine Reise zu Verkaufszielen und Zielkunden – das liegt ihnen in den Genen. Unsere Recherchen ergaben, dass alle Verkäufer fünf übergeordnete Überzeugungen haben, die wir als *Zielcredos* bezeichnen. Sie lauten: Erfüllung, Kontrolle, Resilienz, Einfluss und Kommunikation.
- Je erfüllter und selbstbewusster Sie werden, desto mehr Souveränität strahlen Sie aus und desto größer die Kontrolle, die Sie über Ihre Umgebung haben.

- Je größer Ihre Kontrolle, desto leichter umgehen Sie Hindernisse. Doch selbst, wenn diese sich nicht vermeiden lassen, meistern Sie Herausforderungen auf eine Weise, die Ihre emotionale, geistige und seelische Widerstandskraft steigert.
- Je größer Ihre Resilienz ist, desto eher handeln Sie proaktiv und eigenverantwortlich, anstatt nur zu reagieren und passiv Dinge über sich ergehen zu lassen. Und je proaktiver und eigenverantwortlicher Sie handeln, desto größer Ihr Einfluss auf Menschen und Ereignisse.
- Je größer Ihr Einfluss, desto mehr Türen öffnen sich, die Ihnen Zugang zu anderen einflussreichen Personen verschaffen. Sie werden besser informiert sein, als Erster von vielversprechenden Chancen erfahren und die Qualität Ihrer Kommunikation mit anderen deutlich verbessern.
- Je besser Sie kommunizieren, desto mehr Gespräche werden Sie mit anderen führen sowie desto mehr Ideen erforschen, und desto mehr Chancen können Sie aufdecken, um Ihre Ziele im Hinblick auf persönliche Erfüllung zu verfolgen.
- Und je erfüllter und selbstbewusster Sie werden, desto mehr Souveränität strahlen Sie aus ... und so weiter.

Die Zielpfade, die Verkäufer dabei einschlagen, sind ganz unterschiedlich. Die Zielpfade sind es, die am Ende die Verkaufsergebnisse bestimmen. Nach unseren Recherchen ist das, was die Spitzenverkäufer von den leistungsschwachen Verkäufern differenziert, die Art und Weise, wie die fünf Zielcredos innerlich interpretiert und synthetisiert werden. Für jedes Zielcredo haben wir eine ganze Bandbreite an Einstellungen gefunden. Das sind die sogenannten Handlungsmotivatoren. Es gibt zehn davon; zwei pro Zielcredo, die am jeweiligen Ende des Spektrums angesiedelt sind. Für jedes Zielcredo wurden die besten fünf Prozent der befragten Verkäufer gemäß der Ausprägung der dazugehörigen Handlungsmotivatoren auf dem entsprechenden Spektrum platziert. Die genaue Balance, die sich aus dem Verhältnis zwischen den beiden Extremen der Handlungsmotivatoren des jeweiligen Zielcredos ergibt, enthüllt den Verkaufscode der weltbesten Verkäufer. Der Verkaufscode ist ein eigendynamischer Verhaltens- und Überzeugungszyklus, der von jeder der Verkaufsikonen verwendet wird, die ihre Erkenntnisse mit uns geteilt hat. Und diese Ikonen wollen wir Ihnen nun vorstellen.

DIE VERKAUFSIKONEN

Laut der US-Behörde für Arbeitsstatistik (*US-Bureau of Labor Statistics*) arbeitet jeder neunte Amerikaner im Verkauf. Jeden Tag verdienen mehr als 15 Millionen Menschen ihren Lebensunterhalt damit, andere davon zu überzeugen, etwas zu kaufen. Wenn Sie aber etwas tiefer nachschürfen, tritt eine alarmierende Wahrheit zu Tage. Ja, jeder neunte Amerikaner arbeitet im Verkauf, aber das tun die anderen acht auch, so Daniel Pink. Der ehemalige Redenschreiber von Al Gore vertritt die Auffassung, wir verbrächten den ganzen Tag damit, andere dazu zu bewegen, bestimmte Dinge zu tun – sei es, dass wir versuchen, unsere Arbeitskollegen von einer neuen Idee zu überzeugen, dass Unternehmer versuchen, Investoren von sich zu überzeugen, oder Eltern und Lehrer versuchen, Kinder zum Lernen zu überreden. Es geht nicht mehr um das *ABC des Verkaufs* (Always Be Closing – jedes Verkaufsgespräch ein Abschluss). Verkauf ist nicht auf Callcenter, Geschäfte oder Garagenverkäufe beschränkt. Wir alle machen das jeden Tag – wenn wir versuchen, unsere Kinder davon zu überzeugen, schlafen zu gehen, »bewegen« wir sie dazu, das zu tun, was wir wollen; genau so, wie wir vielleicht versuchen, jemanden dazu zu bewegen, ein Brot zu kaufen, dessen Getreide aus ökologischem Anbau stammt. Ob es uns gefällt oder nicht, wir sind alle Verkäufer, weil verkaufen eine grundlegende menschliche Aktivität ist.

Aus diesem Grund haben wir zehn Verkaufsikonen mit ganz unterschiedlichem Hintergrund sowie unterschiedlichen Erfahrungen und Narrativen ausgewählt. Wir waren von ihnen nicht fasziniert, weil sie einfach auf ihrem speziellen Gebiet spektakuläre Verkaufserfolge erzielt haben, sondern wir wurden von Dritten auf sie aufmerksam gemacht, die sie als besonders und anders bezeichneten und über sie sagten, sie besäßen das gewisse Etwas, das niemand genau definieren könne. Diese Ikonen haben Überzeugungssysteme, die sie zu echten Gewinnern und zur Verkörperung des Verkaufscodes der weltbesten Verkäufer machen. Bei einigen handelt es sich um langjährig erfahrene, hochkarätige Führungspersönlichkeiten im Verkauf, andere sind inzwischen Unternehmenschefs und wieder andere sind aktive Verkäufer. Einige haben das Ende ihrer beruflichen Laufbahn erreicht und andere befinden sich im beruflichen Aufstieg. Was sie miteinander verbindet, ist, dass sie sich alle intensiv für die Geschäftsentwicklung in ihren vielfältigen Ausprägungen engagiert haben und leidenschaftlich von ihrer Bedeutung überzeugt sind. Und nun wollen wir einen näheren, persönlichen Blick auf unsere »Ikonen« werfen. -1 Zeile kürzen

CHUCK POL, EHEMALS VODAFONE

Chuck Pol verfügt über mehr als 30 Jahre Erfahrung in der globalen Telekommunikationsbranche und kann eine konsistente Erfolgsbilanz vorweisen, was den Turnaround margenschwacher Unternehmen und Führungsteams in Höchstleistungsorganisationen betrifft, die selbst in turbulenten und ungewissen Zeiten alle Erwartungen übertreffen.

Chuck Pol war Chairman des Verwaltungsrats von Vodafone US und der Vodafone Foundation und Amerikas President of Vodafone Global Enterprise. Im Jahr 2010 kam er nach einer 20-jährigen Karriere bei der British Telecom zu Vodafone, wo er Führungsrollen in Sektoren wie Mobiltelefonie, Großhandel und Global Financial Services im nord- und südamerikanischen Raum und in Europa wahrnahm. Chuck, der über einen Abschluss des Belmont Abbey College verfügt und dort als Non-Executive Director tätig ist, ist verheiratet und hat drei erwachsene Kinder.

Wir fragten Chuck »Wodurch zeichnet sich Ihrer Meinung nach ein Spitzenleister aus?« Er antwortete, »Ein Spitzenleister steht seinen Kunden zur Verfügung; er hält sein Wort, hört effektiv zu und ist stets vorbereitet, weil er seine Hausaufgaben macht, damit er weiß, wovon er spricht. Er nimmt die richtigen Leute in jedes Meeting mit und gibt nicht vor, zu sein, was er nicht ist. Er kann seinen Stil flexibel anpassen, bleibt sich aber stets treu. Und natürlich fasst er beharrlich nach, immer wieder!«

Auf unsere Frage, »Was können andere von Ihrer Erfahrung lernen?«, antwortete er, »Vorbereitet zu sein. in guten wie in schlechten Zeiten zu führen und den Wandel proaktiv zu managen. Es ist wichtig, auf Menschen zuzugehen, sie zu binden und Vertrauen zu schaffen, indem man Kunden, Vorgesetzten, Mitarbeitern und Kollegen gegenüber sein Wort hält.«

COLLEEN SCHULLER, GLAXOSMITHKLINE

Nach ihrem Abschluss an der Polytechnischen Universität von Kalifornien, begann Colleen Schuller ihre Karriere als Account Executive bei Sebastian International, einem globalen Haarpflege- und Kosmetikkonzern. Dort stieg sie zum Divisional Sales Manager auf und erzielte ein Rekordwachstum, bevor sie im Jahr 2000 eine Stelle als Pharmareferentin bei GlaxoSmithKline annahm. Nach einer brillanten Erfolgsbilanz wurde sie zum Vice President of Sales befördert und war in dieser Rolle für 800 Verkaufsprofis sowie die US-Märkte für Herz-Kreislauf-, Stoffwechsel- und urologische Therapie verantwortlich. In ihrer aktuellen

Rolle als Vice President und Global Head of Selling Excellence, verantwortet Colleen die Standards für GSKs globalen Vertrieb.

Was sie so besonders macht, ist ihre Fähigkeit, Menschen zu führen und zu motivieren, sowohl in Teamkonstellationen als auch auf individueller Basis. Sie betreibt ihren Job mit Energie und Leidenschaft, hat aber auch hohe Erwartungen an ihre Mitarbeiter. Colleen, die mit ihrem Mann John und ihren zwei Söhnen inzwischen in London lebt, unternimmt gerne Fernreisen, liebt Outdoor-Abenteuer und verbringt gerne Zeit mit Freunden und Familie.

Wir fragten, »Was können andere von Ihrer Erfahrung lernen?« Und das antwortete Colleen: »Spulen Sie Ihr Leben im Schnelldurchlauf fünf Jahre in die Zukunft und überlegen Sie sich, für was Sie bekannt sein wollen. Stellen Sie sich folgende Fragen: Machen Sie Ihren Job, weil Sie ihn lieben und Ihr Potenzial dabei maximal ausschöpfen? Welche Marke wollen Sie setzen, und wenn Sie das an Ihrem aktuellen Arbeitsplatz nicht tun können, werden Sie die Initiative ergreifen, um eine Rolle zu finden, in der Sie Ihr Potenzial voll und ganz ausschöpfen können? Lernen Sie ständig weiter, aber dienen Sie anderen auch als Vorbild. Zu lernen und zu wachsen, sein Wissen und seine Erfahrung aber nicht weiterzugeben, wäre ein echter Verlust. Scheint Ihre Persönlichkeit auch wirklich durch? Wenn Sie ganz authentisch sind, werden Sie immer erfolgreicher sein als andere.«

»Was zeichnet Ihrer Meinung nach Spitzenleister aus?«, fragten wir. »Sie sind wettbewerbsorientiert«, antwortete Colleen. »Sie sind stolz darauf, Ihre Ziele zu übertreffen und Ihren Marktanteil schneller zu steigern als Ihre Wettbewerber. Sie sind so kundenfokussiert, dass Ihre Kunden Sie hereinlassen, aber Ihren Wettbewerbern die kalte Schulter zeigen. Das ist Ihr großer Vorteil – Sie sind derjenige, der den größten Mehrwert für Kunden erzielt.«

ERICA FEIDNER, STEINWAY

Im Jahr 2011 ernannte das Magazin *Inc.* Erica Feidner zu einem der herausragendsten Verkaufsprofis aller Zeiten. Dabei handelt es sich um eine exklusive Liste, auf der Namen wie Larry Ellison, David Ogilvy, Dale Carnegie und Zig Ziglar stehen. Erica wuchs in einem Haus mit 30 Klavieren auf, begann mit drei Jahren Klavier zu spielen und mit neun unterrichtete sie bereits Erwachsene im Klavierspiel. Sie gewann ein Stipendium an New Yorks prestigeträchtiger Juilliard School of Music und debütierte mit elf als Solistin in einem Orchester. Erica besuchte ein College und machte ihren Bachelor-Abschluss in Schönen Künsten. Sie fragte sich, wie sie sich wohl einen eigenen Flügel würde leisten können. Eine Werbeanzeige für den Schönheitswettbewerb Miss America schrieb einen Geldpreis aus, sie nahm teil und gewann ein Begabtenstipendium, das es ihr ermöglichte, ihren ersten Steinway-Flügel zu kaufen.

Als Erica sich bei einem Skiunfall die Hand verletzte und sie als Folge am Klavier nicht mehr die sehr hohen Erwartungen erfüllen konnte, die an sich selbst stellte, bot sie Steinway Hall ihre Mitarbeit an, um für jeden Kunden das richtige Klavier zu finden. Für ein Jahrzehnt wurde sie Steinways Top-Repräsentantin weltweit. In dieser Zeit brach sie alle Verkaufsrekorde. Ihr neuartiger Ansatz, mit dem sie für jeden Kunden das perfekte Klavier findet, brachte ihr den Titel »The Piano Matchmaker™« ein, und sie wurde von dem mit dem Pulitzer-Preis ausgezeichneten Journalisten James B. Stewart in *The New Yorker* porträtiert. Inzwischen leitet Erica ihr eigenes Unternehmen.

Wir fragten sie, »Was können andere von Ihrer Erfahrung lernen?« Sie antwortete, »Ich verkaufe keine Klaviere, ich verkaufe Inspiration. Ich berühre das Leben der Menschen mit der Idee, dass es ein besonderes Klavier gibt, das nur auf sie wartet, damit sie ihr Zuhause für den Rest des Lebens mit Musik erfüllen können. Daher möchte ich, dass sie mit einem echten Juwel nach Hause gehen. Wenn Sie darauf fokussieren, was für jeden Kunden das Richtige ist, verlagert sich die Dynamik. Sie verkaufen kein Produkt; Ihre Kunden kaufen von Ihnen ein Erlebnis.«

Wir fragten Erika, »Was zeichnet Ihrer Meinung nach Spitzenleister aus?« »Es geht nicht um Quoten und auch nicht um Ihre Bedürfnisse«, sagte sie. »Es geht um den Kunden und seine Bedürfnisse. Wenn ich mehrere Klaviere haben, die relativ gut, aber nicht perfekt zu einem Kunden passen, verzichte ich auf den Verkauf und bitte ihn, mir Zeit zu geben, um die passgenaue Lösung zu finden. Die Kunden sind stets begeistert. Es geht darum, jedes Mal genau das Richtige zu tun. Das hat etwas mit Integrität zu tun. Sie bauen eine persönliche Reputation auf und verteidigen sie unerbittlich. Die Kunden werden mit niemand anderem Geschäfte machen wollen.«

LOUIS JORDAN, EHEMALS BEI DELOITTE & KPMG

Louis Jordan ist nach 16 Jahren als Partner und Vice Chairman bei Deloitte vor Kurzem in den Ruhestand gegangen. In diesen Jahren bekleidete er eine Reihe hochrangiger Management- und Führungspositionen im Kundenbereich, und zwar sowohl in Großbritannien als auch auf globaler Ebene. Er führte die Aufsicht über die Implementierung mehrerer innovativer Marktinitiativen und war persönlich für die Entwicklung und Pflege einiger der wichtigsten Key Accounts des Unternehmens verantwortlich.

Davor war Louis Partner bei KPMG, mit Spezialisierung auf die Sektoren Banken und Versicherung, vornehmlich in Großbritannien, den USA und der Schweiz. Während seiner Zeit bei KPMG entwickelte und förderte er die Kompetenzen des Unternehmens, Kunden des Finanzsektors mithilfe operativer Transformation und Post-Merger-Integration zu unterstützen.

Louis hat einen Abschluss in Wirtschaftswissenschaften und Moderner Geschichte der Universität von Manchester. Wir fragten, »Was können andere von Ihrer Erfahrung lernen?« Er antwortete, »Achten Sie auf gemeinsame Geschäftsinteressen. Suchen Sie nach gemeinsamen Absichten und Zielen; etwas, bei dem das Zusammenspiel Ihrer beider Kompetenzen weit mehr erreicht, als jeder von Ihnen allein erreichen könnte. Messen Sie, welchen Mehrwert Sie mit Ihrer Geschäftsbeziehung füreinander erzielt haben, und bauen Sie diese Vorteile weiter aus.«

Auf die Frage, »Was zeichnet Ihrer Meinung nach einen Spitzenleister aus?«, antwortete er, »Er ist absolut zuverlässig und erfüllt immer und ohne Ausnahme die Bedürfnisse seiner Kunden. Er balanciert analytische und emotionale Intelligenz aus, knüpft und pflegt langfristige Geschäftsbeziehungen, die über individuelle Transaktionen hinausgehen, und er stellt seinen Kunden die ganze Kraft seiner Organisation zur Verfügung.«

DILIP MAILVAGANAM, MICROSOFT

Dilip Mailvaganam studierte an der Reading University in England Computerwissenschaften und begann seine Karriere als Softwareentwickler und Trainer in einem Start-up aus Oxfordshire. Vor seiner Ernennung zum General Manager Großbritannien für einen Anbieter von Offshore Services, der später von Cognizant übernommen wurde, war er in der Schulung, in der Beratung, im Verkauf und im Management tätig.

Im Jahr 2008 stieß er zu Microsoft, um die europäischen Absätze für eine neue Sparte von Offshore Services zu steigern. Als er seine Arbeit abgeschlossen hatte, waren die Umsätze um das schwindelerregende 27-fache gewachsen und er wurde zum Global Delivery Sales Director für Europa, den Mittleren Osten und Afrika sowie den asiatisch-pazifischen Raum ernannt. Aktuell ist er Worldwide Business Development Director bei Microsoft Services Emerging Capabilities. Dilip lebt mit seiner Frau und seinen zwei Töchtern in London. In seiner Freizeit spielt er Rugby, fährt Ski und nimmt an Autorennen teil.

»Was können andere von Ihrer Erfahrung lernen?«, fragten wir. »Sie könnten mit möglichst vielen unterschiedlichen Leuten arbeiten und versuchen, nicht alles selbst zu machen«, antwortete Dilip. »Wenn Sie kein Netzwerk haben, dann bauen Sie sich eines auf. Verfolgen Sie einen kollaborativen Arbeitsstil, sowohl in Ihrem eigenen Unternehmen als auch im Unternehmen Ihres Kunden. Es sollte da keinen Unterschied geben. Kunden müssen Sie als unverzichtbaren Bestandteil ihres Geschäfts betrachten, oder Sie riskieren, ersetzt zu werden.«

Wir fragten Dilip, »Was zeichnet Spitzenleister Ihrer Meinung nach aus?«. Er sagte uns, »Heute geht es nicht mehr nur um Umsatz, sondern darum, zu wissen, welche Wirkung Sie auf das Geschäft Ihres Kunden haben. Was Sie nie machen dürfen, ist, einen Verkaufsabschluss zu tätigen und anschließend von der Bildfläche zu verschwinden. Zu diesem Zeitpunkt haben Sie nur Versprechen gegeben. Der echte Verkauf beginnt, nachdem Sie den Vertrag unterschrieben haben. Spitzenleister achten darauf, dass sie gewinnen und ihre Kunden ein Leben lang an sich binden.«

JUSTIN STONE, EHEMALS BEI J. P. MORGAN

Justin Stone, der in West Wales in sehr bescheidenen Verhältnissen aufgewachsen war und nur über eine lückenhafte Bildung verfügte, trieb unstet und mittellos durchs Leben, bis er seine zukünftige Frau kennenlernte und einen neuen Lebenssinn fand. Sein beruflicher Türöffner war die britische Armee, und anschließend ging er ins Callcenter von AXA Direct in Essex. Dort brach er den Verkaufsprozess mit militärischer Disziplin in wiederholbare modulare Schritte herunter, die sich mit maximaler Effizienz ausführen ließen. Nach kurzer Zeit entwickelte er sich zum Topverkäufer und wurde zum Teamleiter befördert. Drei Jahre später holte ihn Henderson Global Investors, wo er als Client Services Team Manager in der *City*, Londons Finanzzentrum, arbeitete. Eine Position bei The Hartford, eine US-Firma, die sich anschickte, den britischen Markt zu erobern, bereitete ihn auf eine nationale Rolle bei Aegon vor, die er vier Jahre später übernahm.

Nachdem Justin nebenbei seine versäumte Ausbildung nachgeholt hatte, wurde er im Jahr 2011 zum Leiter des National Sales Desk von Schroders Wealth Management berufen. Dort entdeckte er sein Talent für die Anwendung von Advanced Analytics auf die Verbesserung der Verkaufspraxis aller Bereiche des Vermögensverwalters. 2014 wurde Justin die Position als Vice President bei J. P. Morgan angetragen, wo er den Sektor UK Field Sales Executives in Asset Management verantwortet.

Wir fragten Justin, »Was können andere von Ihrer Erfahrung lernen?« Er antwortete, »Wenn ich sehe, dass Verkäufer über die Maßen beschäftigt sind, weiß ich, dass sie nicht so effektiv sind, wie sie sein könnten. Einige verweisen auf ihre hohen Verkaufszahlen und sagen, ‚Ich bringe aber Superzahlen!' Wenn Sie jedoch langfristig erfolgreich sein wollen, müssen Sie Ihre Woche bis auf jede einzelne Stunde herunterbrechen und darauf achten, dass Sie agieren, nicht reagieren. Weniger ist mehr. Ich habe Jahre gebraucht, bis ich das verstanden habe, aber wenn Sie es einmal erkannt haben, erzielen Sie massive Verbesserungen.«

Wir fragten, »Was zeichnet Ihrer Meinung nach einen Spitzenleister aus?« »Das ist die Sorte Mensch, der stets darauf achtet, was die Nummer eins macht«, sagte er. »Sie finden immer einen Weg, noch besser zu werden. Sehen Sie sich Disneyland an – jedes noch so kleinste Detail ist wichtig. Aufmerksamkeit für das Detail ist absolut entscheidend. Achten Sie darauf, dass alles, was Sie machen, von erstklassiger Qualität ist, vor allem, wenn es sich um Dinge handelt, die Ihren Kunden wichtig sind.«

PHIL BENTON, ADIDAS

Phil Benton begann seine Verkaufskarriere in der Food & Beverage-Branche als Gebietsmanager der Brauerei Scottish & Newcastle. Im Jahr 1994 wechselte er zu Europas größtem Sportartikelhersteller Adidas. Dort erklomm er über verschiedene Position im Verkauf und Management in den Bereichen Handel und Account-Marketing die Karriereleiter, indem er den Marken Adidas und Reebok dabei half, sich erfolgreich gegen Wettbewerber wie Nike, New Balance, Asics and Under Armour zu behaupten. Im Jahr 2012 wurde er zum Sales Director ernannt und ausgewählt, um die Adidas-Partnerschaft mit den Olympischen Spielen in London zu leiten. Adidas war für diese Spiele der offizielle Ausrüster für Bekleidung und Merchandising-Artikel und kleidete das Team Great Britain ein. Das Unternehmen lieferte drei Millionen Kleidungsstücke für Freiwillige und Athleten im Olympischen Dorf. Phils Team trug dazu bei, dass Adidas ein Rekordjahr hatte, wobei der Umsatz lizenzierter Produkte 130 Millionen Dollar übertraf – das Dreifache dessen, was Adidas bei den Olympischen Spielen in Peking erzielt hatte. Phil ist seitdem Vice President für Großbritannien und Irland.

Phil, der in Nottingham geboren wurde, studierte an der University of the West of England, damals Universität von Birmingham. Heute lebt er mit seiner Frau und seinen drei Kindern im Nordwesten Englands und ist ein lebenslanger Fan und Unterstützer des Norwich City Football Clubs. Außerdem ist er als Coach im Rasenhockey tätig, nachdem er selbst acht Jahre in der Nationalliga gespielt hat.

»Was können andere von Ihrer Erfahrung lernen?«, fragen wir Phil. Er antwortete, »Entwickeln Sie Ihre eigene Kultur des Nicht-scheitern-Wollens, aber lernen Sie, mit der unverrückbaren Tatsache umzugehen, dass einige Dinge unvermeidbar schieflaufen werden. Lernen Sie aus beidem. Der Verkauf ist von Natur aus von Unternehmergeist geprägt. Das heißt, auch wenn Sie anhand von festen Prozessen und Strategien arbeiten, müssen Sie stets innovativ sein und sich immer in die Richtung bewegen, die Ihre Kunden einschlagen.«

Wir fragten Phil, »Was zeichnet Ihrer Meinung nach Spitzenleister aus?« Er sagte, »Spitzenleister sind die, die kein Aufhebens um ihren Erfolg machen. Sie machen einfach ihren Job und liefern Ergebnisse ab. Sie können auf sie und ihren Einsatz für das Team zählen. Wenn Sie hören, dass jemand mit seiner angekündigten oder vollbrachten Leistung prahlt, handelt es sich zumeist um unsichere Menschen, die meinen, sie müssten sich beweisen. Spitzenleister kennen ihren Wert und strahlen Bescheidenheit, aber zugleich Selbstvertrauen, Würde und Souveränität aus. Sie haben einen Plan für ihre beruflichen Aktivitäten und einen Plan für ihr Privatleben, und beides managen sie auf vorbildliche Weise.«

CLAIRE EDMUNDS, CLARIFY

Im Jahr 2003 nutzte Claire Edmunds die Geburt ihres ersten Kindes als Sprungbrett, um ihr eigenes Verkaufsunternehmen zu gründen und eine Marktlücke zu erschließen, die sie aufgespürt hatte. Sie gründete Clarify, ein Unternehmen, das auf Geschäftsentwicklung spezialisiert ist. Clarify bietet ein grundlegend anderes Betriebsmodell für Enterprise Sales an, das vorhersagbare Verkaufs-Pipelines und Umsätze liefert, aber auch langfristigen Wandel erzeugt. Claire, der zufolge sich Juniormanager oft davor scheuen, zusätzliche Verantwortung zu übernehmen, machte sich deren Angst vor dem Misserfolg zu einem besonderen

Anliegen. »Sie sind nervös, weil sie fürchten, Fehler zu machen. Die Angst vor dem Misserfolg wird daher zur Erfolgsbremse. Wenn Menschen dazu ermutigt werden, Risiken zu wagen und sie sich selbst erlauben, Fehler zu machen, können sie plötzlich fliegen.« Claire blieb beharrlich; ihre Mission lautet, die Art und Weise zu verändern, wie Unternehmen Geschäftsentwicklung nutzen und bewerten. Durch organisches Wachstum erzielt Clarify heute millionenschwere Umsätze und liefert Mehrwert für Kunden rund um den Globus, zu denen weltbekannte Unternehmen gehören. Nach Claires Worten hängt der Erfolg von Managern und Mentoren ab. »Sie brauchen Leute um sich herum, die Sie dazu drängen, Risiken zu wagen und etwas Neues auszuprobieren. In so manchem Umfeld fällt es vielen Frauen schwer, von sich aus auf sich aufmerksam zu machen und selbstbewusst darauf zu verweisen, dass sie etwas können. Männer scheinen so viel mehr blindes Vertrauen in ihre eigenen Fähigkeiten zu haben!«

Bevor sie Clarify gründete, arbeitete Claire im Marketing und Fundraising. 2014 wurde sie von *The Business Magazine*, das Frauen auszeichnet, die auf ihrem Gebiet signifikante Ergebnisse und Exzellenz erzielt haben, zur »Woman of the Year« (SME) gekürt,. Im Juni 2015 wurde sie von *Real Business Magazine* ausgezeichnet und von der britischen Organisation für Unternehmenslobbying CBI im Rahmen der ersten Preisverleihung First Women in Business, mit der weibliche Unternehmenslenker in Großbritannien geehrt werden, zur »First Woman of Business Services« gewählt. Claire lebt mit ihrem Mann und ihren vier Kindern, die ihre Wochenenden mit einem sehr anspruchsvollen Sportprogramm auf Trab halten, in West Hampshire.

Wir fragten Claire, »Was ist Ihrer Meinung nach ein Spitzenleister?« Sie sagte, »Jemand, der darauf brennt, das Richtige zu tun. Er muss in der Lage sein, umfassende und profunde Recherchen anzustellen und tief zu den Wurzeln eines Problems oder einer Herausforderung vorzudringen. Er weiß, wie man Kundengespräche auf eine langfristige Perspektive ausrichtet.«

»Was können andere von Ihrer Erfahrung lernen?«, war unsere nächste Frage. Claire dazu: »Es ist sehr wichtig, die Dynamik beizubehalten. In anderen Worten, Dinge in Bewegung zu halten, indem man immer wieder nachfasst und genau darauf achtet, welche Gangart der Kunde zu den unterschiedlichen Zeiten einlegen muss.«

HARRIET TAYLOR, EHEMALS ORACLE

Harriet Taylor arbeitete bei dem Softwareunternehmen Oracle im Customer Relationship Management (CRM). Zu ihren Kunden gehörten globale Unternehmen und Regierungen. Sie ist keine typische Verkäuferin. Eigentlich ist nichts an ihr typisch.

Harriet ist teils Wissenschaftlerin, teils Musikerin, teils JavaScript-Queen. Bei Oracle war es ihre Aufgabe, dafür zu sorgen, dass das Unternehmen die besten integrierten CRM-Lösungen verkaufte, Silos einriss und im Zusammenspiel von Marketing, Verkauf, Commerce, Service und Social Media sowie den Bereichen, die für die Konfiguration, Preisgestaltung und Angebotserstellung verantwortlich sind, eine nahtlose Kundenerfahrung bot.

Harriet schloss ihr Physikstudium an der Universität von Kent mit Bestnote ab. Sie verfügt über ein derart profundes Wissen in theoretischer Physik, dass sie für ihren herausragenden Beitrag in dieser Disziplin mit dem Projektpreis für Physik ihrer Fakultät ausgezeichnet wurde. Vor ihrem Universitätsstudium hatte sie am Trinity College London Flöte studiert und wurde mit der Bestnote ausgezeichnet. Harriet lebt mit ihrem Mann, einem vereidigten Wirtschaftsprüfer und ihrem Minischnauzer Jake in Kent. Wenn sie nicht arbeitet, stemmt sie Gewichte im lokalen Fitnessstudio.

Wir fragten Harriet, »Was können andere von ihrer Erfahrung lernen?« Sie antwortete, »Ich versuche, immer mein Bestes zu geben, und das würde ich auch von anderen erwarten. Eine meiner großen Frustrationen im Leben ist, dass ich nicht viele Menschen kenne, die einen so hohen inneren Antrieb besitzen wie ich, und ich frage mich immer, was mit ihnen los ist. Wenn Sie sich wirklich zwingen, *intelligent zu arbeiten*, werden Sie großartige Dinge erreichen, die Sie nie für möglich gehalten hätten.« »Was zeichnet Ihrer Meinung nach Spitzenleister aus?« fragten wir. Ihre Antwort: »Sie haben keine Angst vor dem Misserfolg (was laut Psychologie im Wesentlichen Angst vor sich selbst ist). Es ist irrational, sich vor sich selbst zu fürchten. Wenn Sie das erkennen, werden Sie feststellen, dass es in Ordnung ist, zu scheitern. Selbstverständlich ist jeder Erfolg wichtig, aber wahrscheinlich haben Sie Ihre Möglichkeiten längst noch nicht ausgeschöpft. Sie können sich ständig verbessern, es sei denn, Sie haben sich selbst gesagt, Sie seien an Ihrer absoluten Grenze angekommen. Ich habe auf jeden Fall vor, mich stets zu verbessern. Ein echter Profi ist jemand, der ganz oben in der Liga mitspielen will, dabei aber bescheiden bleibt, ständig dazulernt, ständig neue, größere Herausforderungen annimmt und andere mitnimmt.«

IRIS SCHOENMAKERS, CISCO SYSTEMS

Nach erfolgreichen Positionen bei Sony, Madame Tussaud's und einem Formel 1-Team gründete Iris Schoenmakers Unternehmen in Holland und Deutschland. Zu den von ihr gegründeten Organisationen gehörten zwei Dolmetscheragenturen, ein edles Parfumdesign-Studio und der internationale Zweig eines schwedischen Unternehmens, das Softwarelösungen für die Personalarbeit anbietet – auch HR IT genannt. Im Jahr 2011 wurde sie von einem Headhunter abgeworben und ging zu Cisco Systems (Europa, Naher Osten und Russland), um sich auf die Verbesserung der Vertriebskanalproduktivität zu konzentrieren, die Psychologie der Verhaltensänderung zu managen und die Absatzsteigerung in virtuellen Teams über vielfältige Kulturen und Landesgrenzen hinweg voranzutreiben. Das war eine Herausforderung, weil sie Teil einer Matrix-Organisation ohne direkte Linienautorität war. Iris musste sehr schnell die Kunst der Diplomatie und Einflussnahme meistern. Heute arbeitet sie mit einem Portfolio aus Ciscos großen Technologie- und Service-Partnern zusammen, von denen jeder mindestens 30 Millionen Dollar im Jahr ausgibt. Iris und ihr Team sind für den Aufbau und die Pflege der strategischen Beziehung mit jedem einzelnen dieser Partner verantwortlich.

Als wir Iris fragten, »Was können andere von Ihrer Erfahrung lernen?«, antwortete sie: »Probieren Sie unterschiedliche Dinge aus; erforschen Sie Ihr berufliches Ich – was fällt Ihnen naturgegeben leicht, und was nicht? Was gibt Ihnen Energie? Anstatt ausgetretenen Pfaden zu folgen, nutzen Sie Ihre Stärken, nehmen Sie jede Herausforderung an und gehen Sie Ihren einzigartigen beruflichen Weg.«

Auf die Frage, »Was zeichnet Ihrer Meinung nach einen Spitzenleister aus?«, sagte sie: »Das ist jemand, der die intrinsische Motivation besitzt, immer herausragende Leistung zu zeigen, unabhängig von der jeweiligen Aktivität. Natürlich kann man nicht auf allen Gebieten Herausragendes leisten, aber der Antrieb dazu wird Sie motivieren, an alles mit einem unverstellten Blick heranzugehen und stets Ihr Bestes zu geben.«

Nach dieser Einführung ist es Zeit, die erste Zahl des Verkaufscodes zu knacken ...

KAPITEL 2

ERFÜLLUNG

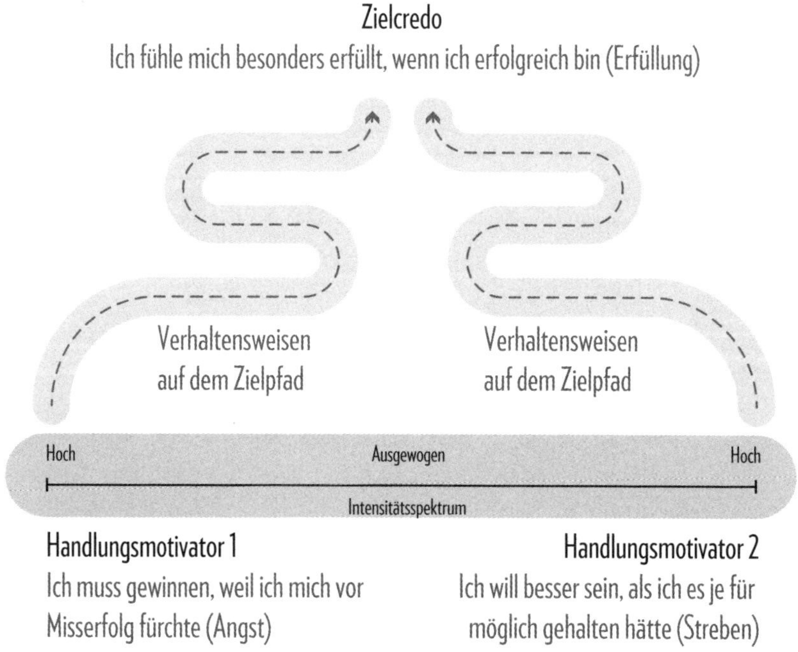

Im Rahmen der 90-minütigen Interviews, die wir mit herausragenden Verkäufern geführt haben, sowie der Erforschung ihrer individuellen Motivationen, konnten wir beobachten, dass sie alle von dem brennenden Wunsch beseelt waren, erfolgreich zu sein, sowie der Überzeugung, dass Erfolg einen wesentlichen Beitrag sowohl zur beruflichen als auch zur privaten Erfüllung leistet. Hier gab es soweit keine Überraschungen. Um sicherzustellen, dass wir belastbare Studienergebnisse erhalten würden, teilten wir die Teilnehmer in zwei Gruppen auf. Gruppe 1 setzte sich aus den leistungsstärksten Verkäufern eines jeden teilnehmenden Unternehmens zusammen und Gruppe 2 aus den jeweils schwächsten Verkäufern.

In beiden Gruppen deckten wir Zielcredos auf, die von allen geteilt wurden. Als wir jedoch erforschten, was diese Überzeugungen prägte, stießen wir auf zwei ganz unterschiedliche Handlungsmotivatoren.

Das von allen geteilte Zielcredo lautet: »Ich fühle mich besonders erfüllt, wenn ich erfolgreich bin (Erfüllung). Der Handlungsmotivator 1 für dieses Zielcredo ist jedoch von Vorsicht und Angst geprägt und fokussiert auf die Vermeidung negativer Konsequenzen. (»Ich muss gewinnen, weil ich mich vor Misserfolg fürchte.«) Der Handlungsmotivator 2 für das Zielcredo Erfüllung ist dagegen von einem positiven Streben sowie dem Wunsch nach Erfolg geprägt und fokussiert auf das Wagnis eines kalkulierbaren Risikos, mit dem Ziel, Veränderung zu bewirken und Türen für neue Chancen zu öffnen. (»Ich will besser sein, als ich es je für möglich gehalten hätte.«)

Diese beiden Handlungsmotivatoren mögen gegensätzlich klingen – und das sind sie auch. Dennoch spielt jeder seine eigene Rolle in der Erzielung des subjektiven Gefühls der Erfüllung. Wir fragten uns, ob einer womöglich effektiver wäre als der andere. Unsere Forschungsergebnisse zeigen, dass zwar alle Verkäufer beide Handlungsmotivatoren aufweisen, allerdings in deutlich unterschiedlicher Ausprägung. Die Intensität, mit der ein Verkäufer von Handlungsmotivator 1 oder 2 getrieben war, hing davon ab, ob er besonders leistungsstark oder leistungsschwach war. Zum Beispiel sind ausnahmslos alle Spitzenverkäufer stärker von dem Handlungsmotivator 2 (Wunsch) als dem Handlungsmotivator 1 (Angst) getrieben. Auf sie wirkt das Zuckerbrot motivierender als die Peitsche.

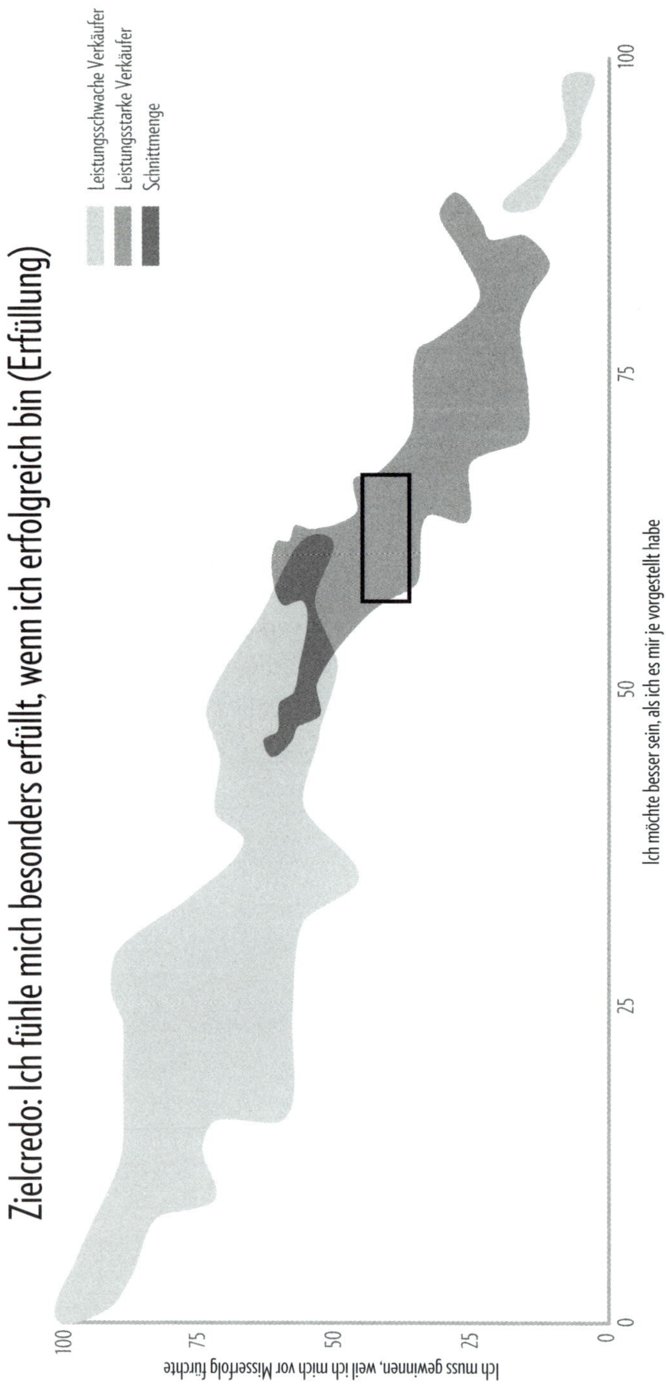

Abbildung 2 Verteilung der Handlungsmotivatoren des Zielcredos Erfüllung

In Abbildung 2 spiegelt die vertikale Achse Handlungsmotivator 1 (Angst) wider und die horizontale Achse Handlungsmotivator 2 (Wunsch). Für sich genommen wirkt die Grafik wie ein ganz normales Streudiagramm. Eine Information ist jedoch besonders spannend. Achten Sie auf die Stelle, an der sich eine Schnittmenge ergibt. Unseren Recherchen zufolge beträgt das optimale Verhältnis für das Zielcredo Erfüllung 62 Prozent Erfolgsstreben und 38 Prozent Angst vor Misserfolg. Die Positionierung dieser Schnittmenge bestätigt, dass Topverkäufer beide Handlungsmotivatoren in sich vereinigen, das Streben nach Erfolg der besten fünf Prozent der Spitzenleister jedoch fast doppelt so stark ausgeprägt ist wie ihre Angst vor Misserfolg. Diese Gruppe Verkäufer hat noch etwas anderes gemeinsam: Sie gehören konsistent zu den fünf Prozent der Spitzenleister. Sie verkaufen mehr als alle anderen, und sie verdienen mehr als ihre Branchenkollegen.

Folgendermaßen haben wir die besten fünf Prozent bestimmt: Für die Gruppe der leistungsstarken Verkäufer verwendeten wir eine Scorecard und berechneten den Median. Anschließend ordneten wir die Teilnehmer dieser Gruppe ober- und unterhalb des Medians an. Dann isolierten wir die obersten fünf Prozent und erhielten damit die fünf Prozent der absolut besten Verkäufer. Wir wollen noch einen Schritt zurückgehen und erklären, warum wir das gemacht haben. Wir verwendeten eine Scorecard, um gleiche Voraussetzungen zu schaffen und die Verkäufer wirklich miteinander vergleichen zu können. Eine quantitative Messgröße, zum Beispiel, »Hat dieser Verkäufer eine Million Dollar Umsatz erzielt?« würde keine Vergleichsgröße erzeugen, weil jemand, der in seinem spezifischen Geschäft einen Umsatz von 500.000 Dollar erzielt, durchaus ein Topverkäufer sein kann. Die Leute auf unserer Scorecard hatten die Verkaufsziele in den vergangenen drei Jahren konsistent erfüllt. Haben sie jedoch die Neukundengewinnung über einen bestimmten Zeitraum übererfüllt?

Das Glaubenssystem der besten fünf Prozent ist gnadenlos pragmatisch. Sie gehen mit Angst um, als handele es sich um Raketentreibstoff. Ihr Glaubenssystem befeuert sie jeden Tag aufs Neue, entfacht brennenden Ehrgeiz und katapultiert sie mitten in jede Chance, die sie aufspüren. Aber sie sind keine Perfektionisten. Sie akzeptieren ihre Grenzen, betrachten sich als »stets optimierbar« und Experimente, Misserfolge, Lernprozesse und Verbesserung als Teil eines kontinuierlichen und als positiv erlebten Feinjustierungsprozesses. Dahinter steht eine Denkhaltung, die dem japanischen *Kaizen* ähnelt – ein Konzept, demzufolge nichts jemals so gut ist, als dass es nicht kontinuierlich weiter verbessert werden könnte.

Vor dem Hintergrund der empirischen Belege über die Überzeugungen und Handlungsmotivatoren, die die besten fünf Prozent der Verkäufer gemeinsam haben, wollen wir nun der Frage nachgehen, wie Sie das Überzeugungssystem übernehmen können.

HANDLUNGSMOTIVATOR 1

»ICH MUSS GEWINNEN, WEIL ICH MICH VOR MISSERFOLG FÜRCHTE.«

Das Wort *Atychiphobie* stammt aus dem Griechischen. *Tycho* bedeutet Unfall und *phobos* bedeutet Angst. Atychiphobie ist die Angst, Fehler zu machen, und bezeichnet eine Angstneurose. Angst ist ein Gefühl, dass Sie dazu zwingt, Ihre Grenzen zu überwinden und Unbehagen auszuhalten, weil andernfalls negative Konsequenzen auftreten. Das treibt durchschnittliche Menschen ins Fitnessstudio, in dem Drang, ihre körperliche Schwäche, Einsamkeit oder Selbstverachtung zu überwinden. Die Angst treibt sie dazu, zu studieren und eine bessere berufliche Qualifikation zu erreichen, um zu vermeiden, dass sie bei Beförderungen übergangen werden oder in einem Job ohne Entwicklungsmöglichkeiten feststecken. Angst treibt Verkäufer dazu, sich schon früh auf den Weg zu machen, mehr Akquisetelefonate zu führen und forsch auf den Vertragsabschluss zuzusteuern, weil sie nicht als mittelmäßig gelten, von Schulden erdrückt werden oder erleben wollen, dass sie ihren Kindern nicht die bestmögliche Ausbildung finanzieren oder ihren betagten Eltern nicht die bestmögliche Pflege bezahlen können.

Dieses Gefühl wird nicht von den positiven Dingen bestimmt, die Sie gewinnen, sondern von den negativen Dingen, die Sie vermeiden. Gelegentlich wird es auch als »brennende Plattform« bezeichnet. Dieser Ausdruck geht auf die katastrophale Explosion der Bohrinsel *Piper Alpha* im Juli 1988 vor der schottischen Küste zurück. Bei der schlimmsten Katastrophe in der Geschichte der Ölförderung in der Nordsee kamen 164 Bohrarbeiter und zwei Rettungskräfte ums Leben. Einer der Männer, die überlebten, war der leitende Ingenieur Andy Mochan. Er ist ein extremes Beispiel für den »inneren Erfolgszwang aus panischer Angst vor Misserfolg«. Denn in seinem Fall hätte Misserfolg den sicheren Tod bedeutet.

Mitten in der Nacht trat plötzlich Gaskondensat aus einem offenen Leitungsende, nachdem eine Kondensatpumpe in Gang gebracht worden war, deren Überdruckventil sich in der Generalüberholung befand, was den zuständigen Arbeitern aufgrund eines Kommunikationsfehlers nicht bekannt war. Das Geräusch klang wie »ein ganz unheimliches Heulen.«[1] Andy und andere wachten davon auf und wussten sofort, dass irgendetwas nicht stimmte. Sekunden später riss eine gewaltige Explosion die gesamte Bohrinsel entzwei und hüllte sie in ein Flammenmeer sowie eine riesige Wolke aus beißendem Rauch ein. Andy tastete sich im Dunkeln voran, bahnte sich seinen Weg durch gewundene Korridore und erreichte schließlich die von Erschütterungen bebende Plattform über ihm, auf die brennendes Öl wie Napalm niederregnete und Anlagen, Kabinen und Menschen schmolz. Andy fand einen relativ geschützten Ort an Deck und hoffte, sich dort verschanzen zu können, bis Rettungseinheiten einträfen. Die Bohrinsel verfügte über Rettungsboote, aber sie waren verbrannt. Sie hatte einen Hubschrauberlandeplatz, aber dieser Teil der Bohrinsel war zusammengebrochen. Während er vor einer sich unerbittlich vorwärts fressenden Flammenwand zurückwich, überlegte Andy fieberhaft, was passieren würde, wenn er gezwungen wäre, von der 15 Stockwerke hohen Bohrinsel ins Meer zu springen.

Falls er den tiefen Fall überleben würde, und *falls* er beim Aufprall nicht bewusstlos würde, und *falls* er nicht auf herumschwimmenden Trümmern aufschlagen und *falls* er sich nicht Arme und Beine brechen würde, und *falls* er nicht von schweren Maschinen- und Anlagenteilen erschlagen und *falls* es ihm gelingen würde, den Blasen aus geschmolzenem Stahl auszuweichen, die unaufhörlich niederregneten, *dann* würde das eisige Wasser ihm wahrscheinlich den Garaus machen. Aus Schulungen wusste er, dass ihm nur 20 Minuten blieben, bis er unweigerlich erfrieren und ertrinken würde.

In dem Moment ließ eine weitere Explosion eine Feuerwalze auf ihn zuschießen, sodass er sich entscheiden musste: springen oder verglühen. Andy handelte aus Angst vor der Alternative. Das war sein *Brennende-Plattform*-Moment. Er sprang. Stellen Sie sich vor, wie sich der tiefe Fall in ein eiskaltes Meer anfühlen muss, das innerhalb von Minuten zum Tod führt – ein eiskaltes Meer, auf dessen Oberfläche ein öliger Flammenteppich glühende Hitze verbreitete, aus der die Flammen wie Höllenfinger züngelten und drohten, Andy in den Tod zu reißen.

Andy erlitt schwere Verbrennungen, wurde aber gerettet und überlebte. Zwar war sein Leben nie wieder dasselbe, aber er führte ein glückliches Familienleben, bis er 2004 verstarb. Bis zu seinem Tod engagierte er sich unermüdlich für mehr Sicherheit. Er hatte sich die Veränderungen, die die Gasexplosion auf der Bohrinsel in jener Nacht in seiner persönlichen Welt ausgelöst hatte, nicht ausgesucht. Aber er sorgte dafür, dass Lektionen daraus gezogen wurden und diese Katastrophe, der so viele Menschen zum Opfer gefallen waren, etwas Positives hervorbrachte.

Vielleicht starren Sie auf Ihre eigene Bohrinsel oder stehen vor einer großen Veränderung. Wie werden Sie reagieren?

Andy sprang 45 Meter in die Tiefe in eiskaltes Wasser. Als er zurückblickte, sah er, dass die gesamte Bohrinsel in Flammen aufgegangen war – nicht ein einziger Zentimeter war verschont geblieben. Auf die Frage, ob sie öfter von Angst oder von einen Wunsch motiviert sind, sagen 100 Prozent der Verkäufer, dass Angst bis zu einem gewissen Grad ihr Verhalten bestimmt, aber die Intensität des Motivators Angst ist bei Topverkäufern und leistungsschwachen Verkäufern völlig unterschiedlich ausgeprägt.

Das haben wir im Rahmen der Interviews erfahren, und zwar mithilfe einer semi-strukturierten Befragung, die von unseren unternehmensinternen Psychologen auf Basis der Theorien von William Moulton Marston, Erfinder des ersten Lügendetektortests, der seine Erkenntnisse 1928 in dem Werk *Emotions of Normal People* veröffentlichte, entwickelt wurden.[2]

Im Anschluss an diese Interviews unterteilten wir die Befragten in zwei Gruppen: diejenigen, die sich von diesem Handlungsmotivator leiten ließen, und diejenigen, auf die das nicht zutraf. Dann analysierten wir die erste Gruppe auf Gemeinsamkeiten und identifizierten zehn Verhaltensmerkmale, die alle Befragten aufwiesen.

Als Nächstes triangulierten wir diese Verhaltenseigenschaften mit den transkribierten Interviews, um zu überprüfen, ob die Punktzahlen in jedem einzelnen Fall eine korrekte Wiedergabe des Verhaltens darstellten. Kurz gesagt, verglichen wir den Sprachgebrauch und die Beispiele, die die Befragten verwendeten, sowie die Verhaltensweisen, die sie erwähnten, mit den Fragen, die unsere Psychometriker stellten. Daraus ergaben sich fünf Verhaltensmerkmale, die nicht konsistent waren, und fünf Verhaltensmerkmale, die über alle Interviewtranskripte konsistent waren. Diese Ergebnisse sind in der folgenden Tabelle abgebildet.

Am häufigsten beobachtete Verhaltensweisen
1. Entschlossen / unbeirrt
2. Eigeninitiativ / unabhängig
3. Respekteinflößend / unaufhaltsam
4. Eigensinnig / bestimmt
5. Wettbewerbsorientiert / Siegermentalität

Wir haben gelernt, dass Angst die Mehrheit (56 Prozent) der leistungsschwachen Verkäufer antreibt. Von diesen gaben 86 Prozent an, sie versuchten, eine Wiederholung der Vergangenheit zu vermeiden. Die beiden häufigsten Botschaften, in denen sich das widerspiegelte, lauteten: »Ich möchte mehr erreichen als meine Eltern« (Geld und Status) oder »Ich möchte mehr leisten als mein Vater/meine Mutter oder mein Konkurrent.« (Diese zweite Botschaft wurde oft in die Worte gekleidet, »Ich möchte nicht so enden wie meine Eltern.«)

Man könnte annehmen, angesichts der Angst, die diese Gruppe vor einem Misserfolg hat, würden die Verhaltensweisen, die in der zuvor aufgeführten Tabelle genannt wurden, zu ihrem Vorteil wirken. Wenn das so wäre, warum gehören sie dann nicht zu den Spitzenleistern? Es scheint, als würden diese Verhaltensweisen in dem brennenden Wunsch, unter allen Umständen einen Misserfolg zu vermeiden, übertrieben und wirkten sich eher kontraproduktiv aus. Ökonomen bezeichnen das als Gesetz des sinkenden Grenzertrags. Beharrlichkeit wird dann zu Zwanghaftigkeit; Unabhängigkeit zu einem Einsamer-Wolf-Verhalten; respekteinflößend zu anmaßend.

Bemerkenswert ist, dass die meisten leistungsschwachen Verkäufer auf die Frage »Was ist für Sie ultimativer Erfolg und Erfüllung?« nicht beschreiben konnten, welchen Zustand sie für die Zukunft anstrebten. Die meisten hatten sich nicht die Zeit genommen, um nach vorn zu blicken, sich ihre Zukunft bildlich vorzustellen oder sich neue Ziele zu setzen. Zwar konnten sie mit geradezu besessener Detailgenauigkeit die Bedingungen beschreiben, denen sie entfliehen wollten, aber sie hatten kein Ideal, das sie anstrebten.

Können Sie das Problem erkennen? Das ist so, als würden Sie beim Autofahren immer nur in den Rückspiegel blicken. Das, worüber wir am meisten nachdenken, prägt unser Überzeugungssystem und unsere Einstellungen. Und diese prägen unseren Charakter, der wiederum unsere Handlungen bestimmt. Und unsere Handlungen bestimmen, was wir erreichen. Eine weitere Art und Weise, diesen Prozess auszudrücken, ist: »Die Einstellung bestimmt, wie weit man kommt.«

Wenn Sie die meiste Zeit damit verbringen, über die Vergangenheit nachzugrübeln, sind Sie möglicherweise dazu verurteilt, diese immer wieder neu zu durchleben, anstatt sie hinter sich zu lassen. Der englische Philosoph James Allen (1864–1912) brachte in seinem zeitlosen Werk *As A Man Thinketh*[3] einige Gedanken zu Papier, die hier vielleicht Anwendung finden:

- Die Seele zieht an ... was sie liebt und was sie fürchtet.
- Jeder Handlung und jedem Gefühl geht ein Gedanke voraus.
- Das richtige Denken beginnt mit den Worten, die wir an uns selbst richten.
- Sie können nicht nach innen reisen und nach außen verharren.

Die folgende Volkserzählung der Cherokee[4] gibt das auch sehr gut wieder: Ein Großvater erzählt seinem Sohn, in jedem Menschen wohnten zwei Wölfe, die stets miteinander ringen. Einer von ihnen ist ein guter Wolf, der für die Zukunft steht, die Sie erreichen wollen. Der andere ist ein schlechter Wolf, der für die Vergangenheit steht, vor deren Wiederholung Sie sich fürchten. Der Enkel blickt zu seinem Großvater auf und fragt, »Welcher wird gewinnen?«, woraufhin der Großvater ruhig antwortet »der, den du fütterst.«

Wir sehen also, dass die meisten leistungsschwachen Verkäufer von der Angst vor der Wiederholung einer negativen Vergangenheit getrieben sind. Zwar mögen sie glauben, die stete Erinnerung daran, wie schlecht die Vergangenheit war, könne ihnen die Energie verleihen, nach einer besseren Zukunft zu suchen, die Wahrheit lautet jedoch, dass Sie die Vergangenheit nie wirklich überwinden können, wenn Sie sie ständig wach halten. Das ist eine Schwäche, die leistungsschwache Menschen potenziell davon abhält, den notwendigen Durchbruch zu erzielen. Wenn Sie sich jemals selbst dabei ertappt oder jemand anderes haben sagen hören, »So ist es eben«, »Das ist eben mein Schicksal«, »Daran lässt sich nichts ändern«, dann hören Sie den Paukenschlag der Mittelmäßigkeit.

Der Performance-Stratege Matt Mayberry sagt: »Alle Spitzenleister, egal auf welchem Gebiet, wissen, wie wichtig es ist, den eigenen Erfolg geistig vorwegzunehmen. Betrachten Sie die folgenden drei Beispiele. Die Boxlegende Muhammad Ali betonte stets die Bedeutung, die es für ihn hatte, sich vor seinem geistigen Auge als Sieger zu sehen, und zwar lange vor dem eigentlichen Boxkampf. Als aufstrebender Jungschauspieler stellte sich Jim Carrey immer vor, er sei der größte Schauspieler der Welt. Der Basketballprofi Michael Jordan nahm jeden Korb, den er warf, im Geiste vorweg. Diese Spitzenleister beherrschten neben vielen anderen die Technik der positiven Visualisierung und bezeichnen sie offen als Erfolgstaktik. Die Wahrheit ist, dass wenn Sie sich nicht bildlich als jemand sehen können, der sein Ziel erreicht, Ihnen die Zielerreichung wahrscheinlich auch nicht gelingen wird.«[5]

Wir sehen, dass leistungsschwache Verkäufer sich selbst nicht erlauben, diesen großen Sprung zu wagen, sondern in der Vergangenheit stecken bleiben, die vielleicht schmerzhaft, enttäuschend oder von Engstirnigkeit geprägt war ... aber ihnen zumindest vertraut ist. Sie haben gelernt, mit diesem Schmerz umzugehen. Insgeheim genießen sie vielleicht sogar ihre Klagen darüber, wie schwer es ist, ihr Leben zu verändern. Es gibt immer Ohren, die bereitwillig das Lied der Mittelmäßigkeit anhören, verstärken und als Echo zurückwerfen. Diese Menschen behaupten, sie wollten etwas Besseres, und nehmen Zuflucht in der Hoffnung, eines Tages werde sich das Glück schon einstellen. Tatsächlich haben sie sich aber *arrangiert* und damit abgefunden, dass ihr Leben aus einem endlosen Hamsterrad aus Arbeiten, Essen, Schlafen besteht. Möglicherweise erleben sie nie den Zustand der Erfüllung, sondern fühlen sich immer diffus unzufrieden. Der Hauptgewinn befindet sich außerhalb ihrer Reichweite, weil sie in die falsche Richtung blicken: in die Vergangenheit statt in die Zukunft.

Wir haben im Rahmen unserer Untersuchungen auch bemerkt, dass viele leistungsschwache Verkäufer geschickte Selbsttäuscher sind. An der Oberfläche sagten sie uns, ihr Handlungsmotivator sei eine intensive Angst vor Misserfolg. Aus den linguistischen Mustern, die sich aus den Interviewtranskripten ergaben, wurde uns jedoch klar, dass die

»Angst vor dem Misserfolg« eigentlich eine Ablenkung von einer tieferliegenden Wahrheit ist. Viele leistungsschwache Verkäufer, so scheint es, haben Angst davor, eigenverantwortlich handeln und Rechenschaft ablegen zu müssen.

Das müssen wir näher erklären. Misserfolg ist ein gesichtsloses Abstraktum. Menschen ziehen es daher vor, Misserfolg als etwas zu betrachten, das ihnen widerfährt, ohne dass sie Einfluss darauf hätten, und nicht als eine Manifestation ihrer eigenen Verhaltensweisen, Handlungen oder ihrer Inaktivität. Folglich wird ihr Verhalten zu einer Unterwerfung unter das Schicksal, die Planeten, das Tageshoroskop – eine Gewohnheit, hilfloses Opfer äußerer Umstände zu sein, anstatt sein eigenes Geschick in die Hand zu nehmen. Nicht daran zu glauben, dass man für die Ergebnisse seines Handelns selbst verantwortlich ist, wird zu einer Ausrede für mangelnden Erfolg.

In einem Moment unkontrollierter Aufrichtigkeit gestand ein Verkäufer ein, wie schlimm es sein kann, sich einem Misserfolg mit dem bohrenden Gefühl der eigenen Verantwortlichkeit stellen zu müssen: »Wenn ich scheitere, bin ich der Misserfolg. Nein, danke!« Tief im Inneren herrscht das Gefühl vor, jeder Misserfolg sei negativ, eine Quelle für Scham, Lächerlichkeit und ungünstige Vergleiche, oder stigmatisiere den Betroffenen als Versager. In dieser Gruppe konnten wir nicht erkennen, dass Misserfolg auch als positiver Referenzpunkt dienen könnte, aus dem sich Lektionen ziehen lassen. Vielmehr herrschte Konsens darüber, dass Misserfolge unter allen Umständen zu vermeiden seien. Die meisten unternahmen große Anstrengungen, uns zu erklären, dass diese Überzeugung eine Tugend sei. Sie trugen ihre Auffassung mit Stolz vor sich her.

Woher stammt diese Einstellung? Das hat bei jedem Menschen andere Gründe. Vielleicht hatte jemand als Kind strenge, fordernde Eltern und beschloss, sich als Erwachsener niemals von anderen herumschubsen zu lassen. Vielleicht wurden sie nie für die Übernahme von Pflichten verantwortlich gemacht und lernten nie, sich anzustrengen, zu scheitern, Verantwortung zu übernehmen und einen erneuten Versuch zu unternehmen. Manche, die in einer Umgebung aufwuchsen, in der mit einem Fingerschnips alle ihre Wünsche erfüllt wurden, genießen möglicherweise die Ernte, wissen aber nicht, wie es ist, sich Dinge durch Versuch und Irrtum hart erarbeiten zu müssen. Diejenigen, deren erste

Arbeitserfahrung als Angestellter in einem Unternehmen von einer Kultur des ständigen Perfektionsdrucks geprägt war, haben möglicherweise einen Horror vor dem Gedanken, einen Fehler zu machen, der sie in Ungnade fallen oder ihr Gesicht verlieren lässt.

Für diese Menschen ist Misserfolg etwas, vor dem sie panisch davonlaufen. Misserfolg ist für sie kein bekannter Begleiter und daher erkennen sie seinen Lernwert nicht. Sie halten sich an das, was sie wissen, sichern sich ab, überprüfen alles doppelt und dreifach, und wenn sie der unvermeidliche Misserfolg doch irgendwann ereilt, brechen einige förmlich zusammen. Andere polieren ihren Lebenslauf auf. Einige schönen vielleicht sogar ihre Zahlen, kaschieren ihre Fehler oder zeigen auf jemand anderen. Das lässt sich auf Dauer nicht durchhalten und kann andere mit in den Abgrund reißen.

Nun wollen wir aber einige Zahlen betrachten. Wenn Sie in einem Verkaufsteam mit 100 Mitarbeitern arbeiten, werden nach dem Gesetz der Durchschnittswerte rund 50 zu den leistungsstarken und 50 zu den eher leistungsschwachen Verkäufern gehörten. Wir haben zuvor bereits festgestellt, dass rund 56 Prozent der leistungsschwachen Verkäufer von Angst getrieben sind, und 86 Prozent von ihnen eine ganz spezifische Angst vor der Wiederholung vergangener Misserfolge haben, daher weichen sie aus, lenken ab oder täuschen, um eine erneute Minderleistung zu vermeiden. Auf Basis dieser Tatsachen werden in einem Verkaufsteam aus 100 Mitarbeitern statistisch betrachtet 24 Verkäufer diesem Überzeugungssystem anhängen. Das sind im Wesentlichen 25 Prozent der Verkäufer, die von dunklen, selbstschädigenden Überzeugungen getrieben sind.

Eine von Angst geprägte Haltung killt jede Kreativität und beeinträchtigt die Kraft, Grenzen hinauszuschieben. Denken Sie einen Moment darüber nach, welche Art Verkäufer daraus entsteht. Wird er proaktiv Akquise betreiben, Neukontakte knüpfen, beharrlich nachfassen und zielgerichtet auf den Verkaufsabschluss zusteuern? Wird er die Bedürfnisse seiner Kunden analysieren und schließlich die Prognose wagen, dass er genug weiß, um mit einem Kunden eine glaubwürdige Whiteboard Session oder ein Verkaufsgespräch zu führen? Oder wird er sich eher an eine Standardpräsentation auf Basis von Folien oder Verkaufsbroschüren klammern?

Sortiert Ihre Personalabteilung während des Einstellungsprozesses bereits die Leute mit selbstbeschränkenden Überzeugungen aus? Es gibt Screening-Verfahren, die genau darauf abzielen. Wir wissen aus unseren Recherchen, dass ein Verkaufsteam erfolgreicher verkauft, wenn es sich aus Leuten zusammensetzt, die von einem echten Wunsch nach Erfolg, und nicht von Angst getrieben sind. In einer idealen Welt wäre das ein K.o.-Kriterium bei der Einstellung neuer Mitarbeiter. Für die unzähligen Verkäufer, die bereits in Lohn und Brot stehen, lautet die gute Nachricht, dass sich die selbstbeschränkenden Überzeugungen neu programmieren lassen. Niemand muss Gefangener seiner vergangenen Überzeugungen bleiben.

Wie der amerikanische Motivationscoach Denis E. Waitley schrieb: »Die einfache Wahrheit lautet, dass kein Erfolg je ohne Misserfolg erzielt wurde. Misserfolge sollten unserer Lehrer sein, und nicht unser Leichenbestatter. Misserfolg ist ein Stolperstein, aber keine Niederlage; eine vorübergehende Umleitung, aber keine Sackgasse. Misserfolg können wir nur vermeiden, wenn wir nichts sagen, nichts tun und nichts sind.«[6]

Thomas Edison unternahm 10.000 Anläufe, bis er die Glühbirne erfand. Seine Einstellung: »Ich habe nicht 10.000 Misserfolge gehabt, sondern erfolgreich bewiesen, dass diese 10.000 Ansätze nicht funktionieren.«[7] James Dyson brauchte 5.127 Anläufe, bis er seinen Dual-Zyklon-Staubsauger erfunden hatte, der ihn schließlich zum Milliardär machte.[8]

Dem vergleichbar kommen 80 Prozent der Verkaufserfolge erst nach fünf Follow-up-Gesprächen zustande, und dennoch geben 92 Prozent der Verkäufer einen Kunden bereits innerhalb der ersten vier Ablehnungen auf und 44 Prozent sogar schon nach dem ersten Nein! Die Autorin der berühmten *Harry Potter* Romane, J. K. Rowland, die aus der Arbeitslosigkeit heraus zur Millionärin wurde, schreibt dazu: »Misserfolg ist so wichtig. Wir sprechen immer über Erfolg. Das ist die Fähigkeit .... Misserfolge, die oft zu größerem Erfolg führen, richtig zu nutzen. Ich habe Leute kennengelernt, die aus Angst vor dem Scheitern nicht einmal einen Versuch unternehmen wollen.«[9]

Misserfolge sind in Ordnung, so lange sie nicht als Ausrede für Mittelmäßigkeit dienen. Jedes Jahr bietet 365 Chancen für einen Neuanfang. An jedem Morgen kann der risikoaverse, rückwärtsgewandte, verantwortungsscheue und leistungsschwache Verkäufer wählen, ob er sich der Zukunft stellen, Verantwortung für die eigenen Handlungen übernehmen und sich *grundlegend verändern* will.

In unserer Forschungsgruppe hatten 78 Prozent der leistungsschwachen Verkäufer keine Vorstellung, welche messbaren Ergebnisse sie in ihrem Leben und ihrer Karriere anstreben. Sie waren keine Menschen, die sich Ziele setzten und diese beharrlich verfolgten. Die Chance liegt hier darin, die Angst vor dem Misserfolg nicht zu ignorieren, sondern zu kontrollieren und Ihre Energie so zu kanalisieren, dass Sie neue Ziele definieren und erreichen können. Wenn Sie das tun, lassen die Angst und das Gefühl der Ungewissheit nach und werden von dem Wunsch ersetzt, neue Horizonte zu erreichen und besser zu werden, als Sie es sich selbst je vorgestellt haben.

HANDLUNGSMOTIVATOR 2

»ICH MÖCHTE BESSER SEIN, ALS ICH ES MIR JE VORGESTELLT HABE.«

Im Verkauf sind Ergebnisse von zentraler Bedeutung. Alle haben dasselbe Ziel: mögliche Kunden durch mehrere Türen leiten und begleiten, bis sie schließlich Geld gegen Produkte oder Dienstleistungen tauschen. Einigen Verkäufern gelingt das jedoch besser als anderen. Worin besteht der Unterschied?

Bei Topverkäufern ist die Intensität der Handlungsmotivatoren anders ausgeprägt, als bei leistungsschwachen Verkäufern. Sie haben ein Ziel im Sinn. Sie erlauben sich, aus der Masse herauszuragen und besser zu sein, als andere und auch sie selbst für möglich gehalten hätten, oder was vergangene Erfahrungen suggerierten. Sie glauben, dass Erfolg in seinen unterschiedlichen Ausprägungen Erfüllung bringt, und größere Erfolge entsprechend zu größerer Erfüllung führen.

Eine unserer »Verkaufsikonen«, Louis Jordan, fasst diese Denkhaltung perfekt zusammen, wenn er über Misserfolg spricht: »Ich glaube, ich verspüre immer die Angst, dass mir etwas nicht gelingt, weil ich nicht einfallsreich genug gewesen bin, um die Sache zum Erfolg zu bringen. Ich wäre enttäuscht, wenn ich im Rückblick feststellen müsste, dass es eine Erfolgschance gab, ich sie aber verpasst habe. Ich will Ihnen ein Beispiel nennen. Wenn Sie nicht gut vorbereitet sind und sich nicht genügend in die Lage der Menschen versetzen, denen Sie etwas verkaufen wollen, und Ihnen das später klar wird. Das wäre eine Enttäuschung. Davor würde ich mich fürchten. Die gescheiterte Mars-Expedition ist dagegen nichts, wovor ich mich fürchten würde. Lassen Sie sich von Anfang an coachen. Coaching ist eine Stärke, keine Schwäche. Finden Sie heraus, was Sie wissen müssen, und prägen Sie sich das ein, und zwar in kürzestmöglicher Zeit.«

Achten Sie darauf, dass Louis die Aussicht eines möglichen Misserfolgs als Enttäuschung über sich selbst formuliert, weil er nicht sein Bestes gegeben hat. Wir sind, was wir immer wieder tun. Exzellenz ist kein singulärer Akt, sondern ein Gewohnheitsritual, das unser Handeln im Kleinen wie im Großen bestimmt. Tag für Tag und Zentimeter für Zentimeter können Sie jeden Aspekt Ihres Lebens bewegen und verbessern. Experimentieren Sie damit, indem Sie die folgende Frage beantworten:

Auf welche Weise werde ich, wenn ich abends zu Bett gehe, am nächsten Morgen ein besserer Mensch sein?

Leistungsschwache Menschen fühlen sich von dieser Frage bedroht, weil sie beinhaltet, dass Veränderung immer möglich ist, aber Eigenverantwortung voraussetzt. Spitzenleister stellen sich diese Frage jeden Tag.

Sie beginnen damit, die unterschiedlichen Rollen, die sie im Leben spielen, und die unterschiedlichen Handlungen, die jede Rolle erfordert, zu untersuchen. Sie könnten in Ihrem Leben zum Beispiel die Rollen Verkäufer, Vater, Sohn und Freund ausfüllen. Oder die Rollen Managerin, Tochter, Schwester und ehrenamtliche Helferin. Jede Rolle ist ein Aspekt Ihres facettenreichen Lebens, und jede einzelne muss gesteuert und ausbalanciert werden, damit Sie sich zentriert und erfüllt fühlen.

Haben Sie jemals jede Rolle, die Sie erfüllen, als Überschrift über verschiedene Seiten in einem Notizbuch aufgeschrieben? Wie wäre es, wenn Sie sich jeden Tag ein wenig Zeit nehmen würden, um für jede dieser Rollen Ziele zu definieren? Wenn Sie das noch nicht tun, fangen Sie einfach hier und jetzt damit an. Suchen Sie sich einen ruhigen Platz, an dem Sie ungestört nachdenken können. Schalten Sie alle elektronischen Geräte auf stumm und nutzen Sie die Zeit, um zu notieren, was Ihnen an jedem Aspekt Ihres Lebens wirklich wichtig ist. Anschließend erstellen Sie einen Plan, wie Sie Ihre Ziele erreichen wollen. Mit jedem erreichten Ziel formulieren Sie neue Ziele, sodass Sie sich ständig vorwärts bewegen. Sich jeden Tag zehn Minuten Zeit für dieses Ritual zu nehmen, kann viel bewirken. Es wird der Beginn einer machtvollen neuen Gewohnheit sein. Sie werden, worüber Sie am meisten nachdenken.

Wir stellten fest, dass 88 Prozent der leistungsschwachen Verkäufer in ihren jeweiligen Interviewantworten die Überzeugung an den Tag legten, andere Menschen hätten mehr Glück, seien privilegierter oder einfach am richtigen Ort geboren. Das wird als Minderwertigkeitskomplex bezeichnet und ist laut unseren unternehmensinternen Psychologen das unrealistische Gefühl des eigenen Ungenügens, das von tatsächlicher oder wahrgenommener Unterlegenheit in einem bestimmten Bereich ausgelöst wird. Dieses Gefühl kann sich in offener Feindseligkeit oder passiv-aggressivem Verhalten anderen gegenüber äußern.

Dieses negative Mantra zeichnet Erfolg als etwas, das nur andere genießen können, und das ist selbstbeschränkend. Dabei handelt es sich um ein Überzeugungssystem, das Spitzenleister regelmäßig durchbrechen. Der Psychologe und Autor Henry C. Link (1889–1852) schrieb dazu. »Während eine Person zögerlich ist und passiv bleibt, weil sie sich unterlegen fühlt, wird eine andere einfach aktiv, macht Fehler, lernt daraus und gewinnt an Überlegenheit.«[10]

Die erfolgreichen Verkäufer, mit denen wir gesprochen haben, strebten alle danach, besser zu sein, als sie selbst es für möglich gehalten hatten. Um dieses Ziel zu erreichen, war brutale Ehrlichkeit gefragt. Sie mussten sich selbst gnadenlos den Spiegel vorhalten. Einer sagte: »Es kann das eigene Ego verletzen, wenn man zugeben muss, dass man nicht so gut ist, wie man sein könnte. Aber Sie müssen Ihr aktuelles Leben knallhart auf den Prüfstand stellen und Dinge verändern. Das bringt unweigerlich persönliche Opfer mit sich. Sie müssen alte Überzeugungen und Verhaltensweisen, die Sie gebremst haben, durch neue ersetzen, die Sie Ihren Zielen näher bringen.«

Unsere Verkaufsikone Justin Stone von J. P. Morgan sagte uns, was Erfüllung für ihn bedeutet: »In den Anfangsjahren meiner Karriere wollte ich den nächsten Provisionsscheck kassieren, den nächsten Urlaub machen und ein eigenes Haus besitzen. Nachdem ich das alles erreicht hatte, veränderte sich meine Definition von Erfüllung. Nun, da ich eine Frau, Kinder und mehr Sicherheit habe, denke ich darüber nach, welches Vermächtnis ich anderen hinterlassen kann. Was mich in meinen Dreißigern glücklich gemacht hat, ist nicht mehr das, was mich heute morgens aus dem Bett treibt. Um eine größere Klarheit darüber zu gewinnen, engagierte ich einen Coach. Ich wünschte, das hätte ich schon viel früher getan. Es ist sehr gesund, eine persönliche Diagnose anzustellen, die Bremsen zu überprüfen, einen Ölwechsel vorzunehmen und das GPS-System neu auszurichten – so wie Sie es bei einem Auto auch machen.«

Justins Geschichte klingt Ihnen vielleicht vertraut. Was ihn als jungen Mann glücklich machte, befriedigte ihn in einer späteren Lebensphase nicht mehr, weil er seine ursprünglichen Ziele erreicht hatte. Und während er an diesen festhält, fügt er neue Ziele hinzu. Seine Fähigkeit, Ziele zu erreichen und Ergebnisse vorzuweisen, hatte sich verbessert. Die Leinwand, auf der er malte, war inzwischen größer geworden.

Trotz dieses Erfolgs blieb Justin jedoch bodenständig, indem er eine moderate Angst vor Misserfolg beibehielt. Ja, selbst Spitzenleister fürchten Misserfolge, aber anders als leistungsschwache Menschen ist das nicht ihr vorherrschendes Paradigma. Bei ihnen sind die Angst vor Misserfolg und ihr Erfolgsstreben *ausbalanciert*. Ohne diese Balance halten sich Menschen für unverwundbar und meinen, sie hätten nichts zu verlieren beziehungsweise nichts zu beweisen. Das kann zu Arroganz, Leichtsinn oder selbstsüchtigem Verhalten führen.

Die untersten fünf Prozent der leistungsschwachen Verkäufer handeln übrigens überhaupt nicht wie leistungsschwache Menschen, sondern eher wie eine extreme Version der Spitzenleister. Wie Wölfe an der Wall Street haben sie einen gewaltigen Hunger und einen ebenso gewaltigen Ehrgeiz, aber keinerlei Angst. Aus diesem Grund verkehren sich zu viele an sich gute Dinge in ihr negatives Gegenteil. Ihr Verhalten erzeugt Kompromisse und Brüche, die nur für eine gewisse Zeit kaschiert und übertüncht werden können, bevor das Kartenhaus einstürzt. Unsere Erkenntnisse stimmen mit den in einem Beitrag des Magazins *The Harvard Business Review* veröffentlichten Forschungsergebnissen überein, in dem Führungskräfte dieser Art als »Chirurgen« bezeichnet wurden. Der Beitrag, der von Hill, Mellon, Laker und Goddard (2016) verfasst wurde, kam zu dem Schluss, Chirurgen müssten entschlossen und energisch handeln. Diese Art Führungskräfte genießt es zu siegen, und sie sind fest davon überzeugt, dass man siegt, wenn man fit ist, hart trainiert und die richtige Einstellung hat.« Diese Menschen brechen jedoch Regeln, riskieren viel und haben kein Gefühl für Grenzen; sie betrachten sich als ihr eigenes Gesetz. Sie fokussieren nur auf das Hier und Jetzt und nehmen sich keine Zeit, irgendetwas anderes zu betrachten. Sie mögen gute Rhetoriker sein und sich gut verkaufen, aber sie verursachen mehr Probleme, als sie lösen.[11]

Louis Jordans Auffassung von Erfüllung und Erfolg ist aufschlussreich. »Ich finde das Konzept der Erfüllung reichlich schwierig, weil es ein wenig dem Inselhüpfen in der Karibik gleicht. Immer wenn Sie glauben, jetzt hätten Sie die schönste Insel mit den schattigsten Palmen und dem besten Schnorchelgebiet entdeckt, merken Sie, dass die nächste Insel noch schöner sein könnte. Das kann dazu führen, dass Sie auf Insel A zwar zufrieden sind, aber sich immer zu Insel B hingezogen fühlen Der Unterschied zwischen Erfolg und Erfüllung ist, dass Insel A der Erfolg und Insel B die Vorwegnahme des nächsten Erfolgs ist. Vielleicht ist Erfüllung etwas, das Sie direkt vor sich haben und nur danach greifen müssen.«

»Als ich die Universität verließ, hatte ich keinen großen Plan, aber Ehrgeiz und Zielvorstellungen. Meine Vorstellung lautete, die maximale Auswahlmöglichkeit zu haben. Mein Ziel war, Teil von etwas zu sein, das mir Spaß machte und das ich gut beherrschte. Dazu gehörte, etwas zu erschaffen und Teil einer lohnenswerten Sache zu sein. Außerdem musste es etwas sein, das Integrität bot; etwas, hinter dem ich wirklich stehen konnte.«

»Ich kann mich an keine Zeit erinnern, in der ich nicht genau so gedacht hätte. Als jemand, der im Nordosten [von England] aufgewachsen ist, sah ich Menschen ohne Optionen, die ihren Job verloren. Und wenn sie ihren Job verloren, verloren sie ihr Einkommen und Wahlmöglichkeiten. Das veranlasste mich wahrscheinlich zu der Überzeugung, dass es eine bessere Lebens- und Erfolgsgestaltung sowie bessere Möglichkeiten der Erfüllung gibt. Ich habe Geld stets als Mittel betrachtet, um Dinge zu erreichen; die reine Betrachtung meines Kontostands hat mich noch nie in Begeisterung versetzt.«

Der Schlüssel zum Erfolg scheint im richtigen Maß zu liegen: das richtige Maß an Streben und das richtige Maß an Angst. Das ist es, was Spitzenleistern Flügel verleiht. Wie eine Rakete auf der Abschussrampe wird die Schwerkraft Sie am Boden halten, wenn Sie nicht genügend Stoßkraft entwickeln. Und selbst nach dem erfolgreichen Start wird die Schwerkraft Sie zum Boden zurückholen, wenn Ihre Stoßkraft nicht nachhaltig ist. Es sind immer zwei gegensätzliche Kräfte im Spiel. Im Hinblick auf Erfüllung sind es die Stoßkraft (Streben) versus Schwerkraft (Angst).

Wenn Sie diese beiden Kräfte so kalibrieren, dass Ihr Streben größer ist als Ihre Angst, gewinnen Sie schneller an Flughöhe. Sie wollen aber auch nicht zu schnell in den Weltraum vorstoßen, weil die Kapsel sonst zerbersten könnte. Sie dürfen aber auch nicht zu langsam aufsteigen, sonst erreichen Sie nicht die Geschwindigkeit, um die Erdanziehungskraft zu durchbrechen. Astronauten achten darauf, dass ihre Rakete genau auf dem berechneten Kurs und mit der richtigen Geschwindigkeit ins Weltall aufsteigt.

Im Rahmen unserer Recherchen suchten wir nach den Verhaltensmerkmalen, die sich in allen Interviewtranskripten konsistent manifestierten, und den entsprechenden Verhaltensanalyseprofilen für diese Gruppe. Die folgende Tabelle zeigt unsere Ergebnisse.

Am häufigsten beobachtete Verhaltensweisen
1. Enthusiastisch / optimistisch
2. Spaß an der Freude / humorvoll
3. Abenteuerlust / Freude am Kick des Unbekannten
4. Energiegeladen / lebendig
5. Wettbewerbsorientiert / Siegerhaltung

Verkäufer, die von Handlungsmotivator 2 getrieben sind, akzeptieren Misserfolg und erkennen die Tatsache an, dass ihre Karriere Auf- und Abbewegungen erfährt sowie Täler und Gipfel aufweist. Der antike römische Schreiber moralischer Maximen Publilius Syrus sagte: »Es ist närrisch, das zu fürchten, was man nicht vermeiden kann.« Diejenigen, die sich von Handlungsmotivator 2 leiten lassen, betrachten Leistung und Zielerreichung als den Genuss, sich selbst zu überraschen und sich und anderen zu beweisen, dass sie mehr können, als jeder für möglich gehalten hätte.

Die Verkaufsikone Dilip Mailvaganam von Microsoft erklärte uns, »Ich habe die meiste Zeit meiner Karriere in Start-ups verbracht, und das ist meine echte Leidenschaft. Alles hängt von Ihnen selbst ab. Es gibt auch in großen Organisationen viele kleine Unternehmen. Ich hatte immer die Tendenz, für alles selbst verantwortlich zu sein, aber mit Hinblick auf ein globales Team ist es wichtig, sich von anderen helfen zu lassen. Die gesamte Kultur von Microsoft beginnt sich zu verändern, weil sie genau wie ich daran glauben, dass Leben bedeutet, zu scheitern, um aus seinen Misserfolgen lernen zu können.«

Dilips Beschreibung der Kultur von Microsoft, die in seiner Sparte vorherrschte, deutet auf eisn hoch leistungsfähiges Verkaufsteam hin. Die Leute in diesem Team akzeptieren, dass Misserfolge unvermeidlich sind. Sie blicken daher immer nach vorn und ruhen sich nicht auf ihren Lorbeeren aus. Besser zu sein als sie es selbst je für möglich gehalten hätten, ist eine lebensbestimmende Leidenschaft.

Wir haben in jedem Verkäufer, der, geleitet von Handlungsmotivator 2, nach Erfüllung strebte, Leidenschaft entdeckt, die sich allerdings nicht immer nur auf ihren Beruf beschränkte. Topverkäufer pflegen auch private Leidenschaften. Tom Cunliffe, COO von Toshiba, ist ein herausragender Radfahrer. Phil Benton, Verkaufsdirektor bei Adidas, ist ein talentierter Hockeyspieler. Erica Feidner, die vom Magazin *Inc.* Im Jahr 2011 zu einem der »zehn besten Verkaufsprofis aller Zeiten« gekürt wurde, ist eine Weltklassepianistin.

Nicht jede Leidenschaft macht sich öffentlich bemerkbar. Einige Spitzenleister sind herausragende Gärtner, produktive Ahnenforscher, loyale ehrenamtliche Helfer oder begeisterte Bücherwürmer. Was kennzeichnet eine Leidenschaft und wie unterscheidet sie sich von einem leidenschaftlichen Interesse? Eine Leidenschaft ist etwas, ohne das Sie nicht leben können. Wenn es fehlt, empfinden Sie eine nagende Lücke. Sie haben den ständigen Wunsch, diese Leidenschaft zu empfinden und auszuleben. Wenn Sie das Buch *Talk Like TED*[12] gelesen haben, sind Sie mit der Frage vertraut, »Was bringt Ihr Herz zum Singen?« Wir verwenden diese Frage in unseren Coachings und erhalten erstaunliche Antworten!

Leidenschaft ist, was Spitzenleister jeden Morgen aus dem Bett treibt. Leistungsschwache Menschen werden jeden Morgen von ihrer Angst aus dem Bett getrieben. Stellen Sie sich vor, wie es sich anfühlt, morgens von Leidenschaft erfüllt und mit singendem Herzen aufzustehen. Und nun denken Sie daran, wie es sich anfühlt, angsterfüllt aufzustehen. Was Sie antreibt, bestimmt Ihre Leistung.

Wir sagen damit nicht, dass Ihre Leidenschaft ausschließlich auf den Verkauf beschränkt sein muss. Tatsächlich hat keine der von uns befragten Verkaufsikonen angegeben, Verkauf sei ihre persönliche Leidenschaft. Aber alle hatten *irgendeine* Leidenschaft. Die Fähigkeit, sich intensiv und kompromisslos für eine Sache zu engagieren, war Teil ihrer emotionalen Persönlichkeitsausstattung, und das macht den wesentlichen Unterschied aus, wie sie ihr Leben und ihre Karriere leben.

Sie fragen sich vielleicht, ob es stimmt, dass nur die Spitzenleister eine Leidenschaft für irgendeine Sache entwickeln. Tatsache ist, dass rund zehn Prozent der leistungsschwachen Verkäufer angab, sie hätten eine Leidenschaft. Allerdings hatte es den Anschein, als diene die Leidenschaft fast immer als Ausflucht, anstatt einer Sache, die ihnen positive Energie verlieh, die sich in beruflichen Erfolg kanalisieren ließ. Am Ende liegt es bei Ihnen. Sie können entscheiden, aus Ihrer Verkaufsrolle zu flüchten, oder Sie können entscheiden, Ihre Leidenschaft so zu kanalisieren, dass Sie die nötige »Stoßkraft« entwickeln. Offensichtlich sind die Ergebnisse dieser beiden Alternativen ganz unterschiedlich. Wenn Sie auf die Dinge fokussieren, für die Sie eine Leidenschaft empfinden, möchten Sie das auf andere Lebensbereiche übertragen. Es fühlt sich so gut an, warum sollten Sie also nicht versuchen, besser zu sein, als Sie es sich je vorgestellt haben?

Auf den folgenden Seiten finden Sie einige Dinge zum Thema Erfüllung, die zum Nachdenken anregen. Suchen Sie sich einen ruhigen Ort, betrachten Sie die Fragen und schreiben Sie Ihre Antworten auf. Wenn Sie das tun, begeben Sie sich auf den Pfad zur erfolgreichen Anwendung des Verkaufscodes.

Anschließend bieten wir weitere Erkenntnisse über Erfüllung, an denen uns die von uns befragten Verkaufsikonen teilhaben ließen.

FRAGEN ZUR SELBSTREFLEXION ÜBER DAS ZIELCREDO ERFÜLLUNG

1. Frage: Welche Ängste schränken mich ein, und welche Auswirkungen hat das?

2. Frage: Welche Durchbrüche würde ich gerne erzielen? Was hält mich davon ab?

3. Frage: Welche Wünsche und Bestrebungen motivieren mich?

4. Frage: Was verstehe ich unter echtem Erfolg und wahrer Erfüllung?

5. Frage: Was muss passieren, damit ich mich erfüllt fühle?

WEITERE ERKENNTNISSE VON SPITZENVERKÄUFERN ÜBER ERFÜLLUNG

1. Bestimmen Sie, was »Ihr Herz zum Singen bringt«, was Sie mit Leidenschaft erfüllt, Sie morgens aus dem Bett treibt und Sie bis nachts arbeiten lässt. Das definiert Ihren Lebenssinn.
2. Bestimmen Sie, welche »persönliche Marke« Dritte verwenden, wenn sie Sie anderen gegenüber beschreiben. Jeff Bezos, Gründer und CEO von Amazon, sagte: »Ihre Marke ist, was andere über Sie sagen, wenn Sie nicht im Raum sind.«
3. Verwandeln Sie Widrigkeiten in etwas Positives, ob es eine Wirtschaftsflaute, eine Wettbewerbsbedrohung, ein schrumpfender Markt oder Büropolitik ist. Die »Jagd nach Chancen« veranlasst Sie zu einem anderen Verhalten als die »Vermeidung von negativen Konsequenzen.« Betrachten Sie Ihr Glas als halbvoll, und nicht als halbleer.
4. Geben Sie sich selbst die Chance, aus der Masse herauszuragen. Studieren Sie, bilden Sie sich weiter, erwerben Sie neues Wissen und weitere Fähigkeiten. Die Tatsache, dass Sie dieses Buch lesen, zeigt, dass Sie ein wissbegieriger Mensch sind. Pflegen Sie diesen Wissensdurst; beweisen Sie Selbstrespekt.
5. Suchen Sie sich ein Vorbild für Ihren Ehrgeiz. Wenn es jemanden in Ihrem persönlichen Netzwerk gibt, dann vereinbaren Sie ein Treffen und fragen Sie diese Person, wie sie ihre Ängste und selbstbeschränkenden Überzeugungen überwindet. Wenn sich die Person außerhalb Ihres Netzwerks befindet, folgen Sie ihren Blogs, Artikeln und Newsfeeds.
6. Wenn Sie im strategischen Verkauf tätig sind, in dem es lange dauert, bis ein Verkaufsabschluss zustande kommt, setzen Sie sich kurzfristige Ziele, damit Sie auf dem Weg zum großen Endziel Etappenziele feiern können. Auf diese Weise wahren Sie Ihre hohe Motivation.
7. Setzen Sie sich neben Ihren beruflichen Zielen jedes Wochenende auch private Ziele und belohnen Sie sich, wenn Sie sie erreichen.

WAS GEHT IM KOPF VOR?

Psychologen sagen ...

Erfüllung ist in der Welt der Sozialwissenschaften kein neues Konzept. In den 1950er-Jahren untersuchte der amerikanische Psychologe Abraham Maslow die menschliche *Bedürfnispyramide* sowie die Dinge, die uns motivieren zu tun, was wir tagtäglich tun. Maslow fand heraus, dass ein Bedürfnis die Aktivitäten eines Menschen so lange beeinflusst, bis dieses Bedürfnis erfüllt ist. Es gibt fünf grundlegende menschliche Bedürfnisse, und sobald ein jedes erfüllt ist, ist es kein Handlungsmotivator mehr. Die grundlegenden Bedürfnisse (zum Beispiel Nahrung, Obdach, Wärme, Schutz) müssen zuerst erfüllt werden, bevor übergeordnete Bedürfnisse zum Motivator werden können. Das höchststehende Bedürfnis in der Maslowschen Bedürfnispyramide ist die Selbstverwirklichung, auch bekannt als Selbsterfüllung.[13]

Die Selbsterfüllung bezieht sich auf das Bedürfnis nach persönlichem Wachstum und Entdeckung, das über die gesamte Lebensspanne präsent ist. Für einen Verkäufer kann Selbsterfüllung den Wunsch antreiben, alle anderen zu übertrumpfen sowie persönliche und geschäftliche Ziele zu erreichen. Damit erfüllen sie ihre eigenen Bedürfnisse und verwirklichen ihre Fähigkeiten. Es ist wichtig, dass Sie einige Zeit darauf verwenden, herauszufinden, was Sie als Individuum wirklich motiviert, Erfüllung anzustreben. Das trägt dazu bei, die unvermeidlichen Gefühle der Ungewissheit und Angst vor dem Misserfolg auszubalancieren, die wir alle von Zeit zu Zeit verspüren. Nur selten treffen Sie jemanden, der morgens aufwacht und sich sagt: »Heute werde ich alles, was ich mache, schlecht machen!« Menschen wollen von Natur aus erfolgreich sein. Der Trick besteht darin, darauf zu achten, dass man öfter eine positive und auf Selbstverwirklichung ausgerichtete Denkhaltung pflegt, als sich negativen, selbstbeschränkenden Gedanken hinzugeben. Was erfüllt Sie mit größter Leidenschaft? Warum tun Sie, was Sie tun? Wenn Sie diese Übung korrekt machen, liefert Sie Ihnen als Verkaufsmanager und Führungskraft im Verkauf wichtige Erkenntnisse.

Motivationstechniken können Verkäufer dabei unterstützen, Erfüllung zu empfinden. Diese rangieren von traditionellen Bonuszahlungen über neue Lernchancen und persönliche Anerkennung bis zu dem Gefühl der Zugehörigkeit zu einem größeren, erfolgreichen Team et cetera. Den Pfad zur Selbstverwirklichung eines jeden Menschen zu verstehen, hilft Managern und Verkäufern, ihre Motivation effektiv zu fokussieren. Dies erhöht die Wahrscheinlichkeit, dass beide Seiten mit der Verwirklichung ihrer geschäftlichen und persönlichen Ambitionen und Ziele zufrieden sind.

ABSCHLIESSENDE WORTE ZUR ERFÜLLUNG

Der Elefant und das Seil

Auf der wunderschönen, smaragdgrünen Insel Sri Lanka, hoch in den Bergen, auf der Straße nach Kandy gibt es ein Waisenhaus für Elefanten. Die Tiere werden gut umsorgt und mit Respekt und Zuwendung behandelt. Die Besucher, auf deren Spenden das Waisenhaus zum größten Teil angewiesen ist, werden dazu ermutigt, zu einer Waldlichtung zu kommen und die prächtigen Tiere zu berühren und zu streicheln. Wenn man ganz nahe vor den Elefanten steht, wirken sie unglaublich weise. Der aufmerksame Beobachter wird feststellen, dass alle Elefanten über ein lose um einen Knöchel geknüpftes dünnes Seil miteinander verbunden sind. Die Elefanten könnten mühelos ausbrechen, da das Seil nicht sehr reißfest ist. Aber sie tun es nicht, weil die Hüter dasselbe Seil benutzen, mit dem sie die Tiere aneinandergebunden hatten, als die Elefanten noch Jungtiere waren und das Seil ein Ausreißen tatsächlich verhindert hätte. Die inzwischen erwachsenen Tiere glauben immer noch, dass das Seil sie am Ausreißen hindert, daher versuchen sie es gar nicht erst.

Wie viele von uns verhalten sich genau wie die Elefanten auf Sri Lanka?

Zielcredo
Ich fühle mich besonders erfüllt, wenn ich erfolgreich bin (Erfüllung)

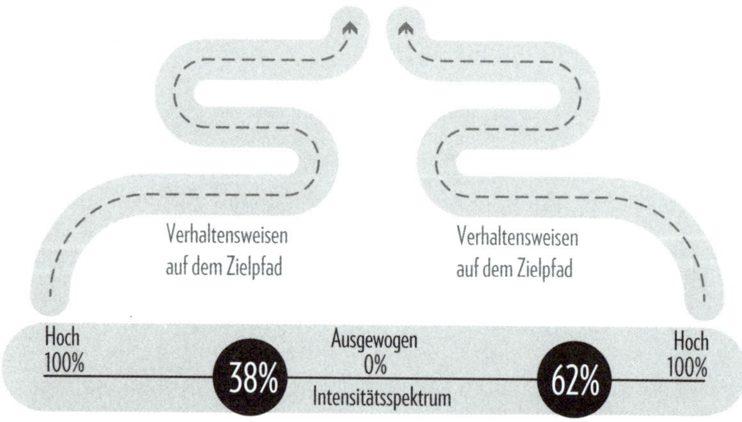

Handlungsmotivator 1
Ich muss gewinnen, weil ich mich vor Misserfolg fürchte (Angst)

Handlungsmotivator 2
Ich will besser sein, als ich es je für möglich gehalten hätte (Streben)

100 Prozent der Verkäufer lassen sich bis zu einem gewissen Grad von Angst motivieren, aber die Intensität dieses Motivators ist bei leistungsstarken und leistungsschwachen unterschiedlich ausgeprägt.

100 Prozent der Spitzenverkäufer sind wesentlich stärker von ihrem Erfolgsstreben motiviert, als von Angst vor Misserfolg. Sie messen sich ständig an ihren persönlichen Zielen, um der professionellste und produktivste Verkäufer zu sein, der sie sein können.

Wie eine Rakete auf der Abschussrampe, wird die Schwerkraft Sie am Boden halten, wenn Sie nicht genügend Stoßkraft entwickeln. Und selbst nach dem erfolgreichen Start wird die Schwerkraft Sie zum Boden zurückholen, wenn Ihre Stoßkraft nicht nachhaltig ist. Es sind immer zwei gegensätzliche Kräfte im Spiel. Im Hinblick auf Erfüllung sind es die Stoßkraft (Streben) versus Schwerkraft (Angst). Wenn Sie diese beiden Kräfte so kalibrieren, dass Ihr Streben größer ist als Ihre Angst, gewinnen Sie schneller an Flughöhe. Sie wollen aber auch nicht zu schnell in den Weltraum vorstoßen, weil die Kapsel sonst zerbersten könnte. Sie dürfen aber auch nicht zu langsam aufsteigen, sonst erreichen Sie nicht die Geschwindigkeit, um die Erdanziehungskraft zu durchbrechen. Astronauten achten darauf, dass ihre Rakete genau auf dem berechneten Kurs und mit der richtigen Geschwindigkeit ins Weltall aufsteigt.

56 Prozent der leistungsschwachen Verkäufer sind von der Angst vor Misserfolg getrieben, und 86 Prozent von ihnen haben die konkrete Befürchtung, vergangene Misserfolge zu wiederholen

78 Prozent der leistungsschwachen Verkäufer haben keine Vorstellung, welche messbaren Ergebnisse sie in ihrem Leben und ihrer Karriere anstreben. Sie sind keine Menschen, die sich Ziele setzen und diese beharrlich verfolgen.

Die untersten fünf Prozent der leistungsschwachen Verkäufer handeln übrigens überhaupt nicht wie leistungsschwache Menschen, sondern eher wie eine extreme Version der Spitzenleister. Wie Wölfe an der Wall Street haben sie einen gewaltigen Hunger und einen ebenso gewaltigen Ehrgeiz, aber keinerlei Angst.

KAPITEL 3

KONTROLLE

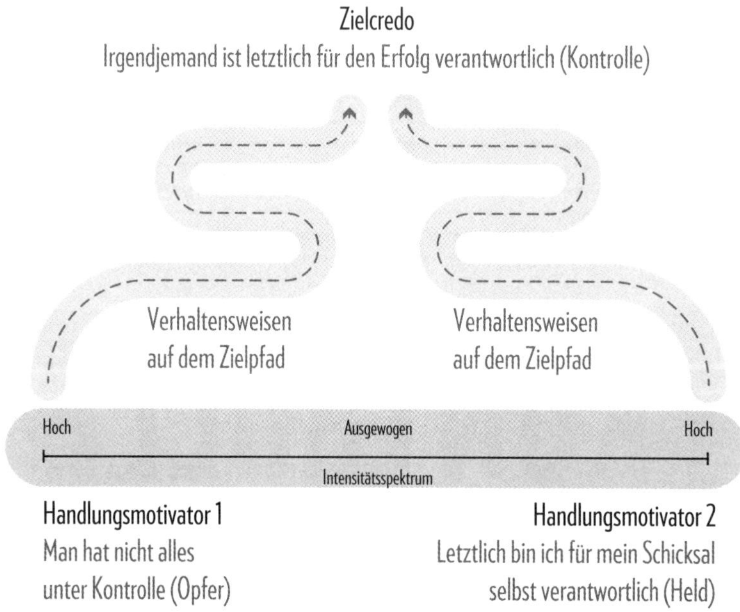

Verkäufer verstehen das Konzept des Zielcredos *Kontrolle.* Sie sind davon überzeugt, dass *irgendetwas beziehungsweise irgendjemand letztlich* für den Erfolg verantwortlich ist, und so analysieren sie, welches Ziel sie anstreben, wo sie aktuell stehen, welche Distanz sie überwinden müssen, um an ihr Ziel zu kommen und welche Kräfte ihnen helfen oder verhindern können, dass sie ihre Ziele erreichen. Die Topverkäufer zeichnen sich durch ein ausgeprägtes Verantwortungsgefühl für ihren eigenen Erfolg oder Misserfolg aus und schieben diese Verantwortung selten auf andere Menschen oder äußere Umstände ab. Sollten sie einen Misserfolg erzielen, schieben sie die Schuld nicht auf die Konjunktur, die schlechte Qualität der Verkaufskontakte oder die Preisgestaltung. Sie machen sich das Problem zu eigen und lernen daraus; sie betrachten Misserfolg als eine Umleitung, und nicht als Endstation – als ein Ereignis, aus dem man Lehren zieht, die man in der Zukunft anwendet.

In unseren beiden Verkäufergruppen, die sich pro teilnehmendem Unternehmen aus Topverkäufern (Gruppe 1) und leistungsschwachen Verkäufern (Gruppe 2) zusammensetzte, entdeckten wir zwei entgegengesetzte Handlungsmotivatoren.

Handlungsmotivator 1 besagt, dass sich Ergebnisse nicht immer garantieren lassen. Es beinhaltet, dass *man nicht alles kontrollieren kann.* Zum Teil spiegelt sich darin die Auffassung des preußischen Feldherrn aus dem 19. Jahrhundert, Helmuth von Moltke, wider, der neue, modernere Methoden der Truppenführung auf dem Schlachtfeld propagierte. Um es mit von Moltkes Worten zu sagen: »Kein Schlachtplan überlebt den ersten Feindkontakt.«[14] Oder, wie der Boxer Mike Tyson es weitaus eindrücklicher formulierte: »Jeder hat einen Plan, bis er eine aufs Maul kriegt.«[15] Bei Verkäufern, bei denen dieser Handlungsmotivator stark ausgeprägt ist, geht dieser Pragmatismus jedoch mit einer auffälligen Reserviertheit einher. Sie scheinen sich nicht bedingungslos auf eine Sache einzulassen, sondern sozusagen mit angezogener Handbremse zu fahren, weil sie tief in ihrem Inneren davon ausgehen, dass ihre Anstrengungen sowieso keine Früchte tragen werden. Sie wollen sich das Recht bewahren, sich und anderen einreden zu können, dass sie sich nicht zum Narren gemacht haben, weil sie tief und fest an einen unmöglichen Erfolg glaubten. Diesen Handlungsmotivator bezeichnen wir als *Opfermentalität.* Sie prägt den Eindruck bestimmter Menschen darüber, wie wenig Kontrolle sie angeblich über eine Situation haben, wie intensiv sie sich angestrengt haben, bevor sie schließlich aufgeben, und wie leicht sie es anderen (Kunden oder Verkaufsmanagern) überlassen, die Diskussion zu bestimmen.

Der Handlungsmotivator 2 für Kontrolle zeichnet sich dagegen durch bedingungslose Eigenverantwortung für die Ergebniserzielung aus. Er besagt: *Letztendlich bin ich für mein Schicksal selbst verantwortlich.* Das ist unglaublich mutig. Wie der Vater der modernen Psychologie, Sigmund Freud, schrieb: »Die meisten Menschen wollen keine echte Freiheit, weil Freiheit Verantwortung beinhaltet, und die meisten Menschen fürchten sich vor Verantwortung.«[16] Verkäufer, die von diesem Handlungsmotivator geleitet sind, betrachten Eigenverantwortung jedoch als einzige echte Garantie, Kontrolle zu gewinnen beziehungsweise zu behalten, und schätzen die Freiheit und die Belohnungen, die sie ihnen beschert. Wir bezeichnen diesen Handlungsmotivator als *Heldenmentalität.*

Auf den ersten Blick scheinen die beiden Handlungsmotivatoren diametral entgegengesetzt zu sein: Einer zieht Sie für Ihre Ergebnisse zur Rechenschaft, der andere nicht. Allerdings gibt es eine ausgeprägte

Nuancierung in der Art und Weise, wie Spitzenleister beide interpretieren.

Wenn Spitzenleister hören, wie ihnen die Stimme des Handlungsmotivators 1 einflüstert, *man kann nicht alles kontrollieren*, überlegen sie sich, wie viel Risiko sie einzugehen bereit sind, und erstellen eine geistige Checkliste an Handlungen, die nötig sind, um die wahrgenommenen Risiken zu reduzieren. Sie können gar nicht anders; es ist eine automatische, von einer *Can-do*-Mentalität geprägte Reaktion, mit der sie sich auf das Risiko vorbereiten. Leistungsschwache Menschen gehen an die gleiche Situation mit einer pessimistischen Denkhaltung heran, schrauben von vornherein ihre Erwartungen an das, was ihrer Meinung nach möglich ist, herunter, und finden vorab schon einmal emotionale Ausreden für ihre Minderleistung … für den Fall, dass … Die Folge ist ein eindeutig unterschiedlich ausgeprägtes Vertrauen in die Ergebnisse: handlungsorientiertes Selbstvertrauen (Held) versus skeptische Verzagtheit (Opfer).

Wenn Spitzenverkäufer hören, wie ihnen die Stimme des Handlungsmotivators 2 einflüstert, *letztlich bin ich für mein Schicksal selbst verantwortlich*, wirkt das wie ein befreiender, energiespendender Kriegsruf, wagemutiger, abenteuerlustiger oder opportunistischer zu sein, das bestmögliche Schicksal zu schmieden und die wohlverdienten Meriten für das Ergebnis einzustreichen. Leistungsschwache Menschen hören die gleiche Stimme, interpretieren sie aber völlig anders. Sie vertrauen ihr nicht und fürchten, man wolle sie betrügen, um ihnen die Schuld geben zu können. »letztlich verantwortlich« übersetzt sich dann in *Sie werden auf niemanden mit dem Finger zeigen können.* »Schicksal« übersetzt sich in *gefangen.* Spitzenleister und leistungsschwache Menschen reagieren auf denselben Handlungsmotivator durch völlig unterschiedliche Filter.

Wir untersuchten die Möglichkeit, dass ein Handlungsmotivator produktiver sein könnte als der andere. Unsere Recherchen haben ergeben, dass Verkäufer beide brauchen, aber in unterschiedlicher Ausprägung. Bei allen Topverkäufern war die Heldenmentalität viel stärker ausgeprägt, als die Opfermentalität.

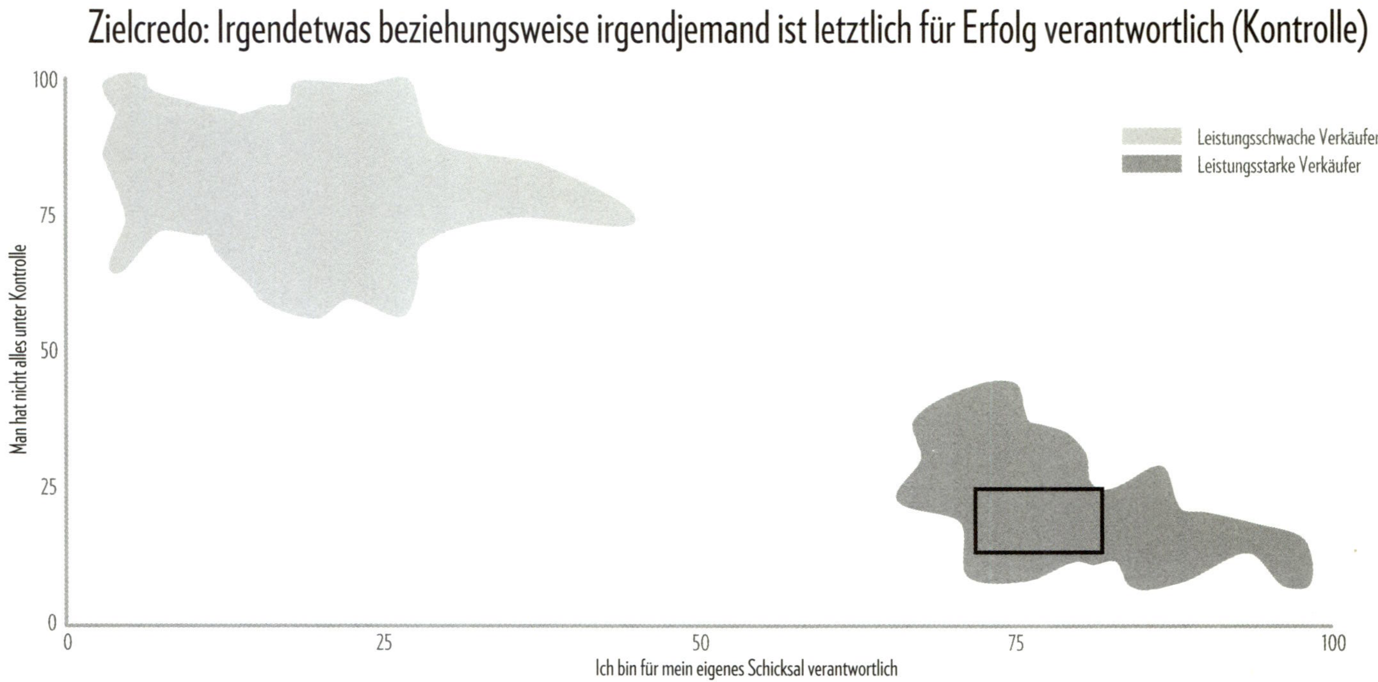

Abbildung 3 Verteilung der Handlungsmotivatoren für das Zielcredo Kontrolle

Wie in Abbildung 3 dargestellt, haben unsere Recherchen ergeben, dass das optimale Verhältnis in Bezug auf das Zielcredo Kontrolle 78 Prozent Eigenverantwortung (der handelnde Held auf der vertikalen Achse) zu 22 Prozent Fremdverantwortung beträgt (das Opfer, dem Dinge widerfahren). Dieses optimale Verhältnis wird von dem Rechteck abgebildet. Die Positionierung dieses Rechtecks bestätigt, dass Spitzenverkäufer von beiden Handlungsmotivatoren geleitet sind, ihre Heldenmentalität aber dreimal so stark ausgeprägt ist, wie ihre Opfermentalität.

Vor dem Hintergrund der empirischen Belege, dass die besten fünf Prozent der leistungsstarken Verkäufer diese Eigenschaft teilen, wollen wir nun untersuchen, wie Sie sich Ihr Überzeugungssystem ebenfalls zu eigen machen können.

HANDLUNGSMOTIVATOR 1

»MAN HAT NICHT ALLES UNTER KONTROLLE.« (OPFER)

50 Prozent der Befragten glauben, dass sie nur begrenzten Einfluss auf ihren Verkaufserfolg, ihre Karriere, ihr Leben oder andere Menschen haben. Sie haben das Gefühl, sie würden sich selbst gut genug kennen, um zu wissen, wo ihre Stärken und ihre Schwächen liegen. Sie nutzen dieses Wissen, um ihr Leben innerhalb selbst gesetzter Grenzen zu führen, wo alles sicher, vertraut und kontrollierbar erscheint.

Verkäufer, die stark von diesem Handlungsmotivator getrieben sind, fühlen sich mächtig und sogar glücklich auf vertrautem Terrain, oft aber macht- und hilflos auf unbekanntem Gelände. Tennis-, Squash- und Basketballspieler bezeichnen es als »Heimvorteil«, wenn sie in einem Stadion spielen, das sie kennen und mit dem sie vertraut sind. In der chinesischen Kultur hat das Konzept Feng-Shui große Bedeutung, demzufolge der Ort großen Einfluss auf die Energieströme eines Menschen hat, die ihrerseits den beruflichen und privaten Erfolg beeinflussen.[17]

Ob Sie an unsichtbare Energie glauben oder nicht, wir haben Account Manager sagen hören, die Versetzung an einen neuen Ort habe ihnen Nachteile gebracht, sich nachteilig auf ihre Energie ausgewirkt und ihnen Einflussmöglichkeiten genommen, sodass der unvermeidliche Misserfolg nicht ihre Schuld sei. »Wenn ich mit den richtigen Kunden arbeite, erziele ich hervorragende Ergebnisse«, sagen sie. »Aber jetzt, wo ich *dem falschen Kunden* zugewiesen wurde, kann ich meine Verkaufsziele einfach nicht erreichen.«

Die Worte »falsch« und »ich kann nicht« offenbaren eine starre Denkhaltung, in der Misserfolg ein *fait accompli* ist. Wenn sich die Umstände nicht genau so fügen, wie sie es wollen, glauben einige von Opferhaltung geprägte Menschen, sie hätten die Kontrolle verloren und könnten sie nicht zurückgewinnen. Sie kapitulieren, packen ihre Spielsachen ein und gehen nach Hause. Aber wie das Sprichwort sagt: »Geteiltes Leid ist halbes Leid.« Und so lassen sie ihre Kollegen an ihrer Frustration und dem Gefühl der Hoffnungslosigkeit teilhaben und garnieren ihre Leidensgeschichte mit gerade so viel Authentizität, das andere sich womöglich zu fragen beginnen, ob sie vielleicht auch von den sogenannten »Mängeln« im Unternehmenssystem, in den Verfahren oder Managementtechniken betroffen sind. Und so können Würmer in einem angefressenen Apfel eine ganze Ernte verderben.

Der ehemalige USAF-Pilot und Bestsellerautor der Bücher *Illusionen, Die Brücke über die Zeit* und *Die Möwe Jonathan*, Richard Bach, bemerkte einst: »Es ist nie unsere Schuld, wir können keine Verantwortung dafür übernehmen. Und wenn wir keine Verantwortung haben, sind wir immer Opfer.«[18] Die Vermeidung, Verantwortung für unser eigenes Handeln zu übernehmen, fördert Mittelmäßigkeit und bremst sowohl das berufliche als auch das private Wachstum.

Haben Sie je einen Verkäufer, der seine Verkaufsziele nicht erreicht hat, sagen hören: »Die Vorgaben sind zu hoch«, »die Preispolitik ist verfehlt«, »es fehlen qualifizierte Kunden« oder »das Produkt ist zu alt«? Klingt das nach Eigenverantwortung oder Opfermentalität?

Wann haben Sie das letzte Mal einen potenziellen Verkauf verloren? Können Sie den Moment, in dem Ihnen der Auftrag durch die Lappen gegangen ist, exakt benennen? Lag das wirklich an Umständen, auf die Sie keinen Einfluss hatten und Sie zum Opfer machten, oder hätten eine bessere Planung, eine intensivere Vorbereitung, eine größere Wissbegier, eine höhere Anruffrequenz, ein genaueres Zuhören, mehr Beharrlichkeit oder eine zügigere Nachverfolgung Ihnen die ersehnte Provision beschert?

Was unsere Researcher bei der Erforschung der Handlungsmotivatoren überrascht hat, war die Tatsache, dass sich die meisten leistungsschwachen Verkäufer gar nicht über ihre Minderleistung im Klaren sind. Sie halten sich für außerordentlich erleuchtete Menschen, für mutig, couragiert, optimistisch und fleißig, denen allein aufgrund der Fehler anderer Menschen oder irgendwelcher Launen des Schicksals die wahre Größe versagt bleibt.

Das war der Fall des verhinderten Bankräubers McArthur Wheeler, der 1995 in Pittsburgh zwei Banken überfiel.[19] Er war davon überzeugt, eine narrensichere Verkleidung zu besitzen, indem er sein Gesicht mit Zitronensaft einrieb, in dem Wissen, dass Zitronensaft eine unverzichtbare Zutat für unsichtbare Tinte war. So lange er sich nicht unter ultraviolettem Licht oder in der Nähe einer Hitzequelle bewegte, so glaubte er, würden ihn die Sicherheitskameras der Banken nicht identifizieren. Wheeler war ehrlich verblüfft, als die Polizei ihn schon wenige Stunden nach den Überfällen festnahm.

Charles Darwin schrieb im Jahr 1871: »Ignoranz erzeugt öfter Selbstvertrauen als Wissen.«[20] Es war Wheelers absolutes Erfolgsgewissheit wider alle bekannten Gesetze der Physik, die die Psychologen David Dunning von der Cornell University und Justin Kruger von der Stern School of Business der Universität von New York veranlassten, diese Art Mentalität zu untersuchen. Sie stellten fest, dass inkompetente Menschen unter einer doppelten Bürde leiden: Nicht nur kommen sie zu falschen Schlüssen und treffen schlechte Entscheidungen, ihre Inkompetenz nimmt ihnen zudem die Fähigkeit, ein realistisches Selbstbild zu entwickeln, sodass sie nie den dringend benötigten Weckruf vernehmen.

Dunnings und Krugers Forschungsergebnisse wurden 1999 unter dem Titel »Unskilled and Unaware of It: How Difficulties in Recognizing One's Own Incompetence Lead to Inflated Self-Assessments«[1*] im Magazin *Journal of Personality and Social Psychology* veröffentlicht.[21] Im Jahr 2005 veröffentlichte das Magazin *Harvard Business Review* einen Beitrag über diese Studie mit dem bissigen Titel: »Die, die nichts können, wissen es aber nicht.«[22] Die Schlussfolgerungen zeigen, dass inkompetente Menschen, die meisten Standards, die an sie angelegt werden, nicht erfüllen, ständig Ausreden für ihre Unfähigkeit erfinden und nicht erkennen, dass andere kompetenter sind. Sie stolpern ohne jedes Bewusstsein für ihre tatsächliche Beschaffenheit durchs Leben.

Über vier verschiedene Studien demonstrierten Dunnings und Krugers Testpersonen eine erhebliche Überschätzung ihrer eigenen Fähigkeiten: In Grammatik-, Logik- und Humortests schnitten sie schlecht ab und landeten im 12. Quantil, schätzten sich selbst jedoch als 62. Quantil ein. Diese verfehlte Selbsteinschätzung ging mit einer mangelnden megakognitiven Fähigkeit beziehungsweise der mangelnden Fähigkeit einher, zwischen richtig und falsch unterscheiden zu können. Misserfolge betrachteten sie daher nie als selbstverursacht, sondern als Folge des Umstands, dass sie im Leben einfach nicht die richtigen Karten hatten. Das ist die psychologische Grundlage der Opfermentalität als Handlungsmotivator.

1* deutsch: »Unfähig und sich dessen nicht bewusst: Wie die Schwierigkeit, die eigene Inkompetenz zu erkennen, zu Selbstüberschätzung führt.«

Am häufigsten beobachtete Verhaltensweisen

1. Eifrig / ungeduldig
2. Aggressiv
3. Forsch / entschieden
4. Optimistisch
5. Draufgängerisch / waghalsig

Unsere eigenen Psychologen stellten fest, dass diejenigen, die zu dieser Kategorie gehören, entschlussfreudige, aufgabenorientierte und äußerst optimistische Menschen mit Persönlichkeit sind. Sie wirken keineswegs wie leistungsschwache Opfer! Das ist ein Grund, warum es so wichtig ist, den Verkaufscode der weltbesten Verkäufer zu knacken. Für sich genommen bieten Persönlichkeitstests und psychometrische Tests einen fantastischen Rahmen für das Verständnis der breiteren Verhaltenskategorien, aber sie geben keinen ausreichenden Aufschluss über die Überzeugungen, die diesen zugrunde liegen.

Stellen Sie sich zum Beispiel einen Verkäufer vor, der auf den ersten Blick den Eindruck einer antriebsstarken, einflussnehmenden Persönlichkeit vermittelt, die jeden Gipfel erklimmt. Stellen Sie sich dann jedoch vor, ein Sturm aus Widrigkeiten würde ihm beim Aufstieg hart ins Gesicht wehen – vielleicht ein Rückschlag oder ein Verlust in seinem Privatleben. Regen und Hagel peitschen auf ihn ein, er verliert die Orientierung und sieht den Gipfel nicht mehr. Gleichzeitig löst sich ein Sicherungsseil – eines seiner beruflichen Halteseile– aus dem Karabiner und lässt ihn rückwärts abrutschen, geradewegs auf einen Abhang zu. Vielleicht wurde er bei einer Beförderung übergangen oder hat einen Schlüsselkunden verloren. Nun befindet er sich im freien Fall und außer Kontrolle – ein Opfer der Umstände. Kurz bevor er endgültig in den Abgrund stürzt, klammert er sich an einer schmalen Felsspalte fest, sodass er wenige Meter vor der tiefen Schlucht gerade noch Halt findet. Windumtost und mit klopfendem Herzen richtet er sich auf – und als der Boden unter seinen Füßen anfängt zu rutschen, merkt er, dass sich der vermeintlich feste Fels als Ansammlung brüchiger Steine entpuppt.

Nun ist er endgültig davon überzeugt, dass er bei der kleinsten Bewegung in den Abgrund stürzen wird. Also hält er den Atem an und verhält sich mucksmäuschenstill.

Die Erfahrung veranlasst manche Menschen zu der Überzeugung, der *status quo* (der aktuelle Zustand) biete mehr Sicherheit als der *status mutatio* (Zustand der Veränderung), beziehungsweise ihre aktuelle Situation sei der bestmögliche Zustand, den sie erreichen können. Sie arrangieren sich, in der verzweifelten Bemühung, bloß nicht abzurutschen, sind aber zu verzagt, um ihren Aufstieg fortzusetzen. Ein solches Überzeugungssystem lässt sich nicht immer mithilfe psychometrischer Analysen der Verhaltenspräferenzen feststellen. Die Zielcredos und die Handlungsmotivatoren, die sich im Verkaufscode offenbaren, unterstreichen die Feststellung, dass das, woran wir glauben, unser Verhalten bestimmt.

Das Ganze ist eine Kettenreaktion: Die Überzeugungen prägen das Bewusstsein, und das Bewusstsein bestimmt die Ambitionen, die ihrerseits Einfluss auf die Motivation nehmen. Die Motivation bestimmt die Einstellung, die das Verhalten prägt, und das Verhalten spornt zum Lernen an. Die Lernprozesse haben Einfluss auf die Fähigkeiten, die Fähigkeiten bestimmen die Handlung, und die Handlung bestimmt die Ergebnisse.

Die Leistung eines Verkäufers lässt sich mit der Karosserie eines Rennwagens vergleichen. Was wir sehen, ist die Form, der Stil und die Farbe, fertig montiert und einsatzbereit. Die Bildung, Ausbildung und die Fähigkeiten einer Person lassen sich mit dem Treibstoff im Tank vergleichen: Je mehr Treibstoff und je höher dessen Qualität, desto größer die Reichweite. Die Bedürfnisse, der Ehrgeiz und der Erfolgshunger sind eine Art Zündkerzen, die die Treibstoffverbrennung in Gang setzen und die Reifen antreiben. An welcher Stelle dieser Analogie passt das persönliche Überzeugungssystem hinein? Es befindet sich zu Füßen des Fahrers: die Bremse und das Gaspedal. Es spielt keine Rolle, wie gut eine Person laut einer psychometrischen Analyse für den Verkauf geeignet ist, wenn ihr tief verinnerlichtes Überzeugungssystem sie ständig dazu veranlasst, mit angezogener Bremse zu fahren.

Sie können einen Verkäufer anhand aller rationalen Indikatoren bewerten und zu dem Schluss kommen, dass er eigentlich erfolgreich sein müsste, da sein psychometrisches Profil auf eine Siegermentalität hinweist. Er hat alle relevanten Schulungen erhalten; ihm steht ein cleveres CRM-Paket mit Autoalarmfunktion und Social Marketing zur Verfügung; er ist mit einem steten Strom an kaufbereiten potenziellen Kunden gesegnet; sein Verkaufsmanager bietet ihm jeden Monat drei Stunden an Kompetenz-Coaching; sein Team leistet einen bedeutenden Beitrag zur Chancenanalyse, um ihn darin zu unterstützen, die wichtigsten Aufträge in der Pipeline zu gewinnen; das Provisionssystem und andere Vergütungsaspekte sind motivierend. Der Verkäufer wird handeln und kommunizieren wie erwartet und zahlreiche andere Dinge tun, die von einem Spitzenverkäufer erwartet werden. Und dennoch gibt es etwas, das ihn tief in seinem Inneren bremst. Trotz aller Systeme und aller Unterstützung kann Ihnen der Erfolg verwehrt bleiben, wenn Ihre innere Stimme Ihnen ständig einflüstert: »Man hat nicht alles unter Kontrolle.«

Sie werden sich erinnern, dass wir im vorhergehenden Kapitel über das Zielcredo Erfüllung die Handlungsmotivatoren Angst und Erfolgsstreben untersucht haben. Wir haben nach Verbindungen zwischen den einzelnen Segmenten des Verkaufscodes Ausschau gehalten und untersucht, bis zu welchem Grad die Handlungsmotivatoren für das Zielcredo Kontrolle – Opfermentalität und Heldenmentalität – zu den Handlungsmotivatoren für das Zielcredo Erfüllung aus dem vergangenen Kapitel passen. Es ist keine Überraschung, dass wir eine hundertprozentige Übereinstimmung zwischen Verkäufern feststellten, die sich vom Handlungsmotivator Angst treiben lassen, und denen, die eine Opfermentalität aufweisen.

Was fürchten leistungsschwache Menschen am meisten? Alles, was die kognitive Illusion zerstört, sie seien eigentlich Spitzenleister, die einfach nur Opfer der Umstände geworden sind. Der Wahrheit ins Gesicht zu sehen, wäre zu brutal und zu niederschmetternd. Das äußert sich laut Verkaufsexperte Nic Read nicht nur auf beruflicher Ebene. »An einer schlechten Note sind die Lehrer schuld, an einem verlorenen Sportmatch ist die Ausrüstung schuld, und an einem schlechten Tag ist das Horoskop schuld.«

Diese defätistische Opferhaltung, die leistungsschwache Menschen charakterisiert, lässt sich mit dem Handlungsmotivator 2, den wir als Nächstes betrachten wollen, überwinden.

HANDLUNGSMOTIVATOR 2

»LETZTLICH BIN ICH FÜR MEIN SCHICKSAL SELBST VERANTWORTLICH.« (HELD)

Bei unseren Befragungen lautete eine Schlüsselfrage: »Was würden Sie verändern, um Ihren Erfolg zu steigern?« Die Antworten waren wirklich aufschlussreich. Die Mehrheit der leistungsschwachen Verkäufer verwendete in ihren Antworten Formulierungen, die ungefähr so lauteten: »Nicht viel. Ich bin sehr gut.« Die meisten Spitzenverkäufer antworteten dagegen: »Alles! Ich nehme jeden Tag kleine Korrekturen vor.« Ihre Antwort spiegelt eine Weisheit wider, die der Philosoph Konfuzius vor mehr als 2.000 Jahren bereits geschrieben hat: »Sich selbst zu kennen, ist der Anfang von Weisheit«[23] – im Volksmund auch »Selbsterkenntnis ist der erste Weg zur Besserung.« Dabei sprach er über Selbstwahrnehmung und Selbstverwirklichung.

Dementsprechend zeichnen sich 100 Prozent der Spitzenverkäufer durch eine Heldenmentalität aus: Die Überzeugung, »Ich bin letztlich für mein eigenes Schicksal verantwortlich«, ist in Bezug auf das Zielcredo Kontrolle deutlich ausgeprägter. Wenn wir diesen Handlungsmotivator über die Handlungsmotivatoren für Erfüllung legen, stellen wir fest, dass 100 Prozent der Spitzenverkäufer von Erfolgsstreben motiviert sind, das sich in der Überzeugung ausdrückt, »Ich will besser sein, als ich es je für möglich gehalten hätte.«

Die Angehörigen dieser Gruppe erkennen, dass die harte Arbeit der kontinuierlichen Selbstverbesserung Energie kostet, die regelmäßig erneuert werden muss. Durch positive Interaktionen mit anderen Menschen erzeugen sie positive Emotionen wie Hoffnung und Einfallsreichtum und reagieren positiv auf die Ereignisse in ihrer Umgebung. Bei der Betrachtung der Interviewtranskripte aus dieser Gruppe stellten wir ein Verhaltensmuster fest, das sich folgendermaßen zusammenfassen lässt:

1. **Engagement** für das, was sie kontrollieren oder meistern wollen.
2. **Herbeiführung** von Veränderungen ihrer äußeren Umstände und ihrer Umgebung mithilfe der aktiven Beeinflussung der Ergebnisse.
3. **Entwicklung** einer veränderten Denkhaltung und veränderter Verhaltensweisen als Vorbereitung auf zukünftige Erfolge.

Im Wesentlichen streben Spitzenleister danach, die Welt zu verändern, und sind darauf vorbereitet, von der Welt verändert zu werden.

Iris Schoenmakers sagte uns, sie verändere die Welt, indem sie pinkfarbene High-Heels trage. »Manchmal findet man sich in einer Situation wieder, in der man wenig Zeit hat, eine maximale Wirkung zu entfalten. Das passierte mir, als ich das Channel-Change-Management-Programm bei Cisco leitete. Es waren bereits große Veränderungen im Gange, die gute Fortschritte zu machen schienen, aber das interne Verkaufsteam wehrte sich gegen die Veränderungen, die ich in ihrem Teil der Prozesse vornehmen wollte. Diese Veränderungen hätten allerdings einen großen Einfluss auf den Gesamterfolg des Projekts gehabt. Ich hatte mir meine Sporen im Bereich Absatzkanäle verdient, aber dies ist ein globales Geschäft und die meisten internen Verkäufer kannten mich verständlicherweise nicht. Als ich das erste Mal vor unserem Verkaufsteam präsentierte, schienen sie dieser Lady aus einer übergeordneten Konzernfunktion, die ihnen sagte, was sie in ihrem Job zukünftig anders machen sollten, nicht besonders aufmerksam zu lauschen. Da das Projekt voll im Gange war und ich zahlreiche Länder in Europa, Afrika und dem Mittleren Osten betreuen musste, konnte ich in jedem Land immer nur wenige Tage bleiben. Das reichte einfach nicht, um das Vertrauen der lokalen Verkaufsteams zu gewinnen und die nötige Zugkraft zu entfalten. Die Lösung? Nun, sie lag nicht gerade auf der Hand. Über Nacht eine Marke aufzubauen, die Stereotype in Frage stellt, sich in alle Kulturen übersetzen lässt und so einzigartig ist, dass sie mit der Fachkompetenz eines Individuums assoziiert wird, verlangt nach einem ungewöhnlichen Ansatz, der mir während einer Shoppingtour einfiel.

Ich liebe meine Schuhe und hatte die Inspiration, dies zu meinem beruflichen Vorteil zu nutzen'«, erzählte Iris. »Ich kaufte Schuhe in dem grellsten Pink, das ich finden konnte.« Danach erlebte jedes Land, das ich besuchte, die große Frau mit den grellen pinkfarbenen Stöckelschuhen zum Business-Kostüm. Augenblicklich entstand eine von Humor geprägte Atmosphäre. Die Leute sahen, dass ich bereit war, mich über mich selbst zu lustig zu machen. Innerhalb weniger Augenblicke wurde den Leuten, die ich auf meiner Seite brauchte, klar, dass ich in kein Konzernstereotyp passte, das die meisten in der nach wie vor männlich dominierten Technologiebranche verinnerlicht haben. Die anfängliche Skepsis und die passive Aggressivität, die mir zu Beginn entgegenschlug, hatten sich komplett in Luft aufgelöst. Selbstverständlich achtete ich darauf, dass ich eine unangreifbare Glaubwürdigkeit im Verkauf, in Bezug auf den Verkaufsprozess und die angestrebten Geschäftsergebnisse hatte, die wir mit den Veränderungen erzielen wollten. Als unser Verkaufsteam merkte, dass ich genau wusste, worüber ich sprach, und ich bereit war, mir ihre Ansichten anzuhören, gewann meine *Pinke-Schuhe-Marke* an Zugkraft. Ich begann vor meinen Besuchen Mitteilungen zu erhalten, in denen ich von den jeweiligen Teams gefragt wurde, wie sie zu den Veränderungen an den Verkaufsprozessen beitragen konnten, um unseren antizipierten Erfolg beschleunigen zu können. Ich habe dabei wertvolle Verkaufslektionen gelernt. Die Veränderungen mögen sich vielleicht auf interne Prozesse bezogen haben, aber die Verkaufsteams hatten dennoch mit Kunden zu tun. Dabei spielt es überhaupt keine Rolle, an welchem Punkt im Verkaufsprozess Sie sich gerade befinden. Tatsache ist, dass Kommunikationsfähigkeiten, gepaart mit einem unbedingten Erfolgsstreben, egal wie schwierig die Aufgabe auch erscheinen mag, grundlegende Erfolgsvoraussetzungen sind.«

Spitzenleister wie Iris entwickeln eine wachstumsorientierte Denkhaltung, die ihre Entscheidungen und Handlungen während eines Verkaufs prägt. Verkäufer mit einer solchen Mentalität betrachten jede Herausforderung als Chance und konzentrieren sich freudig darauf, die notwendigen Anstrengungen mit einer *Can-do*-Mentalität zu meistern. Zwar können äußere Faktoren, auf die sie keinen Einfluss haben, gelegentlich ihren Erfolg beeinträchtigen, aber sie verbringen weniger Zeit damit, die Dinge zu beklagen, die sie nicht kontrollieren können, und mehr Zeit damit, die Ärmel aufzukrempeln und dort aktiv zu werden, wo sie etwas bewegen können. Auf diese Weise schmieden sie ihr eigenes Glück.

Laut Jeff Raikes, CEO der Bill & Melinda Gates-Stiftung, ist eine wachstumsorientierte Mentalität »der Schlüssel zur Schließung der Leistungslücke.« Wachstumsorientierte Verkäufer lernen mit Begeisterung Neues und leisten Außerordentliches, um ihre Verkaufsquoten zu erfüllen. Sie kümmern sich um ihr Verkaufsgebiet, als handele es sich um ihr eigenes Unternehmen und als seien sie der CEO. Sie zeigen bedingungsloses Engagement und volle Verantwortlichkeit.

Colleen Schuller, zur Zeit der Bucherstellung Head of Global Selling Excellence bei GlaxoSmithKline, sagte uns: »Als ich als Manager bei GSK begann, wurde mir das schlechteste Verkaufsgebiet der Region zugewiesen. Die Ergebnisse waren unterirdisch. Nach 18 Monanten war es eines der absatzstärksten Verkaufsgebiete. Es bedurfte intensiver Planung und harter Arbeit, aber uns ist ein kompletter Turnaround gelungen. Das Einzige, was sich wirklich verändert hat, ist die Mentalität meines Teams. Sie lernten daran zu glauben, dass wir gewinnen konnten, und wuchsen daraufhin über sich selbst hinaus.«

Spitzenverkäufer suchen ständig nach neuen Wegen, um Mehrwert für ihre Kunden, Teams und Organisationen zu erzielen. Sie handeln als Protagonisten, konzentrieren sich auf harte Fakten, stellen unangenehme Fragen, lernen aus Schwierigkeiten und fordern sich. Dabei manifestieren sich bestimmte Verhaltensweisen, wie die nachfolgende Tabelle zeigt.

Am häufigsten beobachtete Verhaltensweisen
1. Überzeugend / beruhigend
2. Beharrlich / unermüdlich
3. Eigenverantwortlich / unabhängig
4. Freundlich / großzügig
5. Kritische Denker

Spitzenverkäufer sind fest davon überzeugt, dass sie für ihren Erfolg selbst verantwortlich sind. Unter Belastung laufen sie zu Hochleistung auf und betrachten Misserfolg als Sprungbrett. Dieser wachstumsorientierten Haltung zufolge lassen sich die vorhandenen Fähigkeiten eines Menschen immer noch weiter verbessern. Menschen mit dieser Denkhaltung sind davon überzeugt, dass ihr Potenzial grenzenlos ist, wenn sie Leidenschaft mit Schulung, harter Arbeit, Zielen und Zeiteinsatz kombinieren. Nicht nur, dass sie sich von Misserfolg nicht unterkriegen lassen, sie betrachten ihn vielmehr als Lernchance. »Wenn ich mit meinen Verkäufern spreche«, so Justin Stone von J. P. Morgan, »sporne ich sie immer dazu an, zu vergessen, dass sie technisch betrachtet, Angestellte des Unternehmens sind. Ich fordere sie auf, sich vorzustellen, sie seien selbstständig und für den ganzen Laden verantwortlich. Wie würde es sich auf ihre Mentalität auswirken, wenn sie CEO ihres eigenen Unternehmens und für die Kundenerfahrung sowie alle anderen Ergebnisse verantwortlich wären? Ich bekomme großartige Reaktionen von meinen Leuten, da es ihnen hilft, ihre Denkhaltung in Richtung einer bedingungslosen Eigenverantwortung zu verändern. Sie betrachten das als ihr Geschäft und ihr Geschick. Das sind die Momente, in denen Menschen lernen, und das verleiht ihnen Flügel.«

Spitzenleister sind davon überzeugt, dass es ihre Aufgabe ist, ein Vermächtnis zu hinterlassen. Einer von ihnen, der von 2000 bis 2010 ein globales Customer-Engagement-Projekt verantwortete, sagte uns, »während dieser Zeit wurden wir eine regulierte Branche und damit entstanden zahlreiche neue Herausforderungen, die mit der Geschäftstätigkeit in einer regulierten Umgebung verbunden sind. Zu gewährleisten, dass aus Kundenperspektive und aus regulatorischer Perspektive alles rund lief, war wirklich schwierig.« Jemand anderes hätte vielleicht kapituliert, doch er blieb beharrlich – nicht aus Gründen der persönlichen Befriedigung, sondern weil er das übergeordnete Vermächtnis erkennen konnte, dass dieses Projekt für das Unternehmen bedeutete. »Den größten Stolz empfand ich an dem Tag, an dem ich das Zepter meinem Nachfolger übergab«, sagte er mit einem Lächeln, denn das war seine größte Befriedigung. Im Jahr 2014 produzierte Nike in Zusammenarbeit mit der Werbeagentur lg2 Toronto ein Motivationsvideo mit dem Titel *Rise and Shine*. Das Video, das augenblicklich viral ging und inzwischen viele Millionen Views erzielt hat, verkörpert das Credo der Verkäufer mit Heldenmentalität. Es beginnt mit dem Augenblick, den viele von uns aus dunklen Wintertagen kennen, wenn »sich Ihre Hand noch nicht bis zum Wecker vorgetastet hat und Ihnen die Stimmen in Ihrem Kopf bereits einflüstern, es sei zu früh, zu dunkel und zu kalt, um aufzustehen.« Sie wissen, dass Sie den Wecker ausschalten wollen, um noch ein paar Minuten länger im Bett bleiben zu können, aber der Held in Ihnen siegt über den inneren Schweinehund, und so machen Sie sich widerwillig auf den Weg, joggen mit sich sträubenden Muskeln und unter innerem Protest. Meter für Meter kämpfen Sie sich vorwärts. Das ist das Markenzeichen der Helden, der Person, die alles unter Kontrolle hat und weiß, dass sie allein für ihr Schicksal verantwortlich ist.

Helden sind keine Übermenschen. Wie Nike in seiner Story erklärt, lassen sich Helden »nicht ohne Weiteres unterkriegen, aber sie sind längst nicht unbesiegbar.« Auch sie haben Momente der Selbstzweifel, in denen sie sich fragen, ob der Preis das Kämpfen lohnt, wenn die innere Kassandra lauter zu rufen scheint als der morgendliche Berufsverkehr. In diesen Momenten werden Helden gemacht. Sie stellen sich ihren Dämonen und weigern sich zu akzeptieren, dass Erfolg eine Sache des Schicksals ist. Wie Nike es so elegant formuliert hat: »Glück ist der letzte verbleichende Wunsch derjenigen, die daran glauben wollen, dass Sieg eine Frage des Zufalls ist. Alle diejenigen, die wissen, dass das eine freie Entscheidung ist, setzen dagegen auf Schweiß.«

Indem der zuvor erwähnte Spitzenverkäufer beschloss, in jenen Tagen, als der Druck, in einer zunehmend regulierten Welt Spitzenleistungen zu erbringen, immer größer wurde, unermüdlich weiter zu kämpfen, wurde er zum Verkaufshelden.

Harriet Taylor, die zum Zeitpunkt unserer Recherchen bei Oracle arbeitete, sagte uns, »Jeden Tag lerne ich oder habe Erfolg, oder beides.« Harriet ist eine Verkaufsheldin.

Die Verkaufsikone Justin Stone von J. P. Morgan äußerte sich dazu folgendermaßen: »Ich lese sehr viele Bücher und mache meine eigenen Notizen. Hörbücher höre ich mir zunächst einmal an, und dann höre ich es nochmal an, um zu sehen, wie ich die Ideen umsetzen kann. Das ist eine Zeitinvestition. Ich finde, das ist eine wichtige Sache.« Justin ist ein Verkaufsheld.

Phil Benton von Adidas sagt: »Ich schätze Verkäufer, die beim Abgleich ihrer Ergebnisse mit den Verkaufszielen eine gewisse Demut beweisen. Zu wissen, wo man steht, und was sie verändern müssen, denn sie werden nicht immer so erfolgreich sein, wie man es von ihnen erwartet. Sie sind stille Sieger und genießen hohes Ansehen.« Phils Teammitglieder sind Verkaufshelden.

Dilip Mailvaganam von Microsoft fügt hinzu, Spitzenleister befänden sich oft an der Spitze der Maslowschen Bedürfnispyramide[24] und schafften es öfter, sich zu verwirklichen, und daher könnten sie sich besser darauf konzentrieren, die Bedürfnisse anderer zu erfüllen. Er drückte das folgendermaßen aus: »Ob man den Verband der Blindenhunde unterstützt, die Blinden helfen, oder mithilfe von Kinect die Rehabilitation von Kindern unterstützt, oder die Cloud verwendet, damit Real Madrid mit seinen 450 Millionen Fans kommunizieren kann, für mich geht es darum, mithilfe von Microsoft-Technologie ein Vermächtnis zu entwickeln, das anderen hilft. Und das Schöne daran ist, dass niemand das allein machen kann. Es bin nicht nur ich, und es ist nicht nur mein Team; es ist die Zusammenarbeit vieler Teams, die zu Erfolg führt.« Dilip, sein Team und viele andere bei Microsoft sind Verkaufshelden.

Die Ausführungen dieser Experten aus der Praxis dienen zur Illustration, wie erfolgreiche Verkäufer ihre Aufgaben steuern und kontrollieren können, sodass ihre Kunden ihre eigenen Aufgaben besser steuern können. Je größer die Bedeutung eines Verkäufers für seine Kunden, desto mehr werden ihm die Kunden bedeuten. Das ist ein positiver Kreislauf.

Auf der nächsten Seite finden Sie ein Arbeitsblatt für das Zielcredo Kontrolle. Suchen Sie sich einen ruhigen Ort, denken Sie über die Fragen nach und schreiben Sie Ihre Antworten auf. Das wird Sie auf dem Erfolgspfad einen Schritt weiterbringen. Anschließend bieten wir weiterführende Erkenntnisse über das Thema Kontrolle, die wir aus unseren Gesprächen mit den Verkaufsikonen gewonnen haben.

FRAGEN ZUR SELBSTREFLEXION ÜBER DAS ZIELCREDO KONTROLLE

1. Frage: Wer trägt die letztendliche Verantwortung, wenn etwas nicht wie geplant funktioniert?

2. Frage: Sind Sie auf das Lob anderer angewiesen? Wenn ja, welches sind Ihrer Meinung nach die Gründe dafür?

3. Frage: Schreiben Sie Ihre Talente auf. Wie lange mussten Sie nachdenken, bis Sie diese Frage beantworten konnten?

4. Frage: Welche Vorbilder haben Sie?

5. Frage: Wie hat es sich angefühlt, als Sie das letzte Mal etwas erreicht haben, für das Sie Ihre Komfortzone verlassen mussten? Welche neuen Fähigkeiten haben Sie erworben? Was haben Sie dabei über sich selbst gelernt?

WEITERE ERKENNTNISSE VON SPITZENVERKÄUFERN ÜBER KONTROLLE

1. Wir wissen aus unserer Studie, dass Spitzenleister der Überzeugung sind, dass sie intrinsisch über alle nötigen Ressourcen verfügen und ihr eigenes Glück schmieden werden. Leistungsschwache Menschen arrangieren sich mit einem bestimmten Leistungsniveau, sind aber seltener bereit, »das Schicksal herauszufordern«, indem sie versuchen, ihr wahrgenommenes Karma zu durchbrechen. Erstere übernehmen immer die volle Verantwortung für ihre Ergebnisse, letztere übernehmen sie nur situationsbedingt oder gar nicht. Wenn Sie davon überzeugt sind, dass Sie alles besitzen, um erfolgreich sein zu können, oder die Cleverness besitzen, Ihren persönlichen Erfolgspfad zu finden, können Sie das scheinbar Unmögliche erreichen. Ein guter Ausgangspunkt ist die Veränderung der Sprache:

   Von:
   Ich habe ein schlechtes Verkaufsgebiet bekommen. Hier hat noch nie jemand Erfolg gehabt.

   Zu:
   Ich habe die Chance hervorzustechen, wie es noch niemandem gelungen ist. Ich werde der Erste sein, der hier Erfolg hat.

2. Übernehmen Sie die Verantwortung für Fehler, egal wie Ihre erste Reaktion aussieht. Stellen Sie sich zum Beispiel vor, Sie befänden sich bei einer Verkaufspräsentation und einige Ihrer Experten in Pre-Sales-relevanten Themen, die Sie mitgebracht haben, lieferten vor dem Kunden eine ganz schlechte Leistung ab. Sie sind unvorbereitet und wirken unorganisiert. Was sie sagen, passt nicht zum Kontext der bekannten Kundenbedürfnisse. Sie sind so auf ihre Standardpräsentation

fixiert, dass sie es gar nicht mitbekommen, wenn der Kunde versucht, eine Frage zu stellen. Als Folge kommen Sie nicht in die engere Runde und erhalten keinen Auftrag. Sind Ihre Kollegen verantwortlich oder wäre es Ihre Verantwortung gewesen, sie entsprechen zu briefen, zu schulen und die Präsentation vor dem Kundentermin zu üben?

3. Spitzenleister holen immer Feedback ein – gutes, schlechtes und vernichtendes –, denn nur so können sie lernen, sich weiterentwickeln, sich verändern und ihre Effektivität steigern. Sie sind nicht versessen auf Kritik, aber sie können Kritik in die richtige Perspektive rücken. Leistungsschwache Menschen fürchten negative Kritik wie der Teufel das Weihwasser und haben immer eine Ausrede parat, wenn es darum geht, mildernde Umstände zu finden, die ihr suboptimales Ergebnis rechtfertigen. Da sie ständig mit den Fingern auf andere zeigen, erkennen sie nicht, dass es immer drei Finger gibt, die in ihre eigene Richtung zurückweisen.
4. Wir haben festgestellt, dass sich leistungsschwache Menschen einer Verkaufssprache befleißigen, die sich auf grundlegende taktische Aspekte wie Anstrengung, Aktivität, Überstunden oder Kosten konzentriert. Spitzenleister sprechen dagegen die Sprache strategischer Ergebnisse, wie Umsatz, Marge, Wert, Share-of-Wallet und ROI. Außerdem zeigen sie auch schon in ihrer Sprache, dass sie sich in ihre Kunden hineinversetzen.
5. Diejenigen, die Verantwortung übernehmen und ergebnisorientiert arbeiten, gehen üblicherweise auch sparsamer mit ihrer Zeit um. Sie neigen dazu, mit chirurgischer Präzision den richtigen Leuten die richtigen Aufgaben zu übertragen, um die gewünschten Ergebnisse zu erhalten. Sie überlassen nichts dem Zufall. Das bedeutet nicht, dass sie jedes Details bis zum letzten Komma planen, aber sie haben einen Spielplan, den sie umsetzen. Anschließend holen sie Feedback ein und nehmen die notwendigen Anpassungen vor.

6. Eliminieren Sie jede Uneindeutigkeit, indem Sie die Reichweite Ihrer Verantwortlichkeit klar abstecken. Sie können nicht für Dinge zur Rechenschaft gezogen werden, auf die Sie tatsächlich keinen Einfluss haben. Auf der anderen Seite müssen Sie Risiken wagen, um sich selbst zu fordern, andernfalls sind Sie nie gezwungen, die Norm zu übertreffen und überdurchschnittlichen Wert zu erzielen. Der berühmte amerikanische Jurist Oliver Wendell Holmes Jr. schrieb: »Wenn das menschliche Gehirn einmal an einer neuen Idee wachsen musste, wird es nie auf seine ursprünglichen Dimensionen zurückschrumpfen.«[25] Lernen Sie daher, was Sie tun müssen, übernehmen Sie die Kontrolle, seien Sie bereit, über sich selbst hinauszuwachsen, und legen Sie los.

WAS GEHT IM KOPF VOR?

Psychologen sagen ...

Die Attributionstheorie beschäftigt sich mit der Interpretation von Ereignissen. Wenn die Ursachen für ein Verhalten in der Persönlichkeit eines Menschen, in seinen Motiven oder Überzeugungen zu finden sind, spricht man von innerer Attribution. Sind die Ursachen in äußeren Faktoren zu finden, zum Beispiel in der allgemeinen Konjunktur, spricht man von äußerer Attribution. Unsere Rechercheergebnisse deuten darauf hin, dass ein Verkäufer, der mithilfe innerer Attribution über Erfolg und Misserfolg nachdenkt, die Verantwortung für das Problem übernehmen kann, um es zu lösen oder daraus zu lernen. Misserfolg wird in diesem Fall als vorübergehende Erscheinung betrachtet, und der Verkäufer ist davon überzeugt, dass er diesen in zukünftigen Situationen erfolgreich vermeiden kann. Diese positive Perspektive kann von Verkaufsmanagern übernommen und in Coachings vermittelt werden. Das Ziel ist, Verkäufern dabei zu helfen, in jeder Situation einen positiveren Blickwinkel einzunehmen.

Der Psychologe Julian B. Rotter entwickelte das Konzept der *Lokation der Kontrolle*. Das kann Verkäufern und Organisationen als wirksames Instrument zur Bestimmung dienen, wo in einer beliebigen Situation die Macht der Kontrolle liegt. Stellen Sie sich das als Spektrum vor, an dessen einem Ende die innere Kontrolle (ein Ergebnis des Verhaltens hängt von dem eigenen Verhalten beziehungsweise den eigenen persönlichen Eigenschaften ab) und an dessen anderem Extrem die äußere Kontrolle (ein Ergebnis ist eine Funktion des Zufalls, Glücks oder Schicksals und hängt von mächtigen Dritten ab oder ist einfach unvorhersagbar) steht. Jeder bewegt sich an irgendeinem Punkt des Spektrums, vielleicht bis zu einem gewissen Grad abhängig von der jeweiligen Situation, in der die Kontrolle wahrgenommen wird. Wenn Sie im Rahmen eines Coachings (zum Beispiel, wenn die Verkaufsziele nicht erreicht wurden oder bei einem Beurteilungsgespräch) über Erfolg und Misserfolg sprechen, untersuchen Sie dieses Spektrum gemeinsam mit dem Verkäufer, definieren Sie, welche Taktiken er in Zukunft anwenden kann, um die Kontrolle über sein Handeln zu gewinnen, sich selbst zum Erfolg zu führen und somit zum Gesamterfolg der Organisation beizutragen.

ABSCHLIESSENDE WORTE ÜBER KONTROLLE

Wie man die Schicksalstrommeln rührt

Zwei junge Brüder, Bobby und David, wollten Musiker werden. Tag für Tag nervten sie ihre Eltern mit dem Wunsch, bestimmte Instrumente erlernen zu wollen. Eines Tages schenkte ihr Vater Bobby eine neue Gitarre und verkündete, er würde ihm Gitarrenunterricht bezahlen. Bobby war begeistert.

Einige Wochen später hatte David Geburtstag. Er wünschte sich ein Schlagzeug. Schließlich kam der große Tag und unter allen anderen Geschenken befand sich auch eine einzige, einsame Trommel – die Art von Trommel, die man Kindern schenkt, damit sie darauf herumklopfen, aber definitiv kein Schlagzeug. Bobby bemitleidete David in den folgenden Tagen viele Male, als er mit seinem Unterricht begann und auf seiner neuen glänzenden Gitarre übte.

David ließ sich jedoch nicht unterkriegen. Er spielte Tag und Nacht auf der Kindertrommel. Er trommelte vor dem Hintergrund von Stereomusik und trug seinen Eltern und Bobby Trommelsoli vor. Er begann, neue Rhythmen zu erfinden, indem er auch das Trommelgehäuse miteinbezog.

Es dauerte nicht lange und die Adventszeit kam näher und schließlich war Weihnachten. Als David am Weihnachtstag zum Frühstück herunterkam, sah er als Erstes das Geschenk seiner Eltern – ein wunderschönes neues Drumset mit einer Basstrommel, einer kleinen Trommel, verschiedenen Becken und Tom-Toms. Seine Mutter lächelte und sagte, »Du hast bewiesen, dass du aus deinem Wunsch, Schlagzeuger zu werden, etwas machen kannst. Wir waren uns zuerst nicht sicher, aber du warst so entschlossen, dass wir dir einfach dieses Schlagzeug zu Weihnachten schenken wollten.«

Bobby widmete sich im Verlauf der Jahre weiter dem Gitarrenspiel. Und was David betrifft, wurde er Schüler einer der großen Schlagzeuger und ist heute selbst ein fantastischer Drummer. Irgendwie überrascht das nicht.

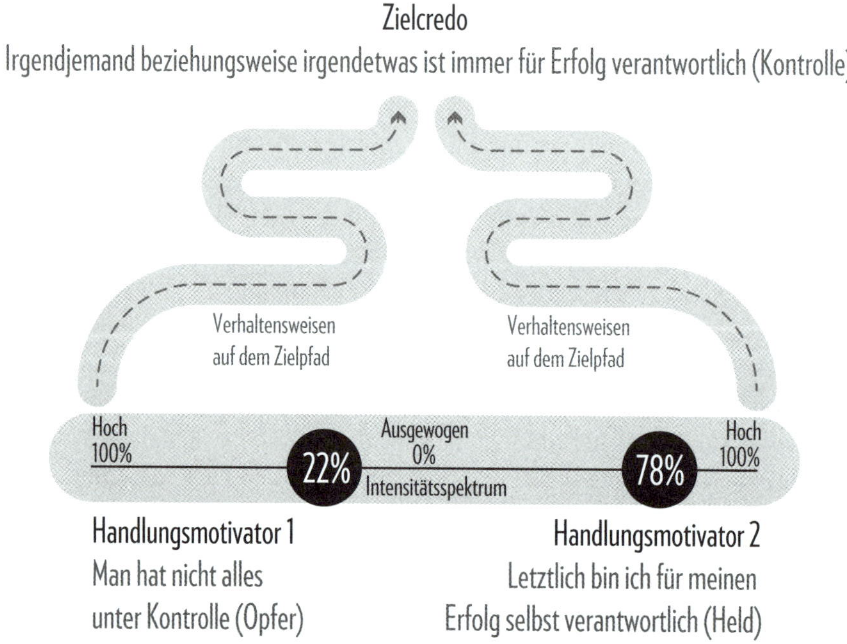

50 Prozent der Befragten glauben, dass sie nur begrenzten Einfluss auf ihren Verkaufserfolg, ihre Karriere, ihr Leben oder andere Menschen haben.

100 Prozent der Befragten, die glauben, dass man nicht alles kontrollieren kann, zeichnen sich auch durch eine ausgeprägte Angst vor Misserfolg aus.

Verkäufer werden dafür belohnt, dass sie siegen. Zwar verlieren sie oft, aber was zählt, sind ihre Siege. Das wird auch als Kasino-Mentalität bezeichnet. Verkäufer, die stark von diesem Handlungsmotivator getrieben sind, fühlen sich mächtig und sogar glücklich auf vertrautem Terrain, oft aber macht- und hilflos auf unbekanntem Gelände. Haben Sie sich je gefragt, warum erfolgreiche Verkäufer so viel Glück haben? Die Wahrheit lautet, dass sie kein Glück haben, sondern einfach gelernt haben, sich Erfolg und Misserfolg selbst zuzuschreiben. Spitzenleister nehmen ihr Schicksal selbst in die Hand und betrachten Misserfolge als vorübergehende Umwege, und nicht als Endziel - als etwas, woraus man Lektionen zieht, die man beim nächsten Mal anwendet. Im Verlauf des Lebens erzielen sie Erfolge und lernen (scheitern). Um kontinuierlich erfolgreich zu sein, müssen sie jedoch kontinuierlich lernen! Gönnen Sie sich den Luxus, Misserfolge anzunehmen?

100 Prozent der Befragten, die davon überzeugt sind, dass sie in letzter Instanz selbst für alle Dinge verantwortlich sind, sind Spitzenleister.

50 Prozent der Befragten wiesen eine ausgeprägte innere Lokation der Kontrolle auf.

100 Prozent der Befragten mit einer ausgeprägten inneren Lokation der Kontrolle sind Spitzenleister.

KAPITEL 4

RESILIENZ

Zielcredo
Herausforderungen und Widrigkeiten sind einfach Lebenstatsachen (Resilienz)

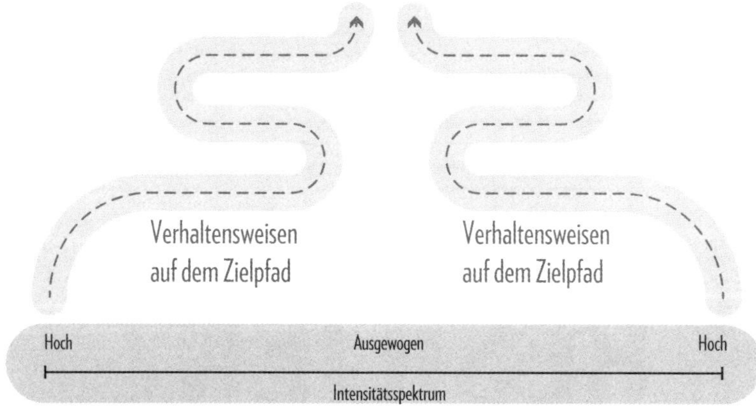

Handlungsmotivator 1
Wenn ich mit Herausforderungen konfrontiert bin, strenge ich mich noch mehr an, um mich durchzukämpfen (harte Arbeit)

Handlungsmotivator 2
Ich nutze Widrigkeiten, um neue und kreative Wege zur Zielerreichung zu finden (intelligente Arbeit)

Ihre Resilienz wird davon bestimmt, wie Sie negative Ereignisse in Ihrem Berufs- und Privatleben erleben und verarbeiten, und wie gut Sie in der Lage sind, sich nach einem Rückschlag wieder aufzurappeln. Unser Wohlbefinden und unsere Resilienz entstehen aus dem Gleichgewicht zwischen dem Energieverbrauch, der stattfindet, während wir etwas leisten, und der Erneuerung unserer Energiereserven, die stattfindet, während wir uns erholen. In stressigen Situationen, die im Allgemeinen durch Anforderungen oder Druck entstehen, hilft die Resilienz, uns von den Schäden, die diese Belastungen anrichten, zu erholen. Stressmanagement bedeutet, anzuerkennen, dass bisweilen stressige Situationen entstehen, und die restaurativen Heilungs- und Erneuerungskräfte zu aktivieren, die unsere Energiereserven wieder aufbauen.

Stress ist eines der am meisten dämonisierten und missverstandenen Konzepte der Welt. Im Allgemeinen versuchen die Menschen, ihn zu vermeiden. Stress ist jedoch überaus wichtig für Wachstum. Ein gewisses Maß an Stress in der richtigen Situation bietet eine ganze Reihe an Nutzen. »Stress verleiht Ihnen die nötige Energie, um an Herausforderungen zu wachsen« (Kelly McGonigal, *Glücksfaktor Stress*). Stellen

Sie sich vor, Sie stünden vor einer Herausforderung. In diesem Moment wird Ihr sympathisches Nervensystem aktiv. Ihr Körper erhält von der Leber zusätzliche Energie in Form von Fett und Zucker und Ihr Herzschlag beschleunigt sich, um sicherzustellen, dass alle Nährstoffe und der zusätzliche Sauerstoff, den der Körper durch die tiefere Atmung aufnimmt, dorthin transportiert werden, wo sie gebraucht werden. Der Körper schüttet Adrenalin, Cortisol, Endorphine und Dopamine aus. Wie McGonigal, Psychologe und Autor sagt: » Stress kann einen Zustand der konzentrierten Aufmerksamkeit erzeugen ... Dieser Nebeneffekt ist einer der Gründe, warum einige Menschen Stress genießen – er verursacht ein gewisses Rauschgefühl. Die Forschung sagt uns zudem, dass Stress uns zu einer sozialeren Haltung veranlasst, weil die Hirnanhangsdrüse Oxytocin ausschüttet. Das ist das sogenannte Bindungshormon, das unsere Bindungsfähigkeit stärkt und uns hilft, uns auf andere Menschen einzulassen, mehr Empathie zu zeigen und effektiver zuzuhören. Ein hoher Oxytocinspiegel führt zu vertrauensvollem Verhalten – ganz anders als der *Flucht-oder-Kampf-Reflex*, den das limbische Gehirn auslöst. Das ist umso faszinierender, als Oxytocin nachweislich die Angstreaktion im Gehirn dämpft. Tatsächlich fühlen wir uns mutiger.[26]

Wenn Stress also auch eine positive Wirkung haben kann, liegt die Vermutung nahe, dass es nicht der Stress an sich ist, der uns so belastet, sondern eher eine ungenügende Erholung. Stress ist ein Stimulus für Wachstum, und Wachstum und Resilienz geschehen in den Erholungsphasen. Wenn Menschen zwischen den Belastungsphasen nicht auf eine angemessene Erholung achten, werden die täglichen Anforderungen irgendwann unüberwindlich. Eine mangelnde emotionale Erholung verursacht Negativität, Stimmungsschwankungen und erhöhte Reizbarkeit. Eine mangelnde geistige Erholung führt zu Konzentrationsschwierigkeiten, unkonzentriertem Denken und geistigen Fehlern. Spirituelle Erschöpfung, die nicht ausbalanciert wird, kann Charakterschwächen Tür und Tor öffnen, die Ihren Kernwerten eigentlich zuwiderlaufen.

Wenn Sie sich einen Arm oder ein Bein brechen, muss ein Heilungsprozess einsetzen, der die Verletzung repariert, damit Sie anschließend wieder die volle Funktionalität zurückgewinnen und vielleicht sogar kräftiger sind als zuvor. Der gleiche Prozess geschieht auf emotionaler, körperlicher und kognitiver Ebene sowie mit der Frage nach dem Lebenssinn (die Fragen *Welchen Sinn hat das alles?* Und *Warum bin ich auf der Welt?)* Resilienz beschleunigt den Erholungsprozess. Je größer Ihrer Resilienz, desto schneller können Sie nach einem Rückschlag wieder aufstehen und weitermachen. Der Schlüssel liegt in der Abwechslung zwischen Stress- und Erholungszeiten. Resilienz ist womöglich einer der wichtigsten Ecksteine unserer Fähigkeit, uns in der veränderten Welt, in der wir leben, zurecht zu finden, in der wir ständig von Dingen bombardiert werden, die uns aus dem Gleichgewicht bringen.

Im Rahmen einer Befragung wurden 358 Führungskräfte in 190 Unternehmen gebeten, die größten Leistungshemmer in ihrer Organisation zu identifizieren. Ungefähr 75 Prozent nannten die unaufhörlich steigenden Anforderungen; rund 62 Prozent nannten eine Zunahme der emotionalen oder körperlichen Burnouts in den vorhergehenden zwölf Monaten; 57 Prozent nannten eine deutliche Verschlechterung der allgemeinen Stimmung und 38 Prozent ein gesunkenes berufliches Engagement der Mitarbeiter.[27]

Als die Mitarbeiter über die Auswirkungen der gestiegenen beruflichen Anforderungen befragt wurden, gaben 63 Prozent an, ihre Reizbarkeit und ihr Stress habe zugenommen, und 56 Prozent gaben an, sie trieben weniger Sport, was zu einer Zunahme der sitzenden Tätigkeiten, Gewichtsprobleme und übergewichtsbedingten Krankheiten führt. So war es keine Überraschung, dass 69 Prozent angaben, ihre Work-Life-Balance habe sich deutlich verschlechtert. Am Alarmierendsten war jedoch, dass 78 Prozent fürchteten, sie könnten keine weiteren Herausforderungen, Rückschläge oder unangenehmen Überraschungen mehr verkraften.

Wir wollen diese Statistik noch einmal wiederholen, weil sie so wichtig ist: Fast 80 Prozent der heutigen Arbeitskräfte haben das Gefühl, sie seien am Anschlag! Das kann zu einem Anstieg des Absentismus führen (körperlich oder psychisch bedingte Krankheitstage), aber auch zu Präsentismus (verringerte Produktivität durch Leistungseinschränkung). Eine Studie des Milken Institutes, die vor Kurzem veröffentlicht wurde, schätzt, dass die Kosten der verlorenen Arbeitstage und der verringerten Produktivität Unternehmen mehr als 1,3 Billionen Dollar pro Jahr kosten. Von dieser Summe kosten allein die Produktivitätsverluste 1 Milliarde Dollar pro Jahr, wobei weitere 2,7 Milliarden Dollar pro Jahr für Behandlungen anfallen.[28]

Vor dem Hintergrund, dass immer mehr Menschen wenig oder keinen Sport treiben und sich schlecht ernähren (Fastfood, Modediäten und

Energiedrinks), erleben wir, dass chronische Krankheiten wie Diabetes, Krebs, Fettleibigkeit und Herz-Kreislauf-Erkrankungen die Unternehmensrisiken überall ansteigen lassen. Medizinischen Experten zufolge wären 70 Prozent aller Behandlungskosten vollkommen vermeidbar, wenn die Betroffenen einfach ihre Verhaltensweisen und Überzeugungen ein klein wenig verändern würden, um ihre Resilienz zu steigern.[29]

Napoleon Bonaparte wird mit den folgenden Worten zitiert: »Die erste Tugend eines Soldaten ist Durchhaltevermögen trotz Erschöpfung; Courage ist nur die zweite Tugend.«[30] Er sprach über Resilienz. Körperliche Erschöpfung im Kampf beeinträchtigt die kognitive, emotionale und seelische Stärke und ist daher der Erzfeind der Spitzenleistung. Ein großer Teil der Trainings, die beim Militär verwendet werden, um die Resilienz der Truppen zu stärken, ist auch für Unternehmen relevant.

Swank und Marchand, zwei Ärzte, die die psychologischen Auswirkungen der Kampfhandlungen im Zweiten Weltkrieg untersuchten, stellten fest, dass nach 60 aufeinanderfolgenden Kampftagen 98 Prozent der Infanteristen wahrscheinlich zu Psychopathen mutiert waren.[31] In jüngerer Zeit haben die wiederholten militärischen Einsätze im Mittleren Osten die Bedeutung von Resilienz als Schutz gegen eine posttraumatische Belastungsstörung (PTBS) deutlich gemacht. Das Militär hat erkannt, wie wichtig sorgfältig geplante Erholungspausen zwischen den einzelnen Stresszyklen sind. Je traumatischer der Stresszyklus, desto bedeutender die Erholungsphasen, in denen die emotionale und physische Stabilität wiederhergestellt wird und Resilienz entsteht.

Das ist das gleiche Prinzip, das auch für das Muskelwachstum gilt. Die Muskeln wachsen nicht, während Sie im Fitnessstudio Gewichte stemmen, sondern in der anschließenden Ruhephase. Was für den Körper gilt, gilt auch für Geist und Psyche. Und so beschreibt es das Magazin Bodybuilder: »Nicht nur jeder beanspruchte Muskel braucht eine Pause – soll heißen, eine *spezifische Ruhephase* –, sondern der gesamte Körper braucht eine *allgemeine Ruhephase.* Wenn die allgemeinen Ruhephasen nicht eingehalten werden, kann der akkumulierte Stress zum Übertraining und zur Muskelerschöpfung führen. Mangelnde Erholung kann die Regenerierungskräfte des Körpers schwächen und/oder den Regenerierungsprozess unterbrechen. Es ist also wichtig, dass sich der gesamte Körper erholt, damit er seine Energie und Spannkraft regeneriert und der Stress abgebaut wird. Auf diese Weise bleiben Körper [und Geist] stark und gesund und wachsen.«[32]

Vielleicht dienen Sie nicht im Militär und trainieren auch nicht im Fitnessstudio, aber als Verkäufer sind Sie mit Basistraining vertraut: Sie nehmen an Verkaufskampagnen teil und bereisen Ihr Verkaufsgebiet. Immer wenn über eine längere Zeit Energien verbraucht werden, ohne dass die Möglichkeit zu einer Erholung besteht, macht der Körper das zwar einige Zeit mit, aber irgendwann ist der Sympathikus überbeansprucht und der Parasympathikus erzwingt die Entspannung. Üblicherweise manifestiert sich das in Abgeschlagenheit, Erschöpfungszuständen, Schläfrigkeit und allgemeinem Desinteresse. Wenn Sie sich Tag und Nacht von Ihrem Verkaufsjob erschöpft fühlen, gönnen Sie sich wahrscheinlich nicht genügend Erholungszeit und Ihre Resilienz wird entsprechend gering sein. Die gute Nachricht ist, dass Sie das ändern können.

Militärführer wissen, dass eine der größten Gefahren nach langen Kampfeinsätzen lauert, in denen es keine Zeit für Erholung gab. Unmittelbar nach Kampfhandlungen sind die Soldaten typischerweise physisch und psychisch angegriffen und machen die gesamte Einheit verwundbar. Der pausenlose Energieverbrauch erschöpft irgendwann die Kapazitäten des Körpers, Energie zu produzieren, mit der Konsequenz einer physischen und psychischen Dauererschöpfung. Die energieproduzierenden Reserven des Körpers brennen einfach aus und es dauert dementsprechend länger, bis sie sich wieder regeneriert haben, als wenn sie regelmäßig wieder aufgeladen worden wären. Das Ergebnis: ein unfreiwilliger Shutdown. Das ist eine Form der erzwungenen Erholung, die der Lebenserhaltung dient. Unter anderem manifestiert sie sich in einem plötzlichen unfreiwilligen Tiefschlaf. Sind Sie jemals plötzlich aufgeschreckt, während Sie spätabends noch am Computer saßen und auf einmal »weg« waren? Oder mitten am Nachmittag? Der Grund für diese große Ermüdung ist, dass selbst kurze Erholungsphasen fehlen.

Der Schlüssel zur Stärkung der Resilienz besteht darin, Regenerierungsstrategien zu entwickeln und in den Alltag zu integrieren. Für Unternehmen, die nicht mit der Macht der Resilienz vertraut sind, kann die Vorstellung, dass ihre Mitarbeiter kurze Erholungspausen einlegen, schwer verdaulich sein. Pausen werden womöglich als Zeichen der Schwäche gewertet. Insbesondere unter sehr fordernden Verkaufsmanagern herrscht bisweilen die Überzeugung, Erholung sei etwas für

»Warmduscher«. Wenn die Resilienz gestärkt werden soll, müssen sich Stresszyklen jedoch unbedingt mit Erholungszyklen abwechseln. Aufgeklärte Unternehmen verstehen das inzwischen – zum Beispiel SAS, das weltweit größte Softwareunternehmen im Privatbesitz, das mehr als 14.000 Menschen beschäftigt. CEO Jim Goodnight ist eine nonkonformistische Führungspersönlichkeit, die daran glaubt, dass Mitarbeiter gefordert werden müssen, aber auch Auszeiten zur Erholung brauchen. SAS bietet flexible Arbeitszeiten, sodass seine Mitarbeiter auch ihren Familien gerecht werden können; außerdem bietet das Unternehmen gesunde Ernährungsmöglichkeiten, um die Konzentration zu fördern, voll ausgestattete Fitnessräumlichkeiten und gepflegte Sport- und Freizeitanlagen.[33]

SAS´ großzügiges Angebote zur Gesundheitsvorsorge, Kinderbetreuung und Bildung sowie alle weiteren Mechanismen zur Bindung und Pflege seines Humankapitals sind Dinge, die die meisten CFOs nur höchst ungern sehen würden. Die Ergebnisse sprechen jedoch für sich. SAS, das sich im vierten Jahrzehnt des zweistelligen Umsatzwachstums befindet, eine Kundenbindungsrate von mehr als 90 Prozent und die geringste Mitarbeiterfluktuation seiner Branche vorweisen kann, gehört regelmäßig zu den zehn besten Arbeitgebern der Welt.[34]

Phil Benton von Adidas glaubt nicht, dass Erfolg ohne Resilienz möglich ist. Er sagte uns: »Ich habe einige Krisen durchgestanden und habe aus allen gelernt. Man entwickelt Widerstandsfähigkeit. Das hat mich zu einem besseren Verkaufsmanager gemacht.«

Alle Verkäufer, mit denen wir gesprochen haben, hielten Herausforderungen und Widrigkeiten für ganz normale Lebenstatsachen. Das Zielcredo Resilienz wird von zwei Handlungsmotivatoren unterstützt, wie wir in den vorhergehenden beiden Kapiteln schon besprochen haben. Der erste Handlungsmotivator – wir bezeichnen ihn als *harte Arbeit* – basiert auf folgender Überzeugung: »Wenn ich mit Herausforderungen konfrontiert bin, strenge ich mich noch mehr an, um mich durchzukämpfen.« Dem zweiten Handlungsmotivator – wir bezeichnen ihn als *intelligente Arbeit* – liegt dagegen folgende Überzeugung zugrunde: »Ich nutze Widrigkeiten, um neue und kreative Wege zur Zielerreichung zu finden.«

Wir haben festgestellt, dass bei allen untersuchten Spitzenverkäufern der zweite Handlungsmotivator wesentlich deutlicher ausgeprägt war als der erste.

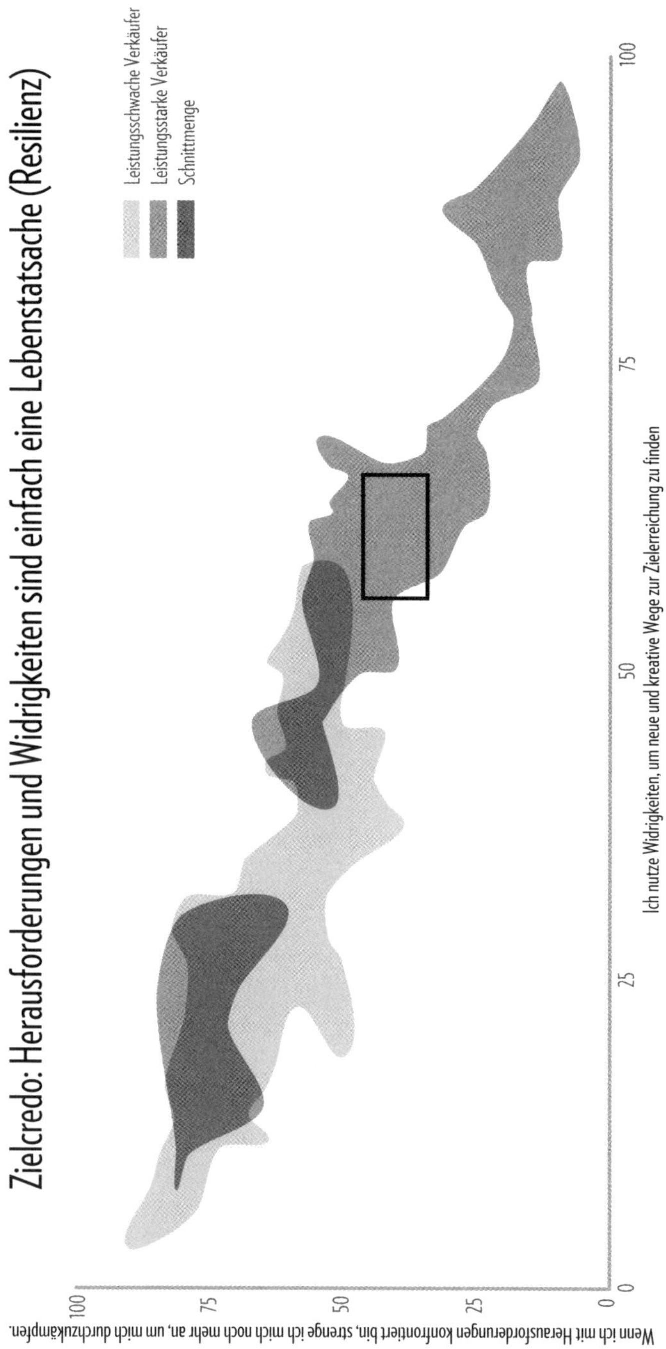

Abbildung 4 ***Verteilung der Handlungsmotivatoren für das Zielcredo Resilienz***

Unsere Recherchen ergaben, dass das optimale Verhältnis 59 Prozent intelligente Arbeit und 41 Prozent harte Arbeit beträgt. Bei der Analyse der besten fünf Prozent der befragten Spitzenverkäufer fanden wir ein Cluster, das in der Grafik als Rechteck dargestellt ist. Es bestätigt, dass Spitzenverkäufer von beiden Handlungsmotivatoren geleitet sind, aber mehr als doppelt so oft auf *intelligente Arbeit* setzen, als alle anderen Verkäufer. Nachfolgend wollen wir beide Handlungsmotivatoren näher betrachten.

HANDLUNGSMOTIVATOR 1

»WENN ICH MIT HERAUSFORDERUNGEN KONFRONTIERT BIN, STRENGE ICH MICH NOCH MEHR AN, UM MICH DURCHZUKÄMPFEN.« (HARTE ARBEIT)

Der Pionier der Automobilindustrie, Henry Ford, sagte einst: »Wenn sich alles gegen Sie verschworen zu haben scheint, vergessen Sie nie, dass ein Flugzeug gegen den Wind startet, und nicht mit dem Wind.«[35] Das lässt sich auch auf den Verkauf übertragen: Erst wenn Sie Widrigkeiten und Ablehnung überwunden haben, stellt sich der Erfolg ein. Bisweilen sind schwierige Phasen schwer auszuhalten; Spitzenverkäufer halten sie jedoch nicht nur aus, sondern nutzen sie zu ihrem Vorteil. Das bedeutet jedoch nicht unbedingt, dass sie sich noch mehr anstrengen.

Im Rahmen unserer Recherchen gaben 91 Prozent der leistungsschwachen Verkäufer an, sie seien davon überzeugt, sie müssten in schwierigen Phasen einfach noch härter arbeiten, um Verkaufsabschlüsse zu erzielen. Sie hielten an der Vorstellung fest, wenn sie sich nur intensiv genug anstrengten und Überstunden machten, würde sich der Erfolg schon einstellen, auch wenn nichts darauf hinweist. Sie erhöhen einfach ihre Umdrehungszahl, machen verbissen weiter und hoffen darauf, dass sich die äußeren Umstände verändern. Das Schicksal werde es gut mit ihnen meinen und eine Antwort senden. Und das äußert sich so:

Einer sagte, »Wenn ich vor Herausforderungen stehe, schalte ich in den sechsten Gang, arbeite noch härter und verlasse mich auf meine innere Überzeugung, um mich durchzukämpfen.« Ein anderer sagte: »Der Erfolg ist mit den Fleißigen.« Eine weitere Weisheit lautete: »Sie müssen der Erste im Büro sein und der Letzte, der nach Mitternacht das Licht ausschaltet, wenn die Konkurrenz bereits schläft.« Wir hören hier Anklänge an Gordon Gekko aus dem Film *Wall Street* heraus: »Manchmal gewinnst du, manchmal verlierst du, aber du hörst nie auf zu kämpfen ... und wenn du einen Freund brauchst, schaff dir einen Hund an.«[36]

Im Gegensatz dazu vertraten unseren Untersuchungen zufolge nur 14 Spitzenverkäufer die gleichen Überzeugungen. Zugegebenermaßen klingen Fleißmantras nicht gerade nach Minderleistung. Auf den ersten Blick vermitteln ihre Verfechter den Eindruck, als seien sie bestens für den Erfolg gerüstet. Hier jedoch der überraschende Widerspruch: Die Befürworter der harten Arbeit sind so davon überzeugt, dass sie ausschließlich mit noch größerem Fleiß den ersehnten Erfolg erzielen, weil sie keine Kontrolle haben. Das ist so, als würde man wild Pfeile auf eine Zielscheibe werfen und darauf hoffen, dass irgendeiner steckenbleibt.

Sich bis in die frühen Morgenstunden »durchzukämpfen« bedeutet in Wahrheit, dass Sie Ihre Arbeit tagsüber nicht klug erledigt haben und bereit sind, Ihre persönliche Zeit oder die Zeit für Ihre Familie zur Strafe zu opfern, was andere Lebensbereiche aus der Balance bringen könnte. Dieses Verhalten wird zur testosterongetränkten, koffeingetriebenen Männlichkeit stilisiert, zum Loyalitätstribut an die Firma. Tatsächlich ist es nur schlechtes Selbstmanagement. Denken Sie daran, dass mehr von demselben selten die Lösung ist. Wenn es zuträfe, hätte Henry Ford schnellere Pferde gezüchtet, und keine Autos gebaut. Es sollte daher nicht überraschen, dass harte Arbeit allein in herausfordernden Situationen selten zum Erfolg führt.

Vielleicht haben Sie von Arthur Millers Theaterstück *Tod eines Handlungsreisenden* (1949) gehört, der zahlreiche Tony Awards und den Pulitzer-Preis gewonnen hat. Es gilt weithin als eines der großartigsten Theaterstücke des 20. Jahrhunderts.[37] Es ist das Porträt eines wohlmeinenden Verkäufers, Willy Loman, der sich nach einer stornierten Geschäftsreise an berufliche und andere Lebensentscheidungen erinnert, die ihn in den finanziellen und moralischen Bankrott getrieben haben. Das ist die klassische Geschichte eines Menschen, der hart, aber nicht intelligent gearbeitet hat und dann ausbrannte, ohne irgendeine Leistung vorweisen zu können.

Wenn Ihre Reaktion auf widrige Umstände darin besteht, sich noch mehr anzustrengen und noch mehr Überstunden zu machen, anstatt intelligenter zu arbeiten, werden sich bestimmte Verhaltensweisen manifestieren. Je ausgeprägter der Handlungsmotivator 1, desto ausgeprägter werden diese Verhaltensweisen sein. Nachfolgend wollen wir die häufigsten Verhaltensmerkmale betrachten, die Menschen aufweisen, die von diesem Handlungsmotivator für das Zielcredo Resilienz getrieben sind.

Am häufigsten beobachtete Verhaltensweisen
1. Beharrlich / unermüdlich
2. Unverblümt / offen und aufrichtig
3. Willensstark / forsch
4. Mutig / furchtlos
5. Dickköpfig / unbeweglich

Denken Sie daran, dass diese Verhaltensweisen – für sich genommen – im Vergleich zu den Spitzenverkäufern unserer Studie zu einer schlechteren Verkaufsleistung führen können. Die Alternative ist, nicht nur hart, sondern vor allem intelligent zu arbeiten.

Die erfolgreichsten Menschen kombinieren beides. Sie sind beharrlich und strengen sich an, überlegen sich aber gleichzeitig, ob es nicht Wege gibt, die Dinge anders zu machen. Man kann leicht in die Gewohnheit verfallen, einfach härter zu arbeiten, ohne sich die Zeit zu nehmen, darüber nachzudenken, wie man seine Arbeit intelligenter verrichten kann.

Der verstorbene Stephen Covey, Autor des Bestsellers *Seven Habits of Highly Effective People* (Free Press, 2004)[2*], erzählte die Geschichte über einen Holzfäller, dessen Säge mit der Zeit immer stumpfer wurde. Er hat viel zu tun und möchte seine Arbeit nicht unterbrechen, um die Säge zu schleifen. Wenn er das jedoch täte und die Bäume anschließend mit einem scharfen Sägeblatt fällen würde, würde er viel Zeit und Mühe sparen. Covey schrieb: »Die Säge zu schleifen bedeutet, dass Sie Ihren größten Vermögenswert pflegen und steigern – Sie selbst. Es bedeutet, in den vier Lebensbereichen – Körper, Geist, Seele und Gefühlsleben – ein ausgewogenes Programm zur Selbstregenerierung zu verfolgen.«

2* deutscher Titel: *Die 7 Wege zur Effektivität* (überarbeitete 51. Auflage, Gabal, 2018) (A.d.Ü.)

HANDLUNGSMOTIVATOR 2

»ICH NUTZE WIDRIGKEITEN, UM NEUE, KREATIVE WEGE ZUR ZIELERREICHUNG ZU FINDEN.« (INTELLIGENTE ARBEIT)

Warum blühen einige Verkäufer in schwierigen Situationen auf, und andere brechen zusammen? Ein signifikantes Differenzierungsmerkmal, das Spitzenverkäufer kennzeichnet, ist, dass sie Widrigkeiten dazu nutzen, neue, kreative Wege zur Zielerreichung zu finden. Unsere Recherchen haben ergeben, dass 86 Prozent der Spitzenverkäufer in diese Kategorie fallen.

Dr. James Loehr ist ein weltbekannter Sportpsychologe und ehemaliger Tennisprofi. Außerdem ist er Mitbegründer des Human Performance Institute mit Sitz in Florida. In den 1980-er Jahren studierte er die weltbesten Tennisspieler, auf der Suche nach den Eigenschaften, die die ganz großen Athleten von allen anderen unterscheiden. Was seine Arbeit so besonders macht, ist seine Fokussierung auf einen Aspekt des Spiels, der traditionell ignoriert wurde: die fast 70 Prozent der Zeit während eines Matches, in denen die Spieler nicht einmal auf dem Platz stehen.

Loehr kam zu der Überzeugung, dass das, was die Champions von Verlierern unterscheidet, die Art und Weise ist, wie die Spieler ihre Nicht-Spielzeit nutzen. Zu dieser Schlussfolgerung war er gekommen, nachdem er Hunderte von Stunden lang Videoaufzeichnungen von Spitzenspielern angesehen hatte, bei denen er praktisch keinen Unterschied zwischen den Konkurrenten erkennen konnte. Zwischen einem Punkt und dem nächsten folgten die Topspieler konsistent bestimmten Ritualen, ihre Widersacher aber nicht.

Ritual eins besteht darin, dass der Spieler, der den Punkt verloren hat, sofort wieder den Schläger schwingt und den vergebenen Schlag so nachspielt, wie er ihn hätte ausführen sollen. Er vollzieht körperlich und geistig die Schritte, die zum Erfolg führen und bewahrt diesen Gedanken, wenn er sich zur nächsten Position bewegt. Auf diese Weise ist sein unmittelbares Selbstbild nicht von Misserfolg, sondern von Erfolg geprägt.

Ritual zwei besteht darin, (bewusst oder unbewusst) mit erhobenem Haupt und einer aufrechten, selbstbewussten Körperhaltung voller Energie und Selbstvertrauen auf die Ausgangsposition zurückzukehren. Der Spieler weiß, dass jede negative Reaktion ihm Energie raubt. Sieger verschwenden keine Energie.

Ritual drei besteht in minimalen Erholungspausen vor dem nächsten Aufschlag beziehungsweise in den Wechsel- und Satzpausen. Während dieser kurzen Auszeiten machen die Spieler häufig eine Blitzmeditation, indem sie sich auf Tiefenatmung konzentrieren, ihre Muskeln lockern oder den Blick auf die Bespannung des Schlägers fixieren, um die visuellen Ablenkungen zu minimieren. Das Ziel ist, die kurze Zeit für körperliche und geistige Erholung zu nutzen.

Ritual vier ist die kurze Zeit zwischen den Punkten – der einzige Moment, in dem bewusstes Nachdenken eine Rolle spielt. Der Spieler kehrt zur Grundlinie zurück, nimmt eine selbstbewusste Körperhaltung ein und spornt sich selbst an. Und Ritual fünf besteht darin, zu visualisieren, wie er den Ball in Richtung eines bestimmten Ziels schlägt oder seinem Gegner das Aufschlagspiel abnimmt. Dabei folgt er immer dem gleichen Muster (zum Beispiel lässt er den Ball wiederholt springen oder wirbelt den Schläger), um sein Gehirn wieder zu fokussieren.[38]

Der achtmalige Grand-Slam-Gewinner Andre Agassi »war in Bezug auf den Umgang mit der Zeit zwischen den Punkten der beste Athlet, den ich je gesehen habe«, sagte Loehr. »An seinem Verhaltens konnte man ganz ehrlich nicht erkennen, ob er einen Punkt gemacht oder abgegeben hatte, auch wenn er gerade drei aufeinanderfolgende Punkte an seinen Kontrahenten verloren hatte. Er folgte einfach der immergleichen Routine: der Gang, die Augenbewegungen – das war Spitzenklasse.«[39]

Wenn Sie sich das nächste Wimbledon-Turnier ansehen, können Sie sich bei Loehr für den zunehmenden Trend bedanken, beim Ballschlagen orgasmische Stöhnlaute abzugeben. Loehr fand heraus, dass die besten Tennisspieler tief und rhythmisch ausatmen, wenn sie den Ball schlagen. Auf diese Weise lösen sie die Spannung und lockern ihre Muskeln, um ihre Resilienz zu verbessern. Schlechtere Tennisspieler neigen dazu, den Atem anzuhalten und ihren Stress innerlich anzustauen, was schließlich zur körperlichen Erschöpfung führt.

Die zentrale Erkenntnis von Loehrs Arbeit lautet, dass Ihr Denken Ihre Gefühle bestimmt, und Ihre Gefühle haben körperliche Auswirkungen. Die Psychologie beeinflusst die Physiologie. Das ist ein sich selbstverstärkender Kreislauf: Nervöse Anspannung beeinträchtigt die körperliche Leistung. Die Folge ist ein schlechtes Tennisspiel, das wiederum die nervöse Anspannung steigert. Sie können einfach nicht Ihr Bestes geben, wenn Sie negativ denken. Menschen mit einer größeren Resilienz modellieren jedoch positive Emotionen, erholen sich schneller und werden am Ende öfter gewinnen.

Welche Verhaltensweisen tauchten konsistent in allen Interviewtranskripten und dem entsprechenden Verhaltensmodell für Menschen auf, die von Handlungsmotivator 2 getrieben sind?

Am häufigsten beobachtete Verhaltensweisen
1. Ausdrucksvoll
2. Dezidiert / standhaft
3. Ausgeglichen / ruhig
4. Rastlos / in Bewegung
5. Willensstark / durchsetzungsfähig

Verkäufer, die Widrigkeiten dazu nutzen, neue, kreative Wege zur Zielerreichung zu finden, sind insgesamt erfolgreicher. Sie sind davon überzeugt, dass jedes Problem gleichzeitig eine Erfolgschance bietet.

Diese Auffassung wird von den meisten Spitzenverkäufern geteilt, darunter auch Phil Benton von Adidas, demzufolge es für jedes Problem eine Lösung gibt, wenn man nur kreativ genug ist. Im Jahr 2012 stand Phil vor einer gewaltigen Herausforderung, als er damit beauftragt wurde, neben seiner regulären Arbeit als Verkaufsmanager die Rolle seines Unternehmens als offizieller Ausrüster der Olympischen Spiele zu organisieren. Angesichts begrenzter Ressourcen und einer langen Aufgabenliste musste er mehrere logistische Probleme lösen.

»Wir hatten fast keine Zeit und nur ganz geringe Ressourcen«, erinnert er sich. »Das war alles andere als ideal. Also spornte ich meine Leute dazu an, sich für jede Herausforderung drei Optionen zu überlegen, und dann zu diskutieren, welches die am *wenigsten schlechte Option* war. Nach der Umsetzung jeder Option führten wir eine rückblickende Handlungsanalyse – wir haben sie als *After-Action-Review* bezeichnet – durch, um festzustellen, was falsch gelaufen war, konzentrierten uns aber stärker auf die Dinge, die gut liefen, damit wir die erfolgreichen Methoden bei zukünftigen Aufgaben erneut anwenden konnten.«

Angesichts des engen Zeitkorsetts und der damit verbundenen Fokussierung auf die am wenigsten schlechte Option, war die Suche nach Perfektion kein Thema. Durch den subtilen Ersatz des Wortes »Erfolgsanalyse« durch »Handlungsanalyse« wurde im Sprachgebrauch das *Handeln* in den Mittelpunkt gerückt. Wie General George S. Patton Jr., Oberbefehlshaber der 7. US-Armee in Europa während des Zweiten Weltkriegs, sagte: »Ein guter Plan, der heute schlagkräftig umgesetzt wird, ist besser als ein perfekter Plan, der nächste Woche ausgeführt wird.«[40]

Louis Jordan, ehemaliger Vice Chairman bei Deloitte, empfiehlt, auf Chancen zu achten, wo andere nur Gefahren sehen. Er sagte uns, »In einst traditionellen Branchen finden heute regelmäßig umwälzende Veränderungen statt. So disruptiv und spaltend diese Veränderungen auch sein mögen, und das sind sie zum Teil, bieten sie auch immer Chancen für Beratung, weil sie mit viel Ungewissheit verbunden sind. Ungewissheit wirft üblicherweise viele Fragen auf. Und so besorgniserregend solche Umwälzungen auf individueller und Unternehmensebene auch sein mögen, halte ich sie für eine gute Gelegenheit, seinen Kunden näher zu kommen und ihnen bei der Navigation durch ungewisse Zeiten Hilfestellung zu leisten. Wenn Sie in der Lage sind, ihre Fragen zu beantworten, sind Sie in einer sehr günstigen Position. Wenn sich in Ihrem Markt oder Ihrer Branche also Veränderungen vollziehen, dann denken Sie daran, dass das eine ausgezeichnete Chance ist, um kompetenten Rat und Orientierung zu bieten. Natürlich werden Sie dabei auch Ablehnung erfahren, aber zugleich erarbeiten Sie sich den Ruf, ein qualifizierter Ansprechpartner für die Zukunft zu sein.«

Unsere Untersuchungen weisen darauf hin, dass Menschen, die in Outbound-Callcentern arbeiten, öfter Ablehnung erfahren als alle anderen Verkäufer. Im Schnitt kontaktieren sie pro Schicht 100 potenzielle Kunden. Das macht 2.000 Telefonate pro Monat. In 14 Prozent der Fälle führen sie »inhaltlich bedeutsame Gespräche« – das heißt, sie sprechen direkt mit der Zielperson oder Dritten, die ihnen die richtige Zielperson nennen. Von diesen rund 280 Telefonaten pro Monat, werden den Berichten zufolge 3,5 Prozent (zehn Telefonate pro Monat) als qualifizierte Verkaufschancen eingestuft. Die Verkaufsquote auf Basis dieser qualifizierten Kundenkontakte beträgt 30 Prozent (drei Abschlüsse pro Monat). Gemessen an der Gesamtzahl der getätigten Anrufe pro Monat beträgt die Misserfolgsquote eines Televerkäufers 99,9985 Prozent.[41] Das erfordert ein hohes Maß an Resilienz.

Die Psychologen von Johnson & Johnsons Gesundheits- und Wellness-Sparte geben vier Tipps zur Steigerung der persönlichen Resilienz:

1. Nutzen Sie Stress zu Ihrem Vorteil

»Es gibt mehrere Arten von Stress, die nicht alle negativ sind«, erklärt Raphaela F. O'Day, Ph.D., Senior Manager, Strategic Health Content, Behavioural Science der Gesundheits- und Wellness-Sparte des Konsumgüterkonzerns Johnson & Johnson. »Wir glauben, dass hier eine ausgezeichnete Chance besteht, Menschen bei der Bestimmung des jeweiligen Stresstyps in ihrem Leben zu helfen und ihnen zu zeigen, wie sie ihre Einstellung verändern und entsprechend handeln können.«

Doch wie machen Sie das genau? Indem Sie dazu übergehen, Stress nicht als Hemmschuh, sondern als Chance zum Wachstum zu begreifen. Wie Louis Jordan sagte, »Verkaufserfahrung in vielfältigen schwierigen Umfeldbedingungen macht Sie widerstandsfähig. Dadurch lernen Sie, Erfolg und Misserfolg gleich zu behandeln und Letzteres als Lernchance zu nutzen. Vielleicht verpassen Sie heute einen Etappensieg, das heißt aber nicht, dass Sie das gesamte Rennen verlieren. Es gibt keinen definierten Endsieg; womöglich müssen Sie Ihre Strategie und Ihre Taktiken ändern und es noch einmal versuchen, aber das ist auch der Spaß daran. Einer der besten Ratschläge, die ich je erhalten habe, stammte von meinem ehemaligen Vorgesetzten. Wir befanden uns in einer der Situationen, in der man auf die falsche Option gesetzt hat und die Dinge nicht gut liefen. Er sagte, dass man gelegentlich einen bestimmten Weg einschlage, obwohl man sich besser für einen anderen entschieden hätte. Das Beste sei, daraus zu lernen und weiterzumachen.«

Denken Sie an berufliche Situationen, die Sie in höchste Anspannung versetzt haben. Hassen Sie es, einem Vorgesetzten »nein« zu sagen oder Kollegen negatives Feedback zu geben? Anstatt solche Aufgaben zu delegieren oder zu vermeiden, zwingen Sie sich, sie wenn nötig selbst zu übernehmen. Das mag Ihnen zunächst Unbehagen verursachen, aber mit zunehmender Übung werden Sie immer besser mit solchen Momenten umgehen können und dabei Fähigkeiten erwerben, die Ihnen an jedem Arbeitsplatz nützen werden.

2. Machen Sie Ruhepausen zu Ihrer Priorität

Nehmen wir an, Sie hätten seit drei Monaten eine 80-Stunden-Woche. Es ist keine Überraschung, dass diese Arbeitsbelastung exzessiven Stress und Erschöpfung auslösen kann. Und dennoch geben die meisten hartgesottenen Persönlichkeiten sich nicht die Zeit, sich wenigstens gelegentlich auszuruhen. »Ausruhen gilt als Schwäche«, sagt Jennifer Lea, Performance Coach bei Johnson & Johnson. »Alle sind gestresst; jeder muss schuften.«

Darüber hinaus denken die meisten bei dem Wort »Ausruhen« an passive Erholung wie lange Strandspaziergänge oder einen von Schuldgefühlen begleiteten Fernsehnachmittag, an dem der Betreffende eine Serie nach der anderen konsumiert – eine Freizeitgestaltung, die hyperaktiven Menschen, die immer irgendetwas tun müssen, nicht behagt.

Entspannende Aktivitäten sind aber nicht der einzige Weg zur Regenerierung. Intensive sportliche Betätigung – eine kurze, aber stramme Joggingrunde oder eine anstrengende Spinning-Stunde – kann ebenfalls einen ausgezeichneten Beitrag zur körperlichen und geistigen Erholung leisten. Lea zufolge sollten Sie »regelmäßig die Dinge tun, die sich für Sie am besten bewährt haben und Ihnen nachweislich beim Stressabbau helfen.«

3. Unterscheiden Sie zwischen Dauerstress und anlassbezogenem Stress

Stressauslöser nehmen die unterschiedlichsten Formen an. Denken Sie an die größten Stressquellen in Ihrem Leben. Handelt es sich um Dauerärger im Alltag, zum Beispiel ein widerspenstiges Kind, das einfach nicht essen will, oder einen chronisch unzuverlässigen Kollegen? Oder ist der Stress ein vorübergehendes Phänomen, ausgelöst, zum Beispiel, von einer Hochzeitsplanung oder einer wichtigen Präsentation von Arbeitsergebnissen?

Wenn Sie bestimmt haben, um welche Art Stress es sich handelt, können Sie sich überlegen, wie Sie diesen am besten steuern, reduzieren oder aushalten, bis das auslösende Ereignis vorüber ist. »Stress, der mit strategischen Erholungspausen gepaart ist, ermöglicht ein inkrementelles Wachstum und macht uns widerstandsfähiger«, erklärt Lea.

Stimmen Sie Ihre Erholungszeit auf die Art der Belastung ab, unter der Sie aktuell stehen. Handelt es sich um eine Dauerbelastung, dann achten Sie darauf, dass Sie regelmäßige Auszeiten einplanen. Wenn Sie jedoch wissen, dass der Stress ein Ende hat, dann konzentrieren Sie sich auf Ihr Ziel und die Belohnung, die Sie sich anschließend gönnen werden. Hallo Urlaub!

4. Ändern Sie Ihre Einstellung zu Stress

Genau wie Stress sind auch Misserfolge an irgendeinem Punkt Ihres Lebens nicht nur normal, sondern unvermeidlich. Das nächste Mal, wenn Ihnen etwas misslingt, betrachten Sie es nicht als Charakterschwäche oder ein Zeichen für Ihre mangelnde Qualifikation und Kompetenz, sondern als Chance, aus Ihren Fehlern zu lernen.

Wenn Sie zum Beispiel eine wichtige Frist verpasst haben, überlegen Sie sich, wie Sie Ihre Zeit in Zukunft besser planen können. Wenn Sie ein Meeting vergessen haben, überlegen Sie sich, wie Sie in Ihren Terminkalender Erinnerungen oder Weckrufe aktivieren können, damit sich das nicht wiederholt. Anstatt sich selbst zu schelten, sollten Sie sich darauf konzentrieren, diese Erfahrung zügig zu verarbeiten und in der Zukunft bessere Entscheidungen zu treffen. »Das ist der wahre Maßstab für Resilienz«, so Lea.[42]

Tatsache ist, dass niemand perfekt ist und wir oft selbst unsere gnadenlosesten Kritiker sind. Einigen Menschen mag das schwerfallen, aber andere anzusprechen und um Hilfe zu bitten, kann Wunder wirken. Ein geteiltes Problem ist ein halbes Problem, wie es so schön heißt. Wie viele von uns können in den Spiegel blicken und aufrichtig von sich behaupten, dass die Person, die ihnen entgegenblickt, die Stärke und den Charakter besitzt, jedes Problem zu überwinden und sich nötigenfalls Unterstützung holt?

Auf der folgenden Seite finden Sie ein Arbeitsblatt für das Zielcredo Resilienz. Suchen Sie sich einen ruhigen Ort, denken Sie über die Fragen nach und schreiben Sie Ihre Antworten auf. Das wird Ihnen dabei helfen, auf dem Zielpfad zum Verkaufscode der weltbesten Verkäufer voranzukommen. Anschließend bieten wir Ihnen weitere Erkenntnisse über Resilienz, die wir aus unseren Interviews mit den Verkaufsikonen gewonnen haben.

FRAGEN ZUR SELBSTREFLEXION ÜBER DAS ZIELCREDO RESILIENZ

1. Frage: Sind Sie ein verbissener Mensch oder nehmen Sie die Herausforderungen des Lebens mit Optimismus an?

2. Frage: Wie entwickeln Sie in guten Zeiten kontinuierlich Ihr persönliches Netzwerk weiter, damit Sie in schlechten Zeiten schnell auf Unterstützung zurückgreifen können?

3. Frage: Betrachten Sie schwierige Zeiten als Momente, um »gegen den Strom zu schwimmen« oder »sich gesenkten Kopfes zu arrangieren«?

4. Frage: Wie reagieren Sie emotional auf schwierige Zeiten und was könnte Ihnen das sagen?

WEITERE ERKENNTNISSE VON SPITZENVERKÄUFERN ÜBER RESILIENZ

1. Den meisten von uns sind gedanklichen Selbstgesprächen vertraut. Dieses Phänomen wird von Psychologen als »innere Stimme« bezeichnet. Menschen hören Worte (üblicherweise in ihrer eigenen Sprache) oder vor ihrem geistigen Auge erscheinen Bilder, Gefühle oder ausformulierte Gedanken. Das ist ganz unterschiedlich. Unser innerer Monolog kann uns aufbauen oder frustrieren. Spitzenleister achten darauf, dass diese Stimme stets positiv ist. Wenn ihre innere Stimme sie kritisiert, überlegen sie, ob es sich um konstruktive und willkommene Kritik handelt. Falls ja, hören sie darauf und lernen. Falls sie feststellen, dass ihre innere Stimme von Angst und selbstbeschränkenden Überzeugungen geprägt ist, formulieren sie den Monolog wie folgt um:

Selbstbeschränkende Überzeugungen	Daraus folgendes Verhalten	Veränderte Sichtweise	Daraus folgendes Verhalten
Dieses Verkaufstelefonat wird schwierig.	Vorsichtig Defensiv Pessimistisch	*Dieses Verkaufstelefonat ist meine Chance, andere in den Schatten zu stellen.*	Kreativ Optimistisch Mutig
Das heutige Meeting wird stinklangweilig.	Genervt Geistig abwesend niedergeschlagen	*Das heutige Meeting ist der Schlüssel zu meinem Fortkommen.*	Energiegeladen Enthusiastisch Visionär

Selbstbeschränkende Überzeugungen	Daraus folgendes Verhalten	Veränderte Sichtweise	Daraus folgendes Verhalten
Diesen Auftrag werde ich nicht bekommen.	Deprimiert Ängstlich Resigniert	*Ich weiß, wie ich vorgehen muss, um die Unterschrift zu bekommen.*	Gespannt Begeistert Gefordert

Abbildung 5 Veränderung es inneren Monologs

2. Ziehen Sie aus den Zeiten, in denen Sie Bestleistung geben, Kraft. Erinnern Sie sich an ein Verkaufsszenario, das unglaublich gut lief und visualisieren Sie, wie Sie sich dabei verhalten, was Sie gesagt und wie Sie sich gefühlt und sich logisch und emotional darauf vorbereitet haben. Honorieren Sie Ihre Fähigkeit, Spitzenleistung zu erbringen. Wenn Ihnen das einmal gelungen ist, können Sie es jederzeit wiederholen, auch heute. Wenn Sie neu im Verkauf sind, erinnern Sie sich daran, dass Sie in einer anderen Umgebung bereits erstklassige Arbeit geleistet haben. Hüten Sie das wie ein Licht, das Ihnen den Weg leuchtet, wenn Sie meinen, Sie hätten sich in der Dunkelheit verirrt.
3. Steigern Sie Ihre Resilienz, indem Sie Ihr körperliches und emotionales Wohlbefinden besser ausbalancieren:
   a. **Ihr Körper:** Was Sie essen, wie Sie schlafen, Ihre Körperbewegung, Ihre Work-Life-Balance, Ihre Erholung und Regenerierung.
   b. **Ihr kognitives Gehirn:** Wie Sie ständig dazulernen und Ihre Erfahrungen verarbeiten; wie Sie auf Ihre Umgebung reagieren.
   c. **Ihre Emotionen:** Verstehen Sie, was bei Ihnen negative Emotionen auslöst und durchbrechen Sie das Muster; schreiben Sie das Skript neu. Wie Sie Ihre einzigartigen

Talente erkennen und diese in einen positiven Zustand des Wohlbefindens kanalisieren.

d. **Ihr Lebenssinn und Zweck:** Kennen Sie Ihre Werte, Ihre moralischen und ethischen Vorstellungen und Ihren Lebenssinn; etablieren Sie Rituale, um ein Gleichgewicht herzustellen.

4. In Zeiten des Wandels und der ständigen Herausforderungen denken Sie über das Axiom nach: »Ein geteiltes Problem ist ein halbes Problem.« Crowdsourcen Sie Ihre Herausforderungen. Indem Sie mit anderen zusammenarbeiten, können Sie Kompetenzen, Perspektiven und Erfahrungen teilen. Lassen Sie sich von den Beiträgen anderer mit Energie aufladen. Einige Verkäufer pferchen Kollegen in einen Raum, andere rufen ihre Mentoren an oder senden ihnen E-Mails. Es wird übrigens immer beliebter, geschäftliche Herausforderungen auf LinkedIn oder Quora zu posten (achten Sie aber darauf, dass Sie keine Namen von Kunden, Vorgesetzten oder Wettbewerbern nennen).
5. Unterforderung kann Ihre Vitalität und Ihre Resilienz beeinträchtigen. Langeweile ist oft ein Vorbote von Schwarzmalerei. Füllen Sie Ihren Tag mit Plänen, Aktivitäten, kleinen Tageszielen und vielen kleinen Siegen. Leben Sie ein sinn- und zweckerfülltes Leben und streben Sie nach größerer Erfüllung, sodass Sie in der Lage sind, sich nach einem dieser unvermeidlichen dunklen Momente schnell wieder aufzurappeln.

WAS GEHT IM KOPF VOR?

Psychologen sagen ...

Das Gehirn ist ein faszinierendes und nach wie vor relativ unerforschtes Organ. Und dennoch: Je mehr wir über seine Funktionsweise erfahren – die Ursachen der Impulse, die es erzeugt, und ihre Wirkung auf unser geistiges und körperliches Wohlbefinden – desto mehr lernen wir, dass Körper und Geist Teil desselben integrierten Systems sind und eine ständige Wechselwirkung zwischen beiden Elementen besteht. Selbstverständlich gibt es eine Fülle von religiösen Gelehrten auf der Welt, die Ihnen sagen werden, dass ihre Werte und Überzeugungen diese Erkenntnis bereits seit Tausenden von Jahren verkörpern. Da haben sie wahrscheinlich recht!

In seiner bahnbrechenden Arbeit *Warum Zebras keine Migräne kriegen* illustriert Dr. Robert Sapolsky, dass ständige Anspannung, ein chronisch hoher Adrenalin- und Cortisolpegel und ein ständig erhöhter Herzschlag Stress verursachen. Auf das Tierleben übertragen, bedeutet das, dass diese körperlichen Stressreaktionen Sie entweder vor den wilden Löwen retten oder aber Sie werden gefressen und dann können sie keine langfristigen Schäden anrichten. Wir übertragen unsere primitiven Flucht-oder-Kampf-Reflexe in unsere moderne Geschäftswelt, aber anders als Zebras vergessen wir, diesen Mechanismus wieder auszuschalten. Das Ergebnis ist eine negative Leistungsspirale.[43]

Die Association for Psychological Science (APS), die zweitgrößte amerikanische Psychologenvereinigung neben der APA, beschreibt Resilienz als »den Prozess der gelungenen Anpassung an Widrigkeiten, Traumata, Tragödien, Bedrohungen oder signifikante Stressquellen, wie zum Beispiel Familien- und Beziehungsprobleme, ernsthafte gesundheitliche Probleme oder berufliche und finanzielle Stressfaktoren. Resilienz bedeutet, sich schnell von unangenehmen Erfahrungen zu erholen.« Eine natürliche Reaktion vieler Menschen auf eine stressige Umgebung, wie zum Beispiel Verkauf, ist, sich verbissen durchzukämpfen –

schneller zu laufen, mehr Telefonate zu führen, aggressiver zu verkaufen, hartnäckiger nachzufassen und so weiter. Das kann durchaus eine positive Wirkung haben, wenn der Betroffene die Kapazitäten dafür besitzt. Härtere Arbeit ist gewiss Teil der Antwort auf widrige Umstände. Wenn eine Intensivierung der Bemühungen in schlechten Zeiten eine potenzielle Lösung darstellt, profitieren Verkäufer und Führungskräfte im Verkauf von offenen, ehrlichen Gesprächen.

Spitzenverkäufer suchen aber gleichzeitig nach intelligenteren Wegen zum Erfolg. Teil dieser »Intelligenz« liegt in der Art und Weise, wie sie ihre Erfahrungen und die Ereignisse in ihrer Umgebung verarbeiten und welche Schlüsse sie daraus ziehen. Als Ergebnis stehen ihnen mehr Optionen zur Verfügung, als einfach noch schneller im Hamsterrad zu laufen. Nachfolgend fünf Methoden, mit denen Verkäufer und Verkaufsmanager eine Umgebung schaffen können, in der intelligente Arbeit eine größere Erfolgschance hat:

1. **Seien Sie realistisch – erkennen Sie eine »Bedrohung« frühzeitig.**
   Lügen Sie sich nicht in die eigene Tasche. Seien Sie bei der Problemanalyse schonungslos ehrlich zu sich selbst. Das ist intelligentes Verhalten.

2. **Steuern Sie Ihre Emotionen.**
   Panikreaktionen helfen nicht weiter. Was in einer Krise wirklich hilft, ist, die Ruhe zu bewahren, nachzudenken, offen zu sein und die Situation zu akzeptieren. Nur so wird eine nüchterne und rationale Bewertung möglich. Dann entstehen neue Ideen und neue Pläne und es kommt eine »Erneuerung« in Gang ... und das ist intelligent.

3. **Identifizieren Sie die »gute Seite« Ihrer aktuellen Schwierigkeiten.**
Widerstandsfähige Menschen achten immer auf das Gute an ihrer Situation. Beispiel: Das Geschäft läuft schlecht und Sie haben nur wenige Kunden. »Das Gute« daran könnte sein, dass Sie dadurch gezwungen sind, neue Märkte zu suchen, Ihr Produkt oder den Preis anzupassen et cetera. Schwierige Situationen beflügeln die Kreativität ... und das ist intelligent.

4. **Teilen Sie Ihr Problem.**
Tatsache ist, dass Menschen mit einem weit gespannten, erprobten Netzwerk eine schwierige Zeit eher durchstehen, als Menschen, die sich auf niemanden stützen können. Das bedeutet, dass wir bereit und in der Lage sein sollten, anderen in Krisenzeiten Empathie entgegen zu bringen. Wenn Sie dann selbst in eine Krise geraten, werden Sie überrascht sein, wie viele Menschen Ihnen Unterstützung anbieten. Teilen ist intelligent.

5. **Kümmern Sie sich besonders gut um sich selbst.**
Spitzenathleten brauchen zur Ergänzung ihres Trainingsprogramms Erholungspausen und eine gute Ernährung. Das Gleiche gilt auch für Verkäufer. Wir erwarten ja auch nicht, dass Usain Bolt ausgepowert und mit leerem Magen einen 100-Meter-Sprint gewinnt. Erfolg beginnt mit Selbstrespekt, und der setzt voraus, dass Sie sich um sich selbst kümmern. Was sollte daran nicht intelligent sein?

ABSCHLIESSENDE WORTE ÜBER RESILIENZ

Die folgende Geschichte ist populär und wurde schon oft erzählt. Wir wissen nicht, woher sie stammt, aber wir lieben sie und wollen ihre Botschaft mit Ihnen teilen.

Kartoffeln, Eier oder Kaffee?

Einst beklagte sich eine Tochter bei ihrem Vater, ihr Leben sei hart und anstrengend und sie wisse nicht, wie sie die ganzen Herausforderungen bewältigen solle. Die Tochter war es leid, Tag für Tag kämpfen zu müssen. Es schien, als tauche mit jedem gelösten Problem gleich ein neues auf. Ihre innere Stimme war negativ und auf Selbstbeschränkung ausgerichtet.

Ihr Vater, ein Koch, nahm sie mit in die Küche. Dort füllte er drei Töpfe mit Wasser und stellte sie auf den Herd. Sobald das Wasser kochte, legte er in den ersten Topf Kartoffeln, in den zweiten Eier und in den dritten gemahlenen Kaffee.

Anschließend ließ er alle drei Töpfe still vor sich hin kochen. Währenddessen klagte und stöhnte die Tochter mit wachsender Ungeduld über dieses verrückte Experiment.

Nach 20 Minuten schaltete ihr Vater den Herd ab. Er nahm die Kartoffeln aus dem ersten Topf und füllte sie in eine Schüssel. Dann nahm er die Eier aus dem zweiten Topf und legte sie in eine zweite Schüssel. Und schließlich filterte er den Kaffee und goss ihn in eine Tasse. Dann wandte er sich um zu seiner Tochter und fragte sie: »Was siehst du?«

»Kartoffeln, Eier und Kaffee«, antwortete sie ungeduldig.

»Sieh genau hin«, sagte der Vater, »und berühre die Kartoffeln.« Das Mädchen tat wie ihm geheißen und bemerkte, dass die Kartoffeln weich waren. Anschließend bat ihr Vater sie, ein Ei zu nehmen und es aufzubrechen. Nachdem sie die Schale abgepellt hatte, kam darunter ein hart gekochtes Ei zum Vorschein. Und schließlich lud der Vater sie ein, den Kaffee zu probieren. Dabei bemerkte sie, wie viel Wohlbehagen ihr das Aroma und der Geschmack des Kaffees bescherten.

»Vater, was bedeutet das?«, fragte sie. Und dann erklärte er ihr, dass die Kartoffeln, die Eier und die Kaffeebohnen alle mit der gleichen Herausforderung konfrontiert waren – kochendes Wasser. Alle reagierten jedoch unterschiedlich. Die Kartoffel war zunächst hart, stark und unbeugsam; im kochenden Wasser wurde sie jedoch weich und schwach.

Die Eier waren zunächst zerbrechlich und weich, geschützt nur durch die Schale. Nachdem sie im kochenden Wasser gelegen hatten, waren sie hart.

Der gemahlene Kaffee reagierte jedoch ganz anders. Nachdem er kochendem Wasser ausgesetzt war, veränderte er das Wasser und erzeugte etwas ganz Neues und vollkommen Anderes.

»Was bist du?«, fragte der Vater seine Tochter. »Wie reagierst du, wenn du schwierige Zeiten durchstehen musst? Bist du eine Kartoffel, ein Ei oder eine Kaffeebohne?«

Zielcredo

Herausforderungen und Widrigkeiten sind einfach Lebenstatsachen (Resilienz)

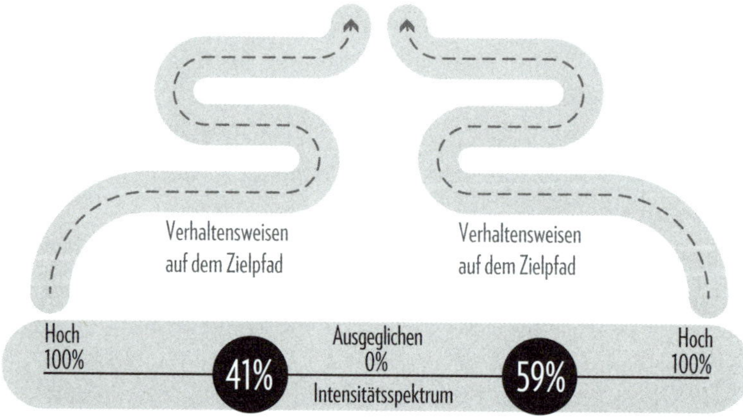

Handlungsmotivator 1

Wenn ich mit Herausforderungen konfrontiert bin, strenge ich mich noch mehr an, um mich durchzukämpfen (harte Arbeit)

Handlungsmotivator 2

Ich nutze Widrigkeiten, um neue und kreative Wege zur Zielerreichung zu finden (intelligente Arbeit)

91 Prozent der leistungsschwachen Verkäufer sind davon überzeugt, sie müssten härter arbeiten, um Verkaufsabschlüsse zu erzielen.

Die Misserfolgsquote von Televerkäufern beträgt 99,9985 Prozent und ist wesentlich höher als bei allen anderen Arten des Verkaufs.

Es ist leicht, sich darauf zu beschränken, einfach nur härter zu arbeiten. Stephen Covey erzählte die Geschichte über einen Holzfäller, dessen Säge mit der Zeit immer stumpfer wurde. Er hat viel zu tun und möchte seine Arbeit nicht unterbrechen, um die Säge zu schleifen. Wenn er das jedoch täte und die Bäume anschließend mit einem scharfen Sägeblatt fällen würde, würde er viel Zeit und Mühe sparen. Covey schrieb: »Die Säge zu schleifen bedeutet, dass Sie Ihren größten Vermögenswert pflegen und steigern - Sie selbst. Es bedeutet, in den vier Lebensbereichen - physisch, sozial/emotional, geistig und spirituell - ein ausgewogenes Programm zur Selbstregenerierung zu haben.« Ihre Säge zu schleifen ist eine großartige Gewohnheit, die sich in allen Lebensbereichen bewährt. Wir finden allerdings, dass es im Hinblick auf Ihre Resilienz besonders nützlich sein kann.

95 Prozent der leistungsschwachen Verkäufer glauben, dass sich die »Umstände« gelegentlich gegen sie verschworen haben.

83 Prozent der Spitzenverkäufer entwickeln ihr persönliches Netzwerk in guten Zeiten ständig weiter, damit sie in schlechten Zeiten schnell auf Unterstützung zurückgreifen können.

93 Prozent der Spitzenverkäufer können ihr Handeln genau begründen.

KAPITEL 5

EINFLUSS

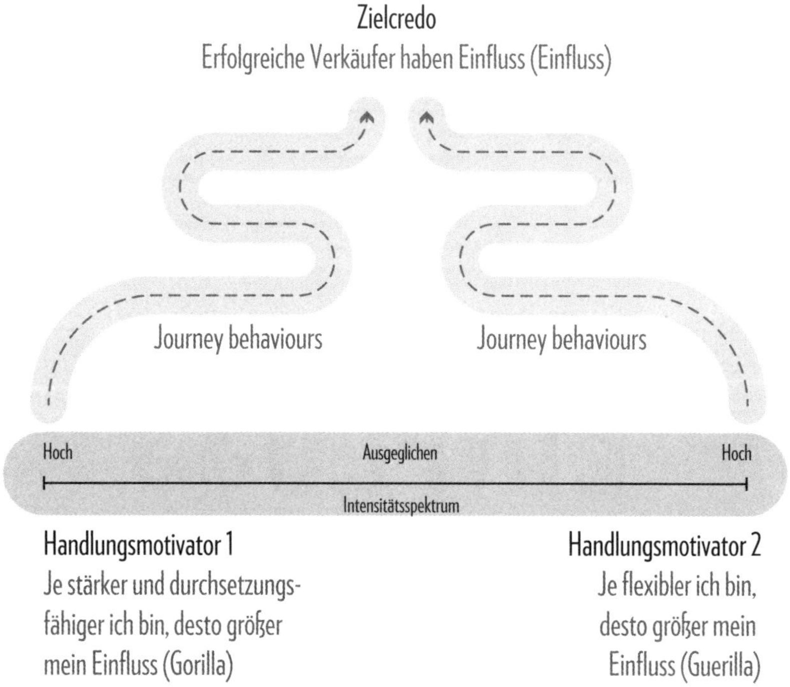

Alle Verkäufer, mit denen wir im Rahmen unserer Untersuchungen gesprochen haben, sind davon überzeugt, dass erfolgreiche Verkäufer ihren Einfluss und ihre Überredungskunst einsetzen, um Türen zu öffnen, Informationen zu sammeln und ein dauerhaftes Engagement zu erzeugen. Sie bringen potenzielle Kunden dazu, Bedürfnisse zu artikulieren, über die sie sich zuvor nicht bewusst waren, und erzeugen bei ihnen das Gefühl, es bestehe dringender Handlungsbedarf. Im Anschluss bewegen sie sie dazu, einem ganz bestimmten Anbieter, nämlich ihnen, den Vorzug zu geben.

Neben der Beeinflussung ihrer Kunden nehmen Spitzenverkäufer aber auch Einfluss nach innen, auf Kollegen und Vorgesetzte. Hören Sie sich in Ihrem Unternehmen um, was Menschen von einflussreichen Verkäufern halten, und Sie werden hören, dass andere sich mit ihnen kulturell identifizieren, sie als angenehme Personen und geschätzte Geschäftspartner empfinden. Das bedeutet, dass sie bereit sind, dem entsprechenden Verkäufer dabei zu helfen, seine Ziele zu erreichen, indem sie bestimmte Ressourcen oder eine bestimmte Preisgestaltung anbieten oder ihnen großzügigere Fristen gewähren als anderen. Dieses Wohlwollen hat nichts mit Favoritismus, formaler Macht oder Seniorität zu tun, sondern geht allein auf den Einfluss zurück, den der Verkäufer kraft seiner Persönlichkeit und natürlichen Autorität besitzt. Immer wieder stießen wir in den Interviewtranskripten auf Beispiele von Spitzenleistern, die sich ihrer Einflussmöglichkeiten bewusst sind und sich nicht davor scheuen, sie zu ihren Gunsten zu nutzen.

Diese Überredungskünstler sind eigensinnig genug, um die Welt so zu sehen, wie sie sie haben wollen. Sie besitzen die Gabe, Menschen aufzuspüren, die ihnen bei der Erreichung ihrer Ziele helfen können, sie für sich einzunehmen und entsprechend zu beeinflussen, damit sie in ihrem Sinne handeln. Auf den ersten Blick könnte man Einfluss leicht mit seinem unangenehmen Verwandten, der *Manipulation*, verwechseln. Daher ist es wichtig, die Handlungsmotivatoren zu verstehen, die die Einflussnahme als ethisch unbedenkliches Element des professionellen Verkaufs unterstützen und von der Manipulation abgrenzen.

Die folgenden zwei Handlungsmotivatoren lassen sich aus der *Gorilla*perspektive (muskelbepackter Primat, der sich durch den Einsatz roher Gewalt verschafft, was er haben will), aber auch der *Guerilla*perspektive (Partisanen, die mit cleveren und unkonventionellen Mitteln kämpfen) betrachten. Der erste Handlungsmotivator setzt auf *formale* Mittel zur Einflussnahme. In diesem Fall führt der Verkäufer seine formale Autorität beziehungsweise seinen Titel, seine Reputation, die Markenmacht des Unternehmens oder Testimonials ins Feld, um potenziellen Neukunden das Gefühl zu geben, dass sie in sicheren Händen sind und es sich zweimal überlegen sollten, ob sie von einem Wettbewerber kaufen. Dieser Verkäufertyp versucht oft, gleich mit der ranghöchsten Person im Kundenunternehmen zu sprechen. Er glaubt, Einfluss gehe von oben aus und setze sich aus einer Position der Macht dann kaskadenartig nach unten fort. Die Denkhaltung, die dahintersteht, zielt darauf ab, der dominante *Gorilla* zu sein, der »umso größeren Einfluss hat, je stärker und mächtiger er ist.«

Der zweite Handlungsmotivator setzt auf Einflussnahme durch den Einsatz *informeller* Mittel. Er kommt zum Tragen, wenn ein Verkäufer sich nicht auf eine führende Marke stützt (oder vielleicht keine solche vertritt) und sich nicht allein auf ranghohe Kundenkontakte konzentriert, sondern ein produktiver Networker ist, der die Bedürfnisse breiterer Interessensgruppen im Blick hat und einen neuen Wertbeitrag leisten möchte, anstatt sich über vergangene Meriten zu definieren. Diese Verkäufer pflegen enge Kontakte auf allen Ebenen und sorgen dafür, dass sich möglichst viele Menschen positiv über sie äußern. Da sie als Außenstehende zunächst gar nicht wissen können, wer die Meinungsführer im Kundenunternehmen sind, gewinnen sie auf allen Ebenen und in möglichst vielen Abteilungen Verbündete und Mitstreiter.

Das bewährt sich, weil sich irgendwo im Unternehmen die Leute befinden, die Einfluss auf Meinungen und Entscheidungen haben. Sie gehören zum Klub – dem Kader, der bestimmt, für welche Werte das Unternehmen stehlt, welche Kultur die Organisation prägt, welche Verhaltensweisen erwünscht sind und welche Zielrichtung das Unternehmen beziehungsweise die Abteilung einschlagen sollte. Das sind die Strippenzieher, und sie befinden sich im Zentrum des informellen Netzwerks.

Sie haben sie bestimmt schon erlebt. Das sind die, die zu spät zu einem Meeting kommen können, ohne dass jemand sie dafür kritisieren würde, während andere sich bei einer Verspätung einen Rüffel holen. Es sind die, an die sich andere in einer Besprechung wenden und fragen, »Was meinen Sie?«, bevor eine Entscheidung getroffen wird, obwohl sie unter Umständen gar keine formale Autorität besitzen. Es sind die, die es irgendwie schaffen, neue Mitarbeiter einzustellen, obwohl ein Einstellungsstopp verhängt wurde. Sie erhalten Ressourcen, die anderen versagt bleiben. Vielleicht sind sie schon seit Jahren im Unternehmen, vielleicht aber auch nicht; auf ihren Visitenkarten steht vielleicht ein wohlklingender Titel, vielleicht aber auch nicht. Doch egal, an welcher Stelle und auf welcher Ebene des Unternehmens sie arbeiten, werden sie anders behandelt. Sie sind gut vernetzt und haben Einfluss.

Auf den ersten Blick können Sie gar nicht wissen, wer das im Kundenunternehmen ist, und es ist auch nicht sehr wahrscheinlich, dass sie bei Ihrem Entrée gleich die einflussreichste Person im Unternehmen kennenlernen. Daher ist es klug, so viele Türen zu öffnen wie möglich: Stellen Sie einen Kontakt zu möglichst vielen Menschen her und beginnen Sie, Ihr Terrain abzustecken. Werben Sie um Ihre Kunden, machen Sie weitere Kontakte und pflegen Sie sie. Die leistungsschwachen Verkäufer sprachen nicht mit dem gleichen Elan wie die Spitzenverkäufer über die Notwendigkeit, ihr Netzwerk und ihre Einflusssphäre auszudehnen. Letztere schienen die Herausforderung, ihren Einfluss kontinuierlich auszudehnen und zu mehren, zu genießen. Wenn sie diesen Gipfel erklimmen, achten sie darauf, dass sie möglichst viele Haken als Anker in den Fels schlagen. Falls sich einer löst, fangen die anderen Sie auf.

Gibt es irgendwelche Tests, mit denen Sie feststellen können, wer von Ihren Kontaktpersonen Einfluss besitzt? Selbstverständlich! Testen Sie, ob auf die Worte Ihres Gesprächspartners Handlungen folgen, oder ob sie viel versprechen, aber wenig halten. Bitten Sie sie um die E-Mail-Adresse einer bestimmten Person; bitten Sie darum, jemandem vorgestellt zu werden, oder um den strategischen Plan für das kommende Jahr oder ein Organigramm des Unternehmens. Bitten Sie einfach um irgendetwas, das nicht ohne Weiteres zu beschaffen ist, und achten Sie darauf, ob Ihr Kontakt Ihnen sagt, das sei unmöglich, oder ob er mit den Schultern zuckt und Ihnen die erbetenen Informationen beschafft. Leistungsschwache Menschen befürchten, »das Schicksal herauszufordern«, wenn sie um solche Informationen bitten, daher trauen sie sich oft nicht. Spitzenverkäufer schmieden ihr eigenes Glück: Zahlreiche Teilnehmer der Spitzengruppe gaben an, sie würden den Einfluss Ihrer Kontaktperson testen, indem sie sie um etwas bäten, das ihnen nur eine einflussreiche Person verschaffen könne. Und dann wüssten sie, mit wem sie es zu tun haben.

Wenn Sie Kontakt zu Personen im Kundenunternehmen haben, die beweisen können, dass sie Zugang zum inneren Machtzirkel der Organisation haben, zeigen Sie ihnen, auf wessen Seite Sie stehen – auf *ihrer.* Sie wollen einen Beitrag zu ihren geschäftlichen oder persönlichen Ambitionen leisten. Demonstrieren Sie, dass Sie ihnen dabei helfen können, ihr persönliches oder geschäftliches Ziel zu erreichen. Seien Sie ihre Brücke vom Ist-Zustand zum angestrebten Zustand. Wenn Sie sich auf diese Weise unverzichtbar machen, werden Ihre Kontakte alles tun, damit Sie den Auftrag erhalten, weil es in ihrem Interesse ist, Ihnen zu helfen.

Das ist teils Politik, teils Einflussnahme. Auf alle Fälle ist es nicht der starre, hierarchische Top-down-Ansatz, den Menschen verfolgen, wenn ihr Überzeugungssystem auf den Einsatz formaler Macht fixiert ist (Handlungsmotivator 1). Es ist vielmehr der Schlachtplan, den ein Guerilla-Kämpfer verwendet, der vom Handlungsmotivator 2 getrieben ist. Er weiß, dass er den Eindruck vermitteln muss, er verfüge innerhalb und außerhalb seiner eigenen Organisation über Einfluss, wenn er einflussreiche Kontakte im Kundenunternehmen knüpfen will.

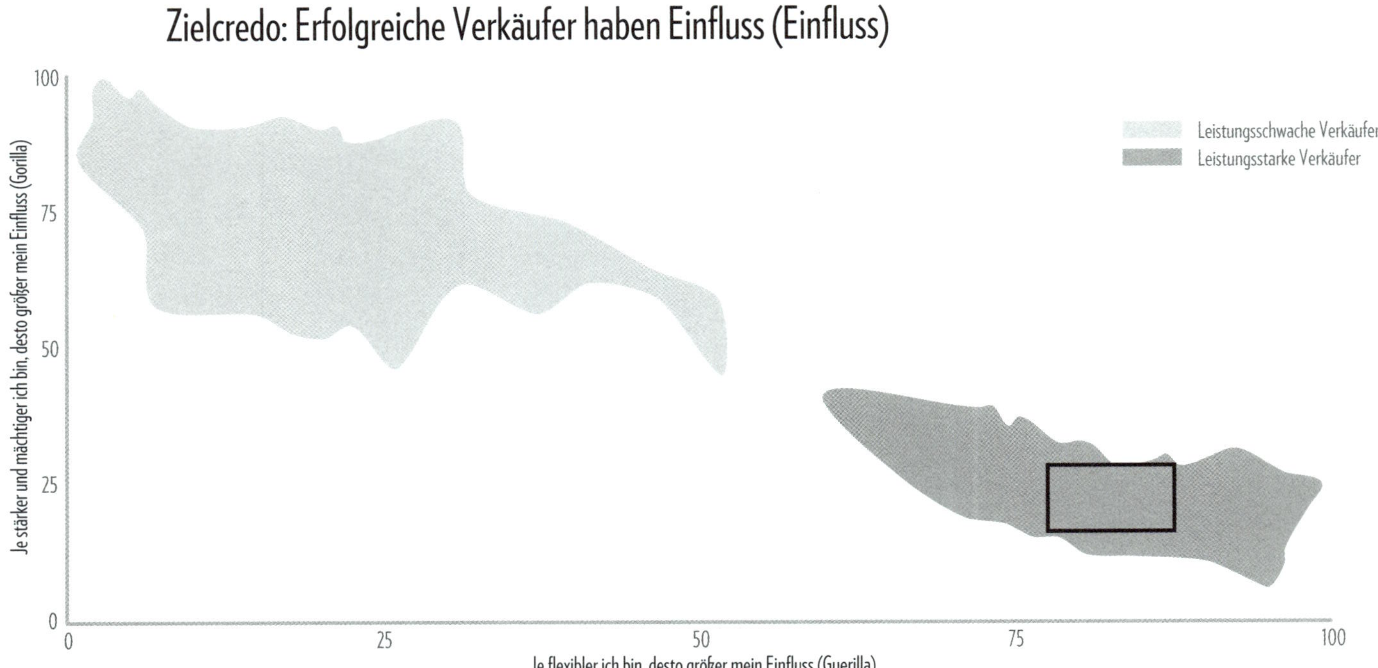

Abbildung 6 Verteilung der Handlungsmotivatoren des Zielcredos Einfluss

Unsere Untersuchungen haben ergeben, dass Spitzenverkäufer zwar von beiden Handlungsmotivatoren getrieben sind, im Verkaufsprozess aber dreimal häufiger auf die Guerillataktik der Einflussnahme zurückgreifen, als auf die gorillaähnliche brachiale Macht. Das optimale Verhältnis zwischen Guerilla- und Gorillataktik beträgt daher 74:26. Nachfolgend wollen wir beide Handlungsmotivatoren eingehender betrachten.

HANDLUNGSMOTIVATOR 1

»JE STARKER UND MÄCHTIGER ICH BIN, DESTO GRÖSSER IST MEIN EINFLUSS.« (GORILLA)

Laut den Verkäufern, die von diesem Handlungsmotivator getrieben sind, ist es wichtig, früh aufzustehen, bis spätabends im Büro zu arbeiten, die Nacht durchzumachen, um Verkaufspräsentationen für den nächsten Tag vorzubereiten, durchsetzungsfähig zu sein und nach einem »Nein« trotzdem immer wieder beharrlich nachzufassen. Sie arbeiten darauf hin, vom ranghöchsten Kundenkontakt gebrieft zu werden und arbeiten sich dann von oben nach unten vor. Sie neigen dazu, ihre Kunden dazu zu provozieren, sich ihren Problemen zu stellen beziehungsweise ihre Mängel zu erkennen. Anschließend stellen sie herausfordernde Fragen und präsentieren bezwingende Alternativen zum Status quo, die sie als Vordenker und mächtige Institution positionieren, mit der man rechnen und die man ernstnehmen muss.

Verkäufer, die sich von diesem Handlungsmotivator leiten lassen, beherrschen ihre Materie in- und auswendig. Sie sind Produktexperten und Problemlösungsgurus, die sich damit brüsten, ihre Kunden über mehre kritische Stufen des Verkaufsprozesses leiten zu können, stets die »richtigen« Antworten parat zu haben und die von der Marketingabteilung vorbereiteten Folienpräsentationen aus dem Effeff zu beherrschen.

Diese Verkäufer reden sich ein, mit ihren provozierenden Fragen würden sie beweisen, dass sie über das nötige Expertenwissen verfügen, um vertrauenswürdige Ansprechpartner zu sein, und gleichzeitig den echten Wunsch zeigen, die Situation ihres Kunden zu verstehen. Zahlreiche Verkäufer dieser Testgruppe sagten uns, »Provozierende Fragen zeigen meinem Kunden, dass ich weiß, wovon ich rede. Sie bewirken, dass mein Kunde innehält und nachdenkt. So hilft er mir dabei, der von mir präsentierten Lösung Glaubwürdigkeit zu verschaffen.«

Dieser Handlungsmotivator wurzelt in einer Wertschätzung der Macht der Überredung und manifestiert sich in der Leidenschaft für das angebotene Produkt beziehungsweise die angebotene Dienstleistung.

Dennoch sind 56 Prozent der Verkäufer, die sich von diesem Handlungsmotivator leiten lassen, leistungsschwach!

Dieses Ergebnis ist eine echte Bombe, weil es mehrere Jahrzehnte moderner Verkaufsschulung zu widerlegen scheint, die darauf abzielte, die Fragetechnik von Verkäufern im Industriekundengeschäft zu verbessern und ihnen zu zeigen, wie sie Kunden zu der Schlussfolgerung begleiten, dass ein Kauf nur in ihrem Interesse ist. Es ist nicht so, dass dieser grundsätzlich Ansatz verfehlt wäre, vielmehr offenbart er ein Problem in der Umsetzung. Viele Verkäufer treten immer noch dogmatisch und manipulativ auf. Sie sind geschult darin, ihren Kunden den Eindruck zu vermitteln, als hörten sie ihnen genau zu, tatsächlich warten sie aber nur darauf, wieder das Wort zu ergreifen. Ihre Leidenschaft zu überzeugen, zu überreden oder sogar zu drängen, wird zum Zweck, der jedes Mittel rechtfertigt. Das Kundengespräch ist weniger ein Dialog der gegenseitigen Entdeckung, als vielmehr die Durchsetzung ihrer Überzeugungen (oder ihrer Produkte) gegenüber dem Kunden.

Die Käufer sagen, sie wären nach den Gesprächen immer sehr von dem großen Engagement und der Begeisterung beeindruckt, die der Verkäufer seinem Produkt entgegenbringt, und sie wüssten hinterher oft besser über interessante Details und Statistiken Bescheid. Allerdings gestehen sie auch ein, sie fühlten sich mitunter von der als bestimmend beziehungsweise als bevormundend empfundenen Attitüde bedrängt, um nicht zu sagen, genötigt. Einige hatten sogar das Gefühl, das Verhalten des Verkäufers grenze an mangelnde Sorgfaltspflicht, da er nur oberflächliche Fragen gestellt und auch nicht aufmerksam zugehört habe, sodass er die Bedürfnisse des Kunden nicht richtig verstanden habe.

Auf den ersten Blick wirkt diese Art Verkäufer jedoch keineswegs leistungsschwach. Nachfolgend finden Sie die Verhaltensmerkmale, die sich konsistent aus den Interviewtranskripten ergaben, sowie das entsprechende Verhaltensmodell, das wir auf Basis der Gespräche mit Verkäufern erstellt haben, die sich stark vom Handlungsmotivator der Gorillataktik leiten lassen:

Am häufigsten beobachtete Verhaltensweisen
1. Aggressiv / provozierend
2. Beharrlich / hartnäckig
3. Kühn / risikofreudig
4. Unschlagbar / entschlossen
5. Unerschütterlich / bestimmt

Betrachten Sie diese Liste! Stellen Sie sich vor, Sie würden neue Verkäufer einstellen und bei einem der Kandidaten dieses Profil sehen. Die meisten Arbeitgeber würden ihm auf der Stelle einen Vertrag anbieten. Diese Liste wirkt wie ein beneidenswertes Waffenarsenal mit goldenen Kugeln für Verkaufserfolg. Ohne die richtige Disziplin werden diese Kugeln jedoch zum Bumerang.

Nach unserer Feststellung liegt die Wurzel des Problems im Bereich der Überzeugungskraft. Herausragenden Verkäufern gelingt es, andere zu überzeugen, weil sie sich zunächst selbst davon überzeugt haben, dass ihr Angebot nützlich, werthaltig und den Konkurrenzangeboten überlegen ist. Zwischen Selbstüberzeugung und Selbsttäuschung gibt es allerdings eine hauchfeine Linie. Eine blinde Selbstüberzeugung kann einen Verkäufer zu einem missionarischen Eiferer machen, der blind für die tatsächliche Situation des Kunden ist. Einige Unternehmen erkennen das und setzen sie im internen Produktmarketing als *Missionare* ein. Andere Unternehmen erkennen das nicht und schicken sie in den Außendienst.

Kunden merken das sofort. Sobald sie Zweifel oder einen Einwand äußern, antwortet der Gorilla mit »ja, aber ...« und folgt dem üblichen Muster der traditionellen Einwandbehandlung, um den Kunden wieder »aufs richtige Gleis« zu lenken. Wessen Gleis folgt der Verkäufer? Jedenfalls nicht dem Gleis seines Kunden. Und genau das ist das Problem. Solche Verkäufer fördern keine beiderseitige Entdeckung, sondern manipulieren ihre Kunden in Richtung eines einseitigen Ergebnisses.

Indem wir andere Bereiche des Verkaufscodes übereinander legten, stellten wir fest, dass Verkäufer, die die Gorillataktik anwenden, eine ausgeprägte Angst vor Misserfolg haben. Sie stecken den Kopf in den Sand, hören nicht darauf, wie ihr Kunde ihre Fragen beantwortet, und versuchen, bei jeder Gelegenheit (oft verfrüht) »den Sack zuzuziehen«, weil sie die abschließende Unterschrift als Attribut der ersehnten Macht und Kontrolle betrachten. Gorillas demonstrieren gerne Imponiergehabe: Sie brüllen und klopfen sich dabei heftig auf die Brust.

Selbstverständlich sind sich die Verkäufer aus dieser Gruppe genauso wenig über ihre Leistungsschwäche bewusst, wie die Personalfachleute, die sich ihr Verhaltensprofil ansehen. Sie machen oft mehr Überstunden als ihre Kollegen, tätigen mehr Kundenanrufe, *verdienen* mehr Erfolg, aber erreichen weniger. Das führt zu Verwirrung, weil es widersinnig erscheint. Und so kniet sich der Gorilla noch stärker in seine Arbeit, führt noch mehr Telefonate, spricht noch schneller, präsentiert noch leidenschaftlicher oder mit einer noch größeren Betonung der technischen Details, um sein Fachwissen unter Beweis zu stellen, und ist außer sich, wenn der Kunde »es nicht begreift«.

Eine Studie, die von der University of Bath und der Cranfield School of Management durchgeführt und im Magazin *Harvard Business Review* veröffentlicht wurde, bietet faszinierende Erkenntnisse zu diesem Thema. Sie kam zu dem Schluss, dass es vier Typen von Verkäufern gibt, und jede verwendet die Gorilla- und Guerillataktiken anders[44]:

24 Prozent der Verkäufer sind **Master.** 100 Prozent von ihnen ergreifen proaktiv die nächsten Schritte und 84 Prozent bitten konkret um den Auftrag. Wenn ihr glänzender Harnisch irgendeine Delle aufweist, dann ist das ihre Neigung davon auszugehen, dass der Wert, den sie bieten, auf der Hand liegt, und der Kunde genauso kaufbereit ist, wie sie verkaufsbereit sind.

39 Prozent der Verkäufer sind sogenannte **Closer.** Davon ergreifen 94 Prozent proaktiv die nächsten Schritte und 62 Prozent bitten konkret um den Auftrag. Closer sind gut für den Verkauf von Standardprodukten geeignet, weil sich ihr Verkaufsprozess auf Präsentation, Verhandlung und zügigen Abschluss beschränkt. Sie neigen dazu, eine sorgfältige Analyse der Kundenbedürfnisse auszulassen und direkt auf den Verkauf zuzusteuern. Kunden, die Wert auf Transaktionseffizienz legen, schätzen ihr zielgerichtetes, zügiges Vorgehen. Diese Art Ver-

käufer sind gut für den Groß- oder Einzelhandel geeignet. Kunden, die nach Lösungen suchen, empfinden sie aber eher als Drängler.

22 Prozent der Verkäufer sind sogenannte **Redner.** Davon ergreifen 65 Prozent proaktiv die nächsten Schritte, aber nur 36 Prozent bitten konkret um den Auftrag. Redner verkaufen mithilfe von Produktvorführungen, Katalogen, Skripten und Standardpräsentationen. Sie sind Produkt- und Technikexperten. Wenn ein Kunde einen Einwand erhebt, der in ihrem Skript nicht vorgesehen ist, betrachten die »sprechenden Produktbroschüren« dies als Herausforderung zum Angriff – wie das rote Tuch für einen Stier. Sie hören nicht mehr zu, senken ihre Hörner zum Angriff und bombardieren den Kunden mit ihrem gesamten technischen Fachwissen, um ihre Überlegenheit zu demonstrieren.

15 Prozent sind **Socializer.** Nur ein Drittel von ihnen ergreift proaktiv die nächsten Schritte und nur 27 Prozent bitten überhaupt um den Auftrag. Socializer sind perfekte Networker und Kundendienstleister, betrachten Kunden aber als Freunde und finden es grob, ihre Freunde unter Druck zu setzen. Diese Dynamik kann sich in hohen Verkaufskosten manifestieren, weil sie einfach warten, bis der Käufer den nächsten Schritt macht. Um dem Kunden das Ganze zu versüßen, gewähren sie oft sogar noch Preisnachlässe, nachdem der Auftrag bereits erteilt wurde.

Nach unserer Beobachtung weisen die 56 Prozent der Verkäufer, die sich vom Handlungsmotivator 1 leiten lassen, eine enge Korrelation zu den 61 Prozent der Verkäufer auf, die nach der zuvor genannten Vierer-Typologie den Typen Closer und Redner entsprechen. Der Handlungsmotivator, »Je stärker und mächtiger ich bin, desto größer mein Einfluss« prägt sowohl die Redner, die ihre Kunden mit provokativen Ideen, Fakten, Zahlen und einem herausragenden Produktwissen bombardieren, als auch die Closer, die sich mittels Logik oder Emotion Einfluss verschaffen. Wir stellen außerdem eine Verbindung zwischen den 24 Prozent der Verkäufer fest, die dem Typus des Masters entsprechen, und den Verkäufern, die sich vom Handlungsmotivator 2 leiten lassen. Daher wollen wir diese Gruppe als Nächstes betrachten.

HANDLUNGSMOTIVATOR 2

»JE FLEXIBLER ICH BIN, DESTO GRÖSSER IST MEIN EINFLUSS.« (GUERILLA)

Spitzenverkäufer sind davon überzeugt, dass Einfluss nichts damit zu tun, dem Kunden ihren Willen aufzudrücken. Ein Win-win-Ergebnis setzt Anpassungsfähigkeit voraus, weil jeder Kunde einzigartig ist und es daher keine Einheitsmethode gibt. Das bedeutet auch, dass nicht jeder Kunde zu Ihnen als Verkäufer passt (hier kommt die Verkaufsqualifikation ins Spiel), und dass Ihre Lösung nicht für jeden Kunden geeignet ist (dann sagen Sie Ihrem Kunden, dass Sie nicht die optimale Lösung bieten, ihm aber gerne helfen, sie woanders zu finden).

Guerillataktiker beherrschen diese Flexibilität. Gorillataktiker wollen oder können es nicht. Die Vorstellung, einen Kunden »ziehen zu lassen«, ist ihnen ein Horror, daher versuchen sie oft, ihnen Lösungen anzudrehen, die gar nicht zu ihren Bedürfnissen passen.

Die Verkaufsikone Erica Feidner, die als Piano Matchmaker™ für Steinway Klaviere und Flügel verkauft, macht es anders. Ihren eigenen Worten zufolge verkauft sie nicht, sondern sucht für jeden Kunden den speziell für ihn geeigneten Flügel. »Ich prägte mir Klang, Ton, Größe, Bauart und Seriennummer eines jeden Steinway-Flügels ein«, sagte Erica. »Wenn Kunden in mein Geschäft kommen, erkundige ich mich genau über sie, ihr Alter, ihre Erfahrung, wie sie ihre Hand auf den Tasten halten, wie sie die Noten spielen, ob sie ihr Klavierspiel weiter verbessern oder ob sie einfach ihr vorhandenes Niveau wahren wollen, und was Hausmusik für sie bedeutet – handelt es sich eher um eine vorübergehende Laune oder eine lebenslange Leidenschaft? Dieses Wissen hilft mir, für den Klang, der am besten zu ihrem gegenwärtigen oder potenziellen zukünftigen Leben passt, das richtige Klavier zu finden. Jedes Klavier ist anders, weil jedes Holz ein anderes Timbre hat. Wenn ich an dem Tag nicht das passende Klavier dahabe, empfehle ich ihnen aber nicht die zweitbeste Alternative unter den Klavieren, die in meinem Showroom stehen. Stattdessen rufe ich das Lager und andere Geschäfte an, um genau das richtige Klavier zu besorgen. Wenn ich kein Klavier finde, dass hundertprozentig zu dem Kunden passt, leite ich ihn an jemand anderes weiter, der eines hat. Das ist die Disziplin, die man haben muss, um die Verkaufsintegrität zu wahren.«

Erica ist ein typisches Beispiel für Verkäufer, die ihr Produkt nicht aufdrängen. Sie achten auf kleine, aber bedeutsame Details, weil sie die langfristige Zufriedenheit der Kunden über ihren unmittelbaren Wunsch stellen, einen Verkaufsabschluss zu erzielen. Das erfordert ein enormes Selbstvertrauen und viel Geduld, erzeugt aber auch eine große Glaubwürdigkeit und verschafft dem Verkäufer Einfluss. Was Erica betrifft, verschafft es ihr außerdem Kunden fürs Leben. Wenn ihre Kunden in der Zukunft ein Klavier kaufen möchten oder jemanden kennen, der ein Klavier erwerben möchte, wenden sie sich immer zuerst an sie.

Auf den ersten Blick wirkt das wie eine Methodologie des Lösungsverkaufs. Wie Dilip Mailvaganam von Microsoft jedoch erklärt, ist es eher ein Lebensstil. »Einer der Schlüssel zu meinem Erfolg ist, dass ich immer darauf achte, bei Dritten über Goodwill zu verfügen. Man sucht Gelegenheiten, etwas für andere zu tun und unternimmt große Anstrengungen, um ihre Erwartungen zu erfüllen – zum Beispiel, wenn Sie jemandem versprechen, innerhalb von vier Tagen etwas Bestimmtes für ihn zu erledigen, und es dann in zwei Tagen machen; oder wenn Sie grundsätzlich Ihr Laptop zuklappen, wenn jemand mit Ihnen spricht, und Ihrem Gegenüber Ihre gesamte Aufmerksamkeit schenken; oder wenn Sie jemandem einen Artikel zu lesen geben und handschriftlich Anregungen darüber schreiben (digital, selbstverständlich), anstatt den Artikel einfach zu mailen. Wenn Sie etwas für andere tun, sind diese eher bereit, auch etwas für Sie zu tun.«

Die folgenden Verhaltensmerkmale waren konsistent über alle Interviewtranskripte und das entsprechende Verhaltensmodell für Verkäufer, die sich stark vom Handlungsmotivator 2 leiten lassen:

Am häufigsten beobachtete Verhaltensweisen
1. Respektvoll / empathisch
2. Mitfühlend / verständnisvoll
3. Überredungsstark / überzeugend
4. Charmant/ magnetisch
5. Umgänglich / humorvoll

Die Verkaufsikone Claire Edmunds hatte ihre erste Stelle auf einer örtlichen Hühnerfarm in dem Dorf, in dem sie aufwuchs. »Das lehrte mich, dass ich niemals mit Hühnern arbeiten wollte«, sagte sie. »Es war eine interessante psychologische Übung, weil ich merkte, wie sich meine Körpersprache auf das Verhalten der Vögel auswirkte, vor allem der Hähne, die mich eindeutig als Konkurrenz betrachteten und mich angriffen, wenn sie meine Angst bemerkten! Ich lernte schnell, Blickkontakt zu wahren und mich so schnell zu bewegen, wie ich nur konnte. Als ich später begann, mich eingehender mit Körpersprache und nonverbaler Kommunikation zu beschäftigen, konnte ich anhand dieser Erfahrung erkennen, wie sich unser Verhalten auf unsere gesamte Umgebung auswirkt, nicht nur auf die Menschen.« Herausragende Verkäufer respektieren die Bedürfnisse und Sichtweisen der Kunden und sie kultivieren Beziehungen, sowohl im Kundenunternehmen als auch in ihrem eigenen Unternehmen, um Mehrwert bieten zu können. Ihnen sind die Menschen wichtig. Das scheint immer durch und bildet Vertrauen und Einfluss.

Colleen Schuller von GSK erklärt das folgendermaßen: »Wenn Sie Ihr Wissen richtig nutzen, zeigt sich, wessen Interessen Sie dienen. Und das ist der Punkt, um den es geht. Sie müssen als jemand gelten, der in jedem Gespräch, jeder Präsentation und jedem Angebot die Interessen des Kunden im Sinn hat. Sie sprechen und schreiben über seine Welt und seine Bedürfnisse. Das erfordert Mut, weil den Verkäufern traditionell beigebracht wird, ihr eigenes Produkt, seine Merkmale und Nutzen anzupreisen. Das ist allerdings eine rein transaktionsorientierte Sichtweise. Kunden erwarten hingegen einen strategischeren Ansatz, und der beginnt damit, dass Sie zunächst mit ihnen über ihre Probleme und Wünsche sprechen, und nicht über Ihre eigenen.«

»Betrachten Sie Ihre Beziehungen immer aus der Perspektive Ihres Gegenübers, und der Frage, wie Sie ihm helfen können«, empfiehlt ein Topverkäufer. »Das gilt besonders für freie Dienstleistungsberufe, letztlich aber für jede Tätigkeit. Wenn Sie Ihren Kollegen und Kunden gegenüber hilfsbereit sind und zur Zielerreichung beitragen, und das nicht mit dem unmittelbaren Kalkül tun, im Gegenzug etwas zurückzuerhalten, werden Sie erfolgreich sein. Aus diesem Grund ist die Beziehungspflege ein derart wichtiger Bestandteil des Verkaufsprozesses. Ich habe in meiner Karriere von Anfang an an den Multiplikationseffekt geglaubt. Sie müssen mindestens drei Dinge zugunsten Ihres Gegenübers tun, bis Sie überhaupt das Recht haben, ihn um einen Gefallen oder die Chance zu bitten, ernsthafter über das Geschäft zu sprechen. Zuerst müssen Sie mindestens zwei- oder dreimal etwas für diese Person tun, um sich dieses Recht zu verdienen. Und das setzt sich über die gesamte langfristige Beziehung fort. Ihre Hilfsbereitschaft ist eine unabdingbare Voraussetzung, damit Sie um etwas bitten oder von Ihrem Gegenüber irgendeinen Gefallen erwarten können.«

Eine weitere Methode, die Spitzenverkäufer verwenden, um ihren Einfluss auf Kunden zu vergrößern, ist die Verwendung von sozialen Medien. Chuck Pol, ehemals bei Vodafone, sagte uns, »diese ganze Trump-Geschichte hat mich neugierig gemacht – insbesondere die Art und Weise, wie er soziale Medien nutzt!«

Branchenbeobachter haben angesichts der Tatsache, dass es 18 oder mehr Telefonate bedarf, um mit einem neuen Kaufinteressenten sprechen zu können, und lediglich 24 Prozent der Outbound-E-Mails von den Empfängern geöffnet werden, eine rückläufige Effektivität von Outbound-B2B-Verkaufstelefonaten festgestellt. Gleichzeitig beginnen 84 Prozent der Unternehmenskunden ihren Kaufprozess inzwischen über Weiterempfehlung[45], wobei Empfehlungen, die von Berufskollegen ausgesprochen werden, mehr als 90 Prozent der Kaufentscheidungen beeinflussen. Das zeigt, wie weit weg die Verkäufer oft von potenziellen Kunden sind. Die Analysten von Forrester Research[46] sehen in dieser Abkoppelung eine Gegenreaktion der Kunden auf die Vielzahl der Verkäufer, die ihre Kunden enttäuscht haben, indem sie sich stärker auf ihre eigenen Interessen und ihre Provisionen konzentriert haben, als auf die Bedürfnisse ihrer Kunden.

Das wegweisende Verkaufsbuch *Selling to the C-Suite*, das auf einer Zehnjahresstudie über die Kaufpräferenzen von hochrangigen Führungskräften[47] beruht, deutet darauf hin, dass das Internet eher ein Kauf- als ein Verkaufsinstrument ist. Es ermöglicht Kunden, das »Informationsmonopol« zu brechen, über das die Verkäufer in der Zeit vor dem Internet verfügten, und versetzt sie in die Lage, sich einen Großteil der Informationen selbst zu beschaffen und online Vergleiche anzustellen, bevor sie sich entscheiden, mit einem Verkäufer zu sprechen.

Weiterhin stellt Forrester die Prognose an, bis zum Jahr 2020 könnte eine Million Verkäufer im Industriekundengeschäft ihren Job an Selfservice-E-Commerce verlieren, falls sie sich darauf beschränken, eine »sprechende Produktbroschüre« zu sein und darüber hinaus keinen Mehrwert zu bieten, wie der Autor des Werkes *SPIN Selling*, Neil Rackham, beschreibt.[48] Das ist immer dann der Fall, wenn ein Verkäufer lieber Produktmerkmale herunterleiert, als einen echten Dialog zu führen.

Einiges deutet darauf hin, dass eine Antwort auf den Trend der sinkenden Effektivität von Outbound--Telefonverkauf darin besteht, Feuer mit Feuer zu bekämpfen, indem man auf Online-Social-Selling setzt. So wird die Strategie bezeichnet, soziale Medien für Networking, die Ansprache neuer Kunden und Recherche (in dieser Reihenfolge) zu nutzen, um zeitnah Ideen, Meinungen und Inhalte zu teilen, die für die Zielgruppe interessant sind.

Auf diese Weise gelingt es Verkäufern, mithilfe ihrer persönlichen Marke Nachfolgegespräche zu vereinbaren und diese zu einer persönlichen Beziehung auszubauen, bis die Interessenten schließlich kaufbereit sind und mit jemandem sprechen möchten, den sie wiederholt als wertvoll und glaubwürdig erlebt haben.

Die gezielte Ansprache per Social-Media-Selling, das sich durch personalisierte Empfehlungen, E-Books, White Paper, Blogs, Videos und Event-Nachrichten für individuelle Kaufinteressenten auszeichnet, unterscheidet sich insofern von der Streumethode des Social-Media-Marketing, das eher darauf abzielt, das Bewusstsein der gesamten Zielgruppe für eine bestimmte Unternehmens- oder Produktmarke zu steigern, aber keinen One-to-one-Ansatz darstellt.

Nachfolgend einige bemerkenswerte Statistiken zum Social-Media-Selling[49]:

- 75 Prozent der Industriekunden nutzen soziale Medien, um zu verfolgen, was Industriekollegen machen, und um deren Meinung zu bestimmten Kaufentscheidungen einzuholen.
- 53 Prozent der Industriekunden nutzen soziale Medien, um vor der Entscheidung für einen bestimmten Anbieter andere zu befragen.
- 82 Prozent der Industriekunden geben an, die sozialen Inhalte, die sie im Zusammenhang mit einem Verkäufer sähen, hätten einen erheblichen Einfluss auf ihre Kaufentscheidung.
- 72 Prozent der Verkäufer im B2B-Geschäft, die soziale Medien nutzen, erzielen rund 50 Prozent mehr Verkaufsabschlüsse als andere Verkäufer.

Jim Keenan, einer der Gründer von A Sales Guy Consulting, drückte das folgendermaßen aus: »Ein Kundenkontakt kann heute eine Beschwerde auf Twitter, eine Frage auf LinkedIn oder eine Diskussion auf Facebook sein.«[50]

LinkedIn hat herausgefunden, dass Industriekunden mit fünfmal so hoher Wahrscheinlichkeit wie andere Käufer mit Nutzern sozialer Medien in Kontakt treten, um sich neue Erkenntnisse über eine Branche oder ein bestimmtes Geschäftsfeld zu verschaffen.[51]

Soziale Medien involvieren Verkäufer früher in den Kaufzyklus ihrer Kunden als es traditionell der Fall ist, und zwar bereits in einer Phase, in der diese wahrscheinlich ihre Vorstellung von einer idealen Lösung definieren und die Kriterien bestimmen, anhand derer sie Anbieter und ihre Lösungsangebote bewerten. Um im Social Selling erfolgreich zu sein, müssen Sie bis zu vier Stunden pro Woche investieren, um in den Chatrooms, LinkedIn-Foren und Slide-Share-Sites zu verfolgen, welche Themen gerade diskutiert werden. Anschließend müssen Sie eigenen Content entwickeln und posten, wenn Sie die Aufmerksamkeit Ihrer Zielgruppe wecken wollen. Verfassen Sie Ihre Beiträge im jeweiligen Branchenjargon, um Ihren Lesern zu demonstrieren, dass Sie ein Brancheninsider mit profundem Fachwissen sind.

Denken Sie aber immer daran, dass Social Media ein langsamer Prozess ist. Möglicherweise generieren Sie keine kurzfristigen Anfragen, aber je öfter Ihre persönliche Marke gesehen wird, desto größer die Wahrscheinlichkeit, dass Sie sich den Ruf erwerben, jemand zu sein, mit dem man unbedingt sprechen muss, wenn sich ein latentes Kundenbedürfnis in einen akuten Kaufbedarf verwandelt.

75 Prozent der Verkäufer im B2B-Geschäft, die erfolgreich in sozialen Medien kommunizieren, geben an, sie hätten sich schulen lassen, anstatt sich per Versuch und Irrtum ihren Weg durch die sozialen Medien zu bahnen. Zu den Bereichen, in denen sich eine professionelle Schulung auszahlt, gehören unter anderem:

- Die Gesetzgebung, die für soziale Medien und den Schutz der persönlichen Daten gilt, damit die Initiativen des Verkäufers nicht als Spamming oder Stalking gelten;
- Wie man soziale Medien wie LinkedIn, Twitter, Facebook, Instagram und YouTube optimiert;
- Wie man spezifische Social-Media-Software so einrichtet, dass man seinen »sozialen Fußabdruck« überwachen und die Verbreitung der eigenen Ideen über verschiedene Plattformen automatisieren kann;
- Wie man auf die Social-Media-Umgebung abgestimmte kurze, prägnante Mitteilungen verfasst und in wenigen Worten eine klare Botschaft vermittelt, anstatt langatmiger Ausführungen über Produktmerkmale und Nutzen zu posten, die niemand zu Ende liest. Für soziale Medien gilt: In der Kürze liegt die Würze.

Clevere Verkäufer treffen sich regelmäßig mit ausgewählten Marketingkollegen, um sich über die neuesten Branchenthemen und veränderte Kundenbedürfnisse auszutauschen, um sicherzustellen, dass ihre Social-Media-Posts stets relevant sind. Vielleicht besorgen Sie sich sogar einige interessante Infografiken, die Sie in Ihre Beiträge integrieren können. Finden Sie einen Freund in der Marketingabteilung und verabreden Sie sich zu einem regelmäßigen Austausch, um seine Meinung zu hören. Möglicherweise werden Sie überrascht sein, was Sie alles erfahren. Nachfolgend eine Zusammenfassung der wichtigsten Regeln für die Kommunikation in sozialen Medien:[52] [53] [54] [55] [56] [57]

Allgemeine Regeln

- Teilen Sie Ihre Posts mehrmals am Tag und zwar verteilt über mehrere Stunden.
- Antworten Sie schnell auf eingehende Posts. 53 Prozent der Nutzer, die an eine Marke twittern, erwarten eine Antwort in weniger als 60 Minuten.
- Unterhalten Sie Ihre Follower zu 80 Prozent und verkaufen Sie zu 20 Prozent.
- Verwenden Sie immer die Wir-Form (wir, uns, unser), und nicht die Ich-Form (ich, mir, mich, mein).

LinkedIn

- Personalisieren Sie alle Kontaktanfragen. Schreiben Sie, warum Sie in das Netzwerk des Empfängers aufgenommen werden möchten.
- Nachdem Sie die Anfrage akzeptiert haben, schreiben Sie eine Willkommensnachricht.
- Fangen Sie nicht an, sofort zu verkaufen, kaum dass Sie einer Gruppe beigetreten sind.
- Halten Sie sich an den professionellen Sprachduktus des jeweiligen Netzwerks, dem Sie beitreten.
- Ein bis drei Hashtags bewähren sich am besten.

Twitter

- Sondern Sie niemanden aus, der Ihren persönlichen Nachrichten folgt.
- Kaufen Sie keine Follower-Listen.
- Stopfen Sie Ihre Tweets nicht mit Schlagworten voll.
- Missbrauchen Sie nicht die Hashtags anderer Unternehmen.

Instagram

- Bitten Sie niemanden darum, Ihnen zu folgen.
- Verstopfen Sie nicht die Instagram-Feeds Dritter. Posten Sie seltener als auf Twitter.
- Elf oder mehr Hashtags bewähren sich am besten.

Facebook

- Liken Sie nicht Ihren eigenen Post. Das lässt Sie verzweifelt wirken.
- Posten Sie keine Fotos Dritter, ohne sie um ihre Genehmigung zu bitten.
- Taggen Sie keine Leute oder Webpages, die für Ihren Post nicht relevant sind.
- Bitten Sie andere nicht, Ihre Posts zu liken, zu teilen oder zu kommentieren.
- Hashtags senken das Engagement. Verzichten Sie darauf.

Pinterest

- Liefern Sie gute Beschreibungen für Ihre Pins.
- Verlinken Sie zur Originalquelle und nennen Sie sie.
- Verwenden Sie keine Bilder, die in keinem Zusammenhang zu Ihrem Click-through-Content stehen.
- Pinnen Sie nicht nur eigenes Material.
- Hashtags senken das Engagement. Verzichten Sie darauf.

Auf der nächsten Seite finden Sie ein Arbeitsblatt für das Zielcredo Einfluss. Suchen Sie sich einen ruhigen Ort, denken Sie über die Fragen nach und schreiben Sie Ihre Antworten auf. Das wird Sie auf Ihrem Zielpfad zum Verkaufscode der weltbesten Verkäufer einen wesentlichen Schritt weiterbringen. Anschließend präsentieren wir Ihnen weitere Erkenntnisse über Einfluss, die wir aus unseren Gesprächen mit den Verkaufsikonen gewonnen haben.

FRAGEN ZUR SELBSTREFLEXION ÜBER DAS ZIELCREDO RESILIENZ

1. Frage: In welchem beruflichen oder sonstigen Einflussbereich, in dem Sie aktiv sind, könnten Sie von einem größeren Einfluss profitieren?

2. Frage: Wie können Sie Ihren Einfluss in den nächsten sechs Monaten steigern?

3. Frage: Auf welche Hürden könnten Sie treffen und wie können Sie sie überwinden?

4. Frage: Wie müssen Sie Ihren Ansatz womöglich anpassen, um einen größeren Einfluss auf die Persönlichkeiten unterschiedlicher Menschen zu gewinnen? Konzentrieren Sie sich auf ganz bestimmte Personen.

5. Frage: Welche Ergebnisse erwarten Sie, nachdem Sie diese Übungen zur Verbesserung der Einflussnahme absolviert haben?

WEITERE ERKENNTNISSE VON SPITZENVERKÄUFERN ÜBER EINFLUSS

1. Haben Sie jemals mit einem aufdringlichen Verkäufer gesprochen und beschlossen, nichts von ihm zu kaufen, obwohl Sie Interesse an seinem Produkt hatten? Es gibt viele schlechte Verkaufspraktiken auf dem Markt, die von oberflächlichen Schulungsanbietern und taktisch orientierten Managern ständig weiterverbreitet und weiterpraktiziert werden. Die Wurzeln des Problems liegen in den Vorstellungen, mit denen angehende Verkäufer ihre Karriere starten. Wenn sie im zeitsensiblen volumenstarken Handel des Multi-Level-Marketings, Einzel- oder Großhandels begonnen haben, ähnelte die Bedeutung des Wortes »Einfluss« vielleicht eher dem »Druck machen«, folglich schulen sie die nächste Generation der Verkäufer in diesem Sinne. Zweifellos war der Verkauf einst von Techniken beherrscht, die darauf abzielten, »den Fuß in die Tür« zu setzen und mit einem Wortschwall schnell »den Sack zuzuziehen« – ein Relikt der reisenden Gemischtwarenhändler aus dem amerikanischen Westen der 1870er-Jahre.[58] Aus diesen Krämern und Marktschreiern, die Schlangenöl und andere Waren aus ihren Bauchläden anpriesen, wurden später die Haustür-Vertreter, die ahnungslosen Hausfrauen Enzyklopädien[59], Kochtöpfe[60] und Staubsauger[61] aufschwatzten. Während der industriellen Revolution und der technischen Revolution mutierten sie in den 1920er-Jahren zu Autoverkäufern, in den 1950er-Jahren zu Waschmaschinen- und Kühlschrankverkäufern und in den 1980er-Jahren zu Verkäufern von IBM-Computern und Xerox-Kopierern. IBM und Xerox brachten die Branche der modernen Verkaufsschulung in Gang, und die meisten Produkte auf diesem Gebiet lassen sich bis zu diesen Anfängen zurückverfolgen. Seitdem haben sich die Verkaufsschulungen stark weiterentwickelt, in dem Bemühen, die

manipulativen Verkaufstechniken auszumerzen. Zwar verwenden sie nach wie vor sequenzielle Fragetechniken, um Käufer schrittweise zur alles entscheidenden Unterschrift zu leiten, aber sie lehren auch, dass man sich zunächst das Vertrauen der Zielgruppe erarbeiten, Glaubwürdigkeit herstellen und authentisch sein muss, bevor man überhaupt versuchen kann, irgendeinen Kunden zu überzeugen. Das ist die Wurzel der Einflussnahme.

2. Das Internet hat dazu geführt, dass Kunden um ein Vielfaches besser informiert sind als früher. Professionelle Einkäufer verwenden die Fülle der verfügbaren Daten über Preise, Kundenrezensionen und globalisierte Lieferketten, um zum Teil erhebliche Preisnachlässe aus Verkäufern zu pressen. Noch nie war es so wichtig, dass Verkäufer die gleichen Techniken anwenden, ihre Botschaft eigeninitiativ an individuelle Kunden vermitteln und beweisen, wie sie ihre Sorgen im Hinblick auf die tatsächlichen Bedürfnisse Kosten, Zeit, Wert und Risiko (in dieser Reihenfolge) lösen. Lernen Sie, mithilfe Online-Recherchetools den Hintergrund und die wahrscheinlichen Bedürfnisse Ihrer Kaufinteressenten zu bestimmen. Lernen Sie, mithilfe von Datenkalkulationen zu demonstrieren, dass Ihr Kunde mit Ihrer Lösung nur gewinnen kann beziehungsweise zu welchem Zeitpunkt er mit seiner Investition den Break-Even erreichen und Zeit- oder Geldersparnisse beziehungsweise einen Gewinn sowie einen nennenswerten ROI erzielen kann. Diese Ansätze werden Ihnen dabei helfen, Ihren Einfluss zu steigern.
3. Kunden lassen sich gerne von Menschen beeinflussen, die sie mögen und denen sie vertrauen. Empathie legt das Fundament für diese Art von Beziehung. Lächeln Sie, wenn Sie hereinkommen. Blicken Sie Ihrem Kunden in die Augen. Nutzen Sie die Macht der Berührung – selbst ein Handschlag kann dazu beitragen, dass Ihr Kunde Ihre Empathie wahrnimmt. Hören Sie aktiv zu. Wahren Sie Blickkontakt, beugen Sie sich vor, wenn Sie zuhören und nicken Sie oder äußern Sie

Laute der Zustimmung, um zu *zeigen*, dass Sie aufmerksam lauschen.[62] Denken Sie daran, dass der »Stummfilm« der nonverbalen Kommunikation oft aufschlussreicher ist, als das gesprochene Wort. Wenn es Ihnen schwerfällt, eine Verbindung zu einem Kunden herzustellen, suchen Sie nach gemeinsamen Interessen. Das Gefühl der Verbindung unter Kollegen ist es, das Büromitarbeiter dazu veranlasst, sich am Montagmorgen über Sportereignisse am Wochenende, das Wetter oder eine bestimmte Fernsehsendung auszutauschen. Diese geteilten Erfahrungen dienen als soziale Nivellierer, sie weisen Sie als Mitglied derselben Gruppe aus und tragen dazu bei, Empathie zu wecken. Machen Sie das Gleiche mit Ihren potenziellen und bestehenden Kunden, um Ihren Einfluss zu steigern.

4. Seien Sie authentisch und kundenzentriert. Einige Unternehmenskulturen treiben ihre Verkäufer zu einer narzisstischen Fokussierung auf Preise, Belobigungen und andere Auszeichnungen an, die vermeintlich zu Prahlerei berechtigen. Es ist großartig, die eigene Bedeutung zu feiern, aber wenn Sie bei Ihrem Kunden über die Schwelle treten, müssen Sie demonstrieren, dass es Ihre höchste Priorität ist, für Ihren Kunden das Richtige zu tun. Entwickeln Sie ein aufrichtiges Interesse für das Geschäft Ihres Kunden und besprechen Sie mit Leuten aus Ihrem eigenen Unternehmen, wie Sie Ihre Produkte, Dienstleistungen und Verbindungen zu Dritten nutzen können, um Mehrwert für das Geschäft Ihres Kunden zu bieten. Tragen Sie ihm diese Ideen vor. Denken Sie über das letzte Kundentelefonat nach. Betrachten Sie die letzte E-Mail oder Verkaufspräsentation und zählen Sie die Sätze oder Folien, in denen Sie über sich und Ihre Meinung anstatt über die Bedürfnisse Ihres Kunden gesprochen haben. Üblicherweise handeln Verkaufspräsentationen zu 80 Prozent vom Angebot des Verkäufers. Drehen Sie das Verhältnis um und achten Sie auf den Unterschied, den diese veränderte Gewichtung in der Haltung Ihres Kunden bewirkt. Wenn Sie über sich selbst sprechen, könnte es passieren, dass sich Ihr Kunde ständig

verstohlen auf die Uhr blickt und sich innerlich wünscht, Sie würden endlich verschwinden. Wenn Sie ihm dagegen ausgiebig Gelegenheit geben, über sich und sein Unternehmen zu sprechen, ist es sehr wahrscheinlich, dass sich das Meeting länger hinzieht als geplant. Denken Sie daran, dass es nicht Ihre goldene Zunge ist, die den Verkauf vorantreibt – sie ist lediglich das Ruder, das der Gesprächssteuerung dient. Ihre Fähigkeit zuzuhören ist der wahre Motor, der Sie an Ihr Ziel bringt. Je mehr Sie sprechen, desto mehr werden Sie hören, was Sie *bereits wissen.* Je mehr Sie zuhören, desto mehr werden Sie hören, was Sie *wissen müssen.* Einflussreiche Menschen sind gute Zuhörer.

5. Einflussreiche Menschen konzentrieren ihre Zeit, ihre Gefühle und ihre Energie auf Dinge, die sie ändern können. Sie verschwenden keine Energie, um über Dinge zu klagen, auf die sie keinen Einfluss haben. Wenn sie mit Hindernissen konfrontiert sind, treten sie einen Schritt zurück, brechen die Hindernisse in ihre Bestandteile herunter und teilen sie in vier Gruppen auf: Dinge, die sie mithilfe ihrer eigenen Kompetenzen ändern können (Eigenverantwortung); Dinge, die sie mithilfe von Interventionen Dritter ändern können (um Hilfe bitten); Dinge, die sie mithilfe von vereinten Anstrengungen ändern können (Partnerschaften) und Dinge, die sich nicht ändern lassen (höhere Gewalt). Die meisten Probleme lassen sich mit den ersten drei Ansätzen lösen. Konzentrieren Sie sich auf die Dinge, die Sie ändern können, und machen Sie dort Ihren Einfluss geltend. Wahrscheinlich können Sie den Welthunger nicht beseitigen, aber Sie können dem nächsten Obdachlosen, den Sie auf der Straße sehen, eine Brotzeit kaufen. Vielleicht können Sie heute den Verkaufsabschluss nicht erzielen, aber Sie können vielleicht etwas sagen oder tun, das Sie dem Verkaufsabschluss näher bringt. Einflussreiche Menschen wissen, dass diese Zentimeterarbeit anstrengend ist, aber sie wissen auch, dass sie Stück für Stück ihr Ziel erreichen werden.

6. Wenden Sie die Regeln der Gegenseitigkeit an. Das ist einer der Leitsätze der Sozialpsychologie. Er besagt, dass Menschen Ihnen immer etwas zurückgeben, wenn Sie ihnen etwas Wertvolles gegeben haben. Die Bedienung, die Sie anlächelt oder mit der Rechnung ein paar Kekse auf den Teller legt, wird eher ein Trinkgeld erhalten, als jemand, der seine Arbeit mürrisch oder gleichgültig verrichtet. Das ist die moderne Version des gegenseitigen »Flöhens.« Die Chinesen nennen es *guanxi* – ein informelles System, das darin besteht, dass man sich mithilfe ethisch einwandfreier gegenseitiger Gefallen um die Interessen des jeweils anderen kümmert.[63] Es gibt viele werthaltige und ethisch einwandfreie Dinge, die Sie für einen Kunden tun können – zum Beispiel können Sie ihm Zeit ersparen, nützliche Informationen liefern, ihm dabei helfen, vor Kollegen oder Vorgesetzten gut dazustehen oder ihn mit anderen Menschen zusammenbringen, die für ihn ein wertvoller Kontakt sind. Ein Netz der Gegenseitigkeit zu knüpfen, fördert Ihren Einfluss.

WAS GEHT IM KOPF VOR?

Psychologen sagen …

Einfluss lässt sich als die Macht definieren, Wirkung auf Menschen oder Dinge auszuüben. Der Wert der Beeinflussung Dritter im Verkauf liegt auf der Hand – ob es sich darum handelt, einen potenziellen Kunden zu beeinflussen, damit er den überlegenen Wert Ihres Produkts erkennt, oder darum, Türen zu öffnen oder einen Wiederholungsauftrag zu gewinnen. Die Macht der Einflussnahme im Verkauf reicht weit über die unmittelbar Beteiligten – Käufer und Verkäufer – hinaus. In der heutigen zunehmend komplexen und vieldeutigen Welt ist die Fähigkeit, zentrale Interessensgruppen in unserer eigenen Organisation und der Organisation unseres Kunden zu beeinflussen, eine erfolgsentscheidende Kompetenz. Robert Cialdini, Professor für Marketingpsychologie und Autor des Buches *Die Psychologie des Überzeugens*, hat eine Einflusstheorie entwickelt, die auf sechs Kernprinzipien beruht:

1. **Gegenseitigkeit.** Der Mensch neigt dazu, einen Gefallen, den man ihm getan hat, zu erwidern, ohne um etwas zu bitten. Durch den ersten Gefallen entsteht ein Gefühl der Verpflichtung demjenigen gegenüber, der uns den Gefallen getan hat. Wann haben Sie Ihren potenziellen und bestehenden Kunden das letzte Mal etwas Werthaltiges geboten? Eine kostenfreie Beratung? Zukunftsweisende Erkenntnisse? Einen neuen Kontakt zu einer interessanten Person aus Ihrem Netzwerk? Jeder dieser Gefallen kann beim Empfänger das Bedürfnis wecken, sich zu revanchieren.

2. **Selbstverpflichtung und Beständigkeit.** Wenn sich Menschen einer Idee oder einem Ziel verpflichten, ist die Wahrscheinlichkeit größer, dass sie diese Selbstverpflichtung honorieren. Für Verkäufer bedeutet das, dass sie eine gemeinsame Vision über das Ziel entwickeln und ihren Kunden dazu bewegen müssen, diese Vision immer wieder neu zu bekräftigen.

3. **Sozialer Beweis.** Menschen wollen das tun, was sie andere tun sehen. Aus diesem Grund folgen wir Modetrends. Und aus dem gleichen Grund erzeugen Verkäufer eine Eigendynamik und teilen überzeugende Referenzen.

4. **Autorität.** Menschen neigen dazu, sich Autoritäten unterzuordnen, selbst wenn sie unangenehme Aufgaben übernehmen sollen. Die Quintessenz des Erfolgs besteht darin, sicherzustellen, dass mit den »Anweisungen« ein klarer Pfad vorgegeben wird, der befolgt werden soll. Die Lektion für Verkaufsmanager lautet folglich, dass sie nicht nur Anweisungen erteilen, sondern auch die notwendige Anleitung und Orientierung für ihre Erfüllung bieten sollten. Die Lektion für Verkäufer lautet, dass Kunden ihnen Gehör schenken, wenn sie als Autorität auf ihrem Gebiet auftreten und relevante Lösungen präsentieren, ohne arrogant zu erscheinen.

5. **Sympathie.** Menschen lassen sich leichter von Personen überzeugen, die ihnen sympathisch sind. Scheuen Sie sich nicht, zu lächeln. Zeigen Sie ruhig, dass Sie verwundbar sind. Das zeigt nur, dass Sie menschlich sind ... genau wie Ihre Kunden!

6. **Verknappung.** Wahrgenommene Verknappung erzeugt Nachfrage, da niemand etwas versäumen möchte. Für einen Verkäufer bedeutet das, dass er seinen Wert, die Überlegenheit seines Wertangebots und sein einzigartiges Differenzierungsmerkmal kennen muss.[64]

Einflussreich zu sein, bedeutet nicht nur, stark, durchsetzungsfähig, überzeugend und charmant aufzutreten. Das ist nur ein Element. Verkaufsmanager und Verkäufer können ihre Effektivität steigern, indem sie sich die Zeit nehmen, zu überlegen, auf welche Weise sie jede Situation beeinflussen können, und spezifische Strategien zur Einflussnahme auf Kunden anwenden, die als Ergebnis wesentlich empfänglicher für die Botschaften des Verkäufers werden.

ABSCHLIESSENDE WORTE ÜBER EINFLUSS

Die wahre Geschichte über zwei Kameraden der Royal Air Force

Anfang der 1950er-Jahre gingen zwei junge Männer, William und Jim, zur Royal Air Force. Damals gab es für alle jungen Männer über 18 Jahren eine zweijährige Wehrpflicht, bekannt als *National Service*. Während ihrer Einsätze an verschiedenen Radarstationen in ganz Großbritannien, zum Teil an entlegenen Orten, wurden William und Jim enge Freunde. Jim verfügte über einen Intellekt, der an Genialität grenzte. William, der selbst auch nicht gerade unterbelichtet war, verließ sich in Situationen, in denen sie unter großem Druck standen, auf Jim. Jim war zudem ein Meister, was die Kommunikation ihrer beider Arbeit an höherrangige Stellen betraf. »Lassen wir sie an dem teilhaben, was wir leisten, und dann lassen sie uns in Ruhe«, war sein Motto. Nach dem Ende ihres Militärdienstes verloren sie sich aus den Augen, aber in den darauffolgenden Jahren erinnerte sich William immer gerne an die vielen Dinge, die Jim und er dank Jims Fähigkeit, »die da oben« zu beeinflussen, an den verschiedenen entlegenen Standorten hatten tun können. Ein wissendes Lächeln umspielte seine Lippen, und wenn andere seine entrückte Schwärmerei bemerkten, fragten sie aus Respekt nicht weiter nach.

Schnelldurchlauf 50 Jahre später: Ende der 1990er-Jahre fuhr William mit dem Auto Richtung Nordengland und hielt an einer Raststätte an, um zu tanken und etwas zu essen. Als er auf den Eingang des Restaurants zuging, hielt er einem Mann die Tür auf, der ihm entgegenkam. Im Vorbeigehen blickten sich die beiden Männer an und erkannten sich augenblicklich. Es folgten ein enthusiastisches Händeschütteln und herzliche Klopfer auf den Rücken. »Ich freue mich so, dich zu sehen, Jim!«, rief William. »In all den Jahren hätte ich dir immer gerne einen Drink spendiert, um mich dafür zu bedanken, dass du meinen Wehrdienst zu einer derart unterhaltsamen Zeit gemacht hast!« Und so dauerte ihrer beider Reise an diesem Tag wesentlich länger, als sie ursprünglich geplant hatten.

Das zeigt, dass gute Taten und gelebte Freundschaft – vor allem dann, wenn man keine Gegenleistung erwartet – ein Gefühl der Verpflichtung erzeugt, das ein Leben lang anhält. Wer freiherzig gibt, erhält immer etwas zurück.

Zielcredo

Erfolgreiche Verkäufer haben Einfluss (Einfluss)

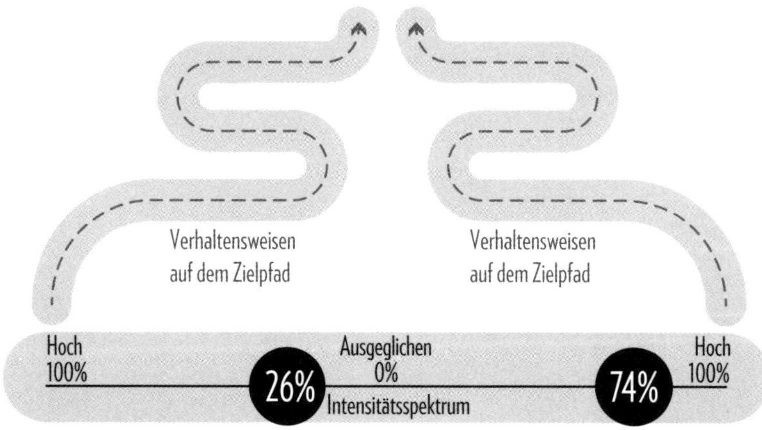

Handlungsmotivator 1

Je stärker und durchsetzungsfähiger ich bin, desto größer mein Einfluss (Gorilla)

Handlungsmotivator 2

Je flexibler ich bin, desto größer mein Einfluss (Guerilla)

95 Prozent der leistungsschwachen Verkäufer glauben, ein herausforderndes und durchsetzungsfähiges Auftreten sei die beste Methode, um Einfluss zu gewinnen.

92 Prozent der Spitzenverkäufer konzentrieren sich den größten Teil der Zeit auf die Dinge, die sie kontrollieren können: Denkhaltung, Einstellung und Verhalten.

87 Prozent der Spitzenverkäufer anerkennen, dass das, was heute funktioniert, morgen womöglich obsolet ist.

Das 2009 errichtete Gebäude Burj Khalifa in Dubai, dessen Architektur in Form eines spiralförmigen Minaretts die islamische Kultur verkörpert, ist mit 830 Metern das höchste Gebäude der Welt. Dieser Wolkenkratzer wurde von Ingenieuren entworfen, um Erdbeben in der Größenordnung von bis zu 7,0 auf der Richter-Skala auszuhalten. Seine Säulen und Stahlstreben sind flexibel und die erdbebensicheren Strukturgerüste ermöglichen erhebliche Bewegungsspielräume. Diese Systeme haben eine Art Stoßdämpferwirkung; sie bewirken, dass sich die Gebäudestruktur bis zu einem gewissen Grad biegen und den Erdbewegungen anpassen kann. Die Philosophie dahinter lautet nicht, einem möglichen Erdbeben eine noch größere Masse und starre Beharrungskraft entgegenzusetzen, sondern flexibel auf die jeweilige Situation zu reagieren. Wenn man dieses Beispiel auf den Verkauf überträgt, bedeutet es, dass ein positives Ergebnis Anpassungsfähigkeit verlangt, da es kein Einheitsschema für Verkaufserfolg gibt. Jeder Kunde ist anders und sollte als einzigartig behandelt werden. Starre Methoden führen zu einem Bruch des Verkaufszyklus. Wenn Sie große Angst vor Misserfolg haben, wird es Ihnen aber womöglich schwerfallen, das zu akzeptieren. Wenn das auf Sie zutrifft, wird es Ihnen unmöglich erscheinen, zugunsten einer langfristigen Kundenbeziehung auf einen bestimmen kurzfristigen Verkaufsabschluss zu verzichten!

84 Prozent der Industriekunden beginnen den Kaufprozess inzwischen auf Basis von Empfehlungen.

56 Prozent der Verkäufer, die sich vom Handlungsmotivator 1 leiten lassen, weisen eine enge Korrelation zu den 61 Prozent der Verkäufer auf, die nach der im Harvard Business Review beschriebenen Vierer-Typologie den Verkaufstypen Closer und Redner entsprechen.

75 Prozent der Industriekunden nutzen soziale Medien, um zu verfolgen, was ihre Branchenkollegen machen, und um deren Meinung zu bestimmten Kaufentscheidungen einzuholen.

KAPITEL 6

KOMMUNIKATION

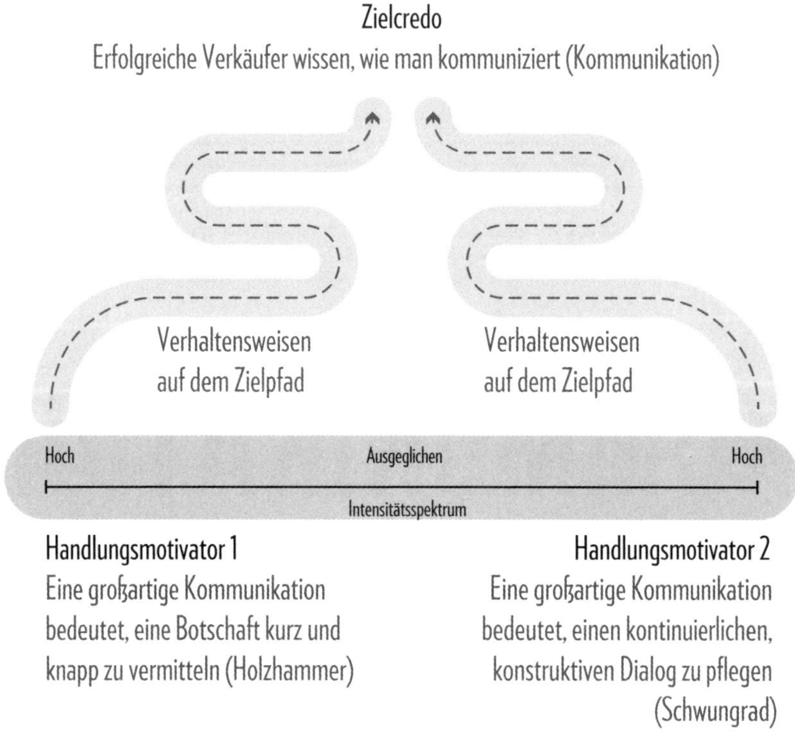

Im 4. Jahrhundert vor Christus wurde der griechische Philosoph Aristoteles Platons Schüler. Platon wiederum war Schüler von Sokrates. Aristoteles´ Ansichten prägten die folgenden tausend Jahre der jüdischen und christlichen scholastischen Tradition. Außerdem wurde Aristoteles von den moslemischen Intellektuellen des Mittelalters als »Erster Lehrmeister« verehrt. Aristoteles wurde zum Tutor von Alexander dem Großen bestimmt, der ihm eine Fülle von Ressourcen zur Verfügung stellte, damit er seine Studien erweitern, eine großartige Bibliothek errichten und vielfältige Schriften über Themen verfassen konnte, die von Physik über Ethik, Theater und Musik bis zu Politik, Biologie und Zoologie reichten.

Aristoteles war insbesondere von der Rhetorik – der Kunst, überzeugend sprechen und schreiben zu können – fasziniert. So war er einer der ersten, die die Kommunikationstechniken von Schauspielern, Kaufleuten und Politikern dokumentierten, über die er in seiner Schrift

Rhetorik[65] schrieb. Darin identifiziert Aristoteles drei Elemente der überzeugenden Kommunikation: Ethos, Logos und Pathos.

Das griechische Wort *Ethos* bedeutet »Charakter« beziehungsweise »Gesinnung.« Es steht für die Fähigkeit des Redners, sein Publikum kraft seiner Persönlichkeit, das heißt seiner Glaubwürdigkeit und Autorität, von dem Wahrheitsgehalt seiner Rede zu überzeugen. Sie erzeugen Ethos, indem Sie eine zielgruppengerechte Sprache sowie eine korrekte Grammatik verwenden und Professionalität ausstrahlen. Erwähnen Sie Ihren Hintergrund und Ihre Referenzen und vermitteln Sie gleichzeitig den Eindruck eines sympathischen Experten. Ethos dient dazu, den Eindruck von Autorität, Kompetenz und Glaubwürdigkeit zu erzeugen. Kein Verkaufsgespräch ist ohne Ethos vollständig. Warum sollte Ihnen jemand zuhören, wenn es Ihnen nicht gelingt, sich als kompetent, glaubwürdig und autoritativ zu präsentieren?

Das griechische Wort *Pathos* bedeutet »Gefühl.« Es wird verwendet, um eine emotionale Verbindung zum Diskussionsthema herzustellen. Großartige Reden und Verkaufspräsentationen wecken Emotionen, indem sie Kontraste erzeugen – eine laute Stimme und eine Beschleunigung des Sprechtempos, um die Begeisterung darüber auszudrücken, dass man bestimmten Zielen näherkommt; dramatische Pausen und leises Flüstern, um dem Zuhörer eindrücklich zu vermitteln, welche negativen Folgen ein Festhalten am Status quo haben wird. Der Einsatz von Pathos dient dazu, beim Käufer ein Gefühl der Identifikation mit Ihren Überzeugungen, Idealen oder Produkten zu erzielen. Kein Verkaufsgespräch ist vollständig, wenn es Ihnen nicht gelingt, das Herz Ihres Kunden mit Pathos zu gewinnen. Warum sollte sich ein Kunde für Ihr Produkt interessieren, wenn Sie kein Feuer der Begeisterung in ihm entfachen können?

Das griechische Wort *Logos* steht für »Vernunft« beziehungsweise »Argument.« Logos dient dazu, die Zuhörer mithilfe von logischen Argumenten und Fakten zu überzeugen. Aus diesem Grund verwenden Sie in der Verkaufspräsentation Daten, Grafiken, Zahlen, Fallstudien und aussagekräftige Referenzen, damit Ihre Zuhörer von der Unwiderlegbarkeit Ihrer Argumente überzeugt werden. Logos bewirkt, dass der Käufer sich von den logischen Fakten, die für Ihr Angebot sprechen, überzeugen lässt. Kein Verkaufsgespräch ist ohne die logische Überzeugung kraft Fakten und Argumenten vollständig. Warum sollte ein

Kunde Ihnen Glauben schenken, wenn Sie ihn nicht von Ihren Argumenten überzeugen können?

Man könnte Aristoteles' Ausführungen als »Überzeugungskette« bezeichnen, die sich auf den drei Ebenen von Ethos, Logos und Pathos vollzieht. Spitzenverkäufer nennen das anders, aber das Muster ist das Gleiche. Ein Verkäufer sagte uns, »Sie verkaufen mit Bauch, Herz und Verstand – und zwar in dieser Reihenfolge.« Ein anderer sagte, »Bevor ich meine Argumente verkaufen kann, muss ich erstmal die Emotionen ansprechen. Und dafür muss ich zuerst mich selbst verkaufen.«

Wenn die Vorlagen oder Verkaufshilfen, die Sie zur Vorbereitung auf Ihre Verkaufstelefonate, -präsentationen oder -verhandlungen verwenden, Sie nicht daran erinnern, Ethos, Pathos und Logos einzusetzen, dann vernachlässigen Sie einen zentralen Aspekt des Kommunikationsprozesses, der die Besten von den Mittelmäßigen unterscheidet.

Unsere Untersuchungen ergaben, dass alle Verkäufer an die Macht der effektiven Kommunikation glauben. Wie Louis Jordan sagt, ist »Kommunikation das Hauptutensil im Verkaufsprozess«. Verkäufer stützen sich auf Kommunikation, um Neues zu erfahren, zu informieren, zu überzeugen und nachzufassen.

Wie bei den anderen vier Elementen des Verkaufscodes gilt auch für die Kommunikation, dass sie von zwei Handlungsmotivatoren geprägt ist. Handlungsmotivator 1 besagt, dass eine großartige Kommunikation von einer kurzen, knappen Vermittlung der Botschaft gekennzeichnet ist – ein gezielter Schlag mit einem Holzhammer, der einmalig auf eine ganz bestimmte Stelle einwirkt.

Handlungsmotivator 2 besagt, dass eine großartige Kommunikation einen kontinuierlichen, konstruktiven Dialog erfordert – das Schwungrad, das einen dauerhaften Prozess ins Laufen bringt.

Ersterer ist ein kurzer Einschlag, der im Moment für Aufmerksamkeit sorgt, aber darüber hinaus keine nachhaltige Wirkung erzeugt. Letzterer ist eine kontinuierliche Entwicklung, die die Umgebung dauerhaft prägt.

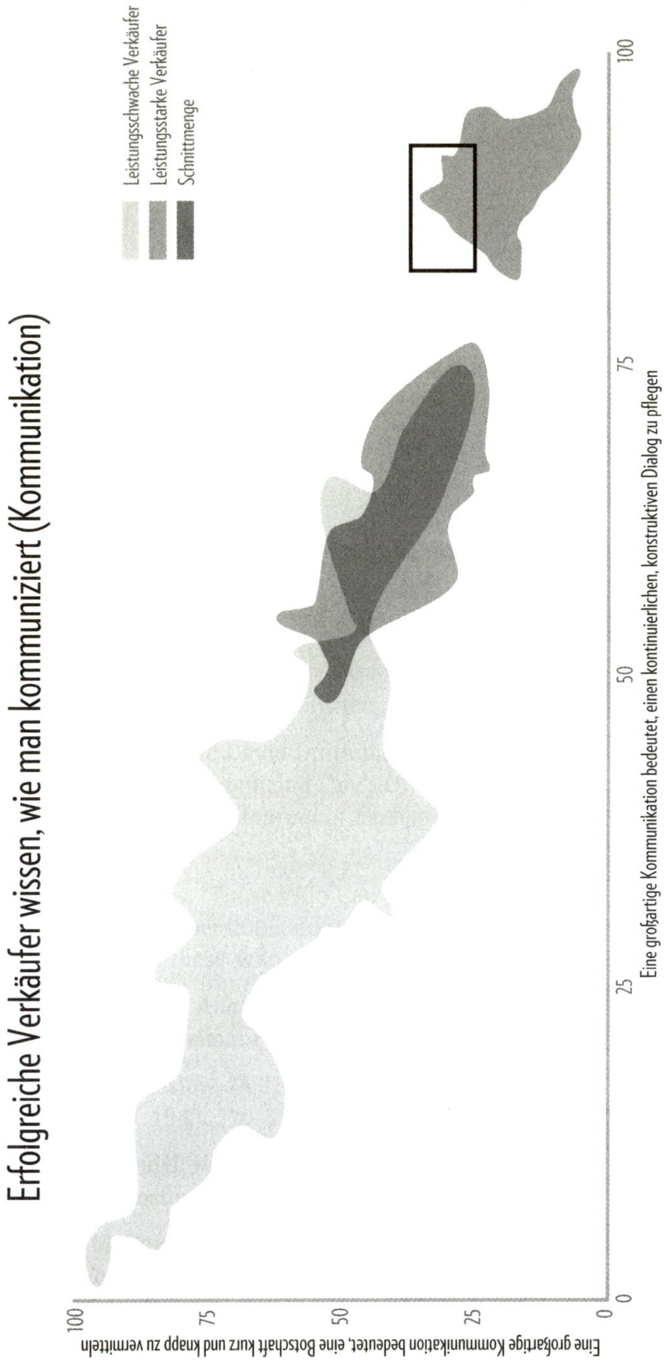

Abbildung 7 Verteilung der Handlungsmotivatoren des Zielcredos Kommunikation

In Abbildung 7 können Sie sehen, dass die vertikale Achse den Handlungsmotivator 1 und die horizontale Achse den Handlungsmotivator 2 abbildet. Achten Sie darauf, wo sich das Rechteck befindet – der Ort, an dem sich die Spitzenleister tummeln. Es zeigt, dass Spitzenverkäufer es für wichtiger halten, einen kontinuierlichen formellen und informellen Dialog zu pflegen, als gelegentlich einseitige Mitteilungen zu kommunizieren. Allerdings balancieren sie beide Kommunikationsformen aus, sodass sie mit ihren bestehenden und potenziellen Kunden zu 79 Prozent einen kontinuierlichen Dialog pflegen und sie zu 21 Prozent mit einseitigen Mitteilungen und Informationen versorgen. Leistungsschwache Verkäufer neigen zu einem umgekehrten Verhältnis.

Was bedeutet das für die Praxis? Das ist ganz einfach, und um es zu verdeutlichen, wollen wir nun die Handlungsmotivatoren näher beleuchten.

HANDLUNGSMOTIVATOR 1

»EINE GROSSARTIGE KOMMUNIKATION BEDEUTET, EINE BOTSCHAFT KURZ UND KNAPP ZU VERMITTELN.« (HOLZHAMMER)

Wie bei einem Schlag mit dem Holzhammer empfinden Kunden diese Art Kommunikation als unberechenbar, da sie sie nicht immer als Teil eines kontinuierlichen Dialogs empfangen. Das geschieht, wenn Sie Ihre potenziellen Kunden mit einer Kampagne oder einem Pitch überrumpeln, in der Hoffnung, Ihr Angebot möge sie auf der Stelle begeistern.

Diese Art Kommunikation setzt eine gute Vorbereitung voraus. Sie müssen Kaufinteressenten finden, die etwas gemeinsam haben. Unterstreichen Sie Ihre Botschaft mit einer gedruckten oder verbalen Überschrift, die für ihre allgemeine Situation relevant ist, gefolgt von Informationen, mit denen Sie sich vorstellen (Ethos), die bei Ihren Kunden gut ankommen (Pathos) und logische Argumente enthalten (Logos). Die Gefahr bei diesem Vorgehen liegt darin, dass Sie Ihre Mitteilung damit beginnen, über sich selbst zu sprechen und den Punkt verpassen, an dem Sie sich auf den Kunden und seine Bedürfnisse konzentrieren sollten. Diejenigen, die diesen Kommunikationsstil pflegen, glauben, dass ein guter Verkäufer sich daran messen lässt, wie gut er sein Produkt, sein Unternehmen und die aktuelle Marktsituation kennt. Sie sind davon überzeugt, dass dem Kunden die Logik der Kaufentscheidung von allein klar wird, wenn sie ihn darüber aufklären, warum ihr Produkt das beste ist, und eine ausführliche Präsentation halten. Diese Verkäufer bedienen die Elemente Ethos und Logos, vernachlässigen aber das Pathos.

In unseren Gesprächen kam diese Überzeugung in unterschiedlichen Formulierungen zum Ausdruck:

- »Es ist wichtig, dass man sein Produkt in- und auswendig kennt, um nicht auf dem linken Fuß erwischt zu werden.«

- »Ich verkaufe eine komplexe Lösung auf einem stark umkämpften Markt. Ich muss also sicherstellen, dass meine Kunden unser zentrales Differenzierungsmerkmal kennen.«
- »Meine Kunden sind sehr erfahren. Sie wollen sicher sein, dass sie es mit jemandem zu tun haben, der sich auf gleicher Augenhöhe befindet.«

Es ist keine Überraschung, dass diese Überzeugungen von Verkäufern aus der leistungsschwächsten Gruppe geäußert wurden. Als wir die 500 schwächsten Verkäufer fragten, was ihrer Meinung nach der Grund dafür war, dass manche Kunden sich am Ende für einen anderen Anbieter entschieden – selbst nach einer scheinbar perfekten Verkaufspräsentation –, antworteten 61 Prozent: »Ich nehme an, ich habe mich nicht klar und deutlich genug ausgedrückt.« Wir stellten fest, dass diese Reaktion auf der ausgeprägten Neigung beruhte, Kunden mithilfe der hartnäckigen Wiederholung derselben Formel zu überzeugen – der sogenannten Holzhammermethode.

Als wir über diese Ergebnisse andere Komponenten des Verkaufscodes legten, stellten wir fest, dass die Mehrheit dieser Gruppe dieselben Verkäufer sind, die sich vor Misserfolg fürchten. Diese Kombination bewirkt, dass sie versuchen, ihren Kunden ihre Botschaft noch hartnäckiger einzuhämmern, in der Hoffnung, dass sie deren Einwände auf diese Weise zerschlagen können. Eine andere Reaktion besteht darin, relativ schnell aufzugeben und die gleiche Methode beim nächsten Kunden anzuwenden. Ein Verkäufer fasste das folgendermaßen zusammen: »Wenn ein Kunde ‚Nein' sagt, dann gehe ich eben zum nächsten. Bei 20 Ablehnungen finde ich immer einen Kunden, der mich um eine Broschüre bittet oder einen Termin vereinbart. Das sagt mir, dass ich durchaus etwas erreiche!«

Dieser Enthusiasmus ist lobenswert, allerdings wirkt sich dieser Hit-and-run-Ansatz sehr negativ auf Ihre Verkaufsstatistik aus. Zwar darf man einen Kunden niemals bedrängen oder sogar nötigen, aber Verkäufer müssen ein gewisses Maß an Hartnäckigkeit mitbringen, um Einwände zu entkräften, weil Kunden in einem durchschnittlichen Verkaufsgespräch acht Mal einer endgültigen Zusage ausweichen, bevor sie schließlich in den Kauf einwilligen.[66]

Die folgenden Verhaltensmerkmale waren konsistent über alle Interviewtranskripte in dieser Gruppe zu beobachten, die sich vom Handlungsmotivator 1 leiten lässt:

Am häufigsten beobachtete Verhaltensweisen
1. Unschlagbar / entschlossen
2. Lebhaft / energiegeladen
3. Kühn / couragiert
4. Unverblümt / offenherzig
5. Provozierend / forsch

Was Sie in dieser Verhaltensgruppe sehen, ist der Typ Verkäufer, der eine starke persönliche Präsenz und eine hohe Antriebskraft hat. Er fordert seine Kunden zum Argumentationsgefecht heraus und genießt den intellektuellen Schlagabtausch. Wenn Verkäufer aber nur unter Einsatz von Ethos und Logos kommunizieren, egal wie charismatisch sie sind, werden sie trotzdem immer weniger effektiv sein, als Verkäufer, die außerdem die emotionale Klaviatur bedienen, um einen bedeutsamen und nachhaltigen Dialog zu führen. Wo bleiben die Empathie, die Fähigkeit zuzuhören und sich agil und flexibel an veränderliche Situationen anzupassen?

Ohne den emotionalen Inhalt kann sich ein Verkaufsgespräch nur auf Fakten und Meinungen stützen. Die Art von Käufern, die darauf reagieren, haben sich emotional bereits für ein bestimmtes Angebot erwärmt, ihre Optionen ausgelotet und wollen nun einfach Fakten und Zahlen überprüfen sowie den Markt testen, um sicherzugehen, dass ihr bevorzugter Anbieter mit den verfügbaren Alternativen mithalten kann.

Grundsätzlich verfolgen nur drei Prozent der Kunden diese aktive Kaufmethode – alle anderen machen es nicht.[67] Sieben Prozent beabsichtigen, ihren Anbieter irgendwann zu wechseln; 30 Prozent sehen einen Bedarf, sind aber noch nicht kaufbereit; 30 Prozent haben einen

Bedarf, sind aber nicht an Ihrem Unternehmen interessiert, und 30 Prozent haben keinen Bedarf.

Am Ende gibt es für das Verkaufsverhalten, das von Handlungsmotivator 1 getrieben ist, nur ein begrenztes Chancenfenster, weil diese Art des Verkaufs nur einen bestimmten Käufertyp anspricht, der sich vermutlich bereits am Ende des Kaufprozesses befindet, wenn Sie mit ihm in Kontakt treten. Wenn Ihr Produkt ein einfaches oder ein Standardprodukt oder so leicht verständlich ist, dass ein Käufer die meisten Kaufschritte ohne Ihre Beteiligung ausführen kann, dann dreht sich der Verkaufsprozess im Wesentlichen um das Marketing, mit dem Ziel, Bewusstsein zu schaffen und für eine reibungslose Auftragsabwicklung zu sorgen. In einer solchen Umgebung ist der Verkäufer praktisch überflüssig, vor allem angesichts der Digitalisierung, die immer stärker unser Geschäftsleben bestimmt.

Gerhard Gschwandtner, CEO der Zeitschrift *Selling Power*, schrieb einst einen Artikel mit der Überschrift: »Laufen Sie Gefahr, von Technologie ersetzt zu werden?«[68] In diesem Beitrag wies er darauf hin, dass die öffentlichen Telefonzellen irgendwann von Mobiltelefonen, die Bankangestellten von Bankautomaten, die Damen von der Telefonvermittlung von Anrufbeantwortern und die Mitarbeiter von Videoverleihen von Streaming-Diensten ersetzt wurden. Gschwandtner schrieb, wir befänden uns in einer »Verdrängungsökonomie«, in der die Technologie die traditionellen Geschäftsmethoden obsolet macht.

Garth Moulton, Mitgründer des Datenservices Jigsaw.com, kommentierte diesen Beitrag mit den Worten, er glaube, die Technologie trage dazu bei, den Verkauf vom Außendienst mit physischen Kundenbesuchen auf einen innendienstzentrierten Verkauf zu verlagern, der über Internet, E-Mail, Chat oder Telefon stattfindet. Weiter führte er aus, dass diese Verschiebung mit erheblichen Kosten- und Personaleinsparungen einhergehen werde. Jim Dickie, Partner der auf Verkauf spezialisierten Marktforschungsgruppe CSO Insights, vertrat die Auffassung, falls ein Verkäufer nichts anderes könne, als über sein Produkt zu sprechen, sei sein Job in der Tat gefährdet. Die Rolle des traditionellen Verkäufers müsse sich entsprechend weiterentwickeln.

Heißt das, dass Verkäufer, die Handlungsmotivator 1 antreibt, zum Aussterben verurteilt sind? In Branchen, in denen ein einfaches Produkt auf eine hohe Nachfrage trifft und sich die Käufer vor dem Kauf beziehungsweise der Auftragserteilung selbst umfassend informieren können, beschränkt sich die Rolle des Verkäufers in der Tat fast ausschließlich auf administrative Prozesse. Gewinnorientierte Finanzvorstände werden diese Funktionen wahrscheinlich durch eine webbasierte Auftragsabwicklung ersetzen.

In Branchen, in denen sehr komplexe, wissenschaftliche oder maßgeschneiderte Lösungen verkauft werden, wird die Möglichkeit, sich von einem produktzentrierten Verkaufsexperten beraten zu lassen, wahrscheinlich ein zentraler Bestandteil des Kaufprozesses bleiben. Nach unserer Beobachtung arbeiten Verkäufer, die den Typen des Redners und Closers entsprechen, in diesen Branchen sehr gut arbeiten, weil ihr Skript im Wesentlichen auf Ethos und Logos basiert – Person und Produkt.

Die Analysten von McKinsey & Company haben folgende Beobachtung gemacht:

Die Zeiten, in denen ein Verkäufer allein allen Kunden die gesamte Produktpalette seines Unternehmens verkaufen konnte, sind vorbei. Als Folge der zunehmenden Branchenkonsolidierung, eines wachsenden Produktangebots und immer besser informierter Kunden müssen Verkäufer heute eine immer breitere und komplexere Produkt- und Lösungspalette abdecken. Gleichzeitig verlangen Kunden von ihren Zulieferern ein immer profunderes Fachwissen über jedes einzelne Produkt. Als Folge müssen sich Anbieter im Industriekundengeschäft entscheiden, ob sie mehrere Verkaufsteams einsetzen wollen, die auf bestimmte Produkte oder Produktgruppen spezialisiert sind, oder ob sie zusätzliche Schichten an Fachspezialisten einziehen wollen, die den Kollegen im direkten Kundenkontakt entsprechende Unterstützung bieten. Wie ein Einkaufsmanager es formulierte: »Meistens hilft uns der Verkäufer allein gar nicht weiter. Was wir wirklich brauchen, ist die technische Fachkompetenz, um die richtige Lösung zu entwerfen.«

Betrachten Sie die Erfahrung des Netzwerkausrüsters Cisco Systems. Neben der Unterstützung bei der Implementierung von virtuellen, interaktiven Lösungen in so unterschiedlichen Sektoren wie dem Gesundheitswesen, dem Hochschulwesen und der Herstellung, greift das Unternehmen auch auf die Unterstützung »virtueller Spezialisten« zurück, um die Bedürfnisse seiner Kunden zu erfüllen. Auf diese Weise konnten die Reisekosten von Verkaufsspezialisten weltweit um 50 Prozent gesenkt werden, was dem Konzern jedes Jahr viele Millionen Dollar spart. Außerdem konnte die Zeit, die Verkaufsrepräsentanten mit ihren Kunden verbringen, um 40 Prozent gesteigert werden, und auch die Produktivität sowie die Work-Life-Balance der Verkäufer sind gestiegen. Die Kunden stellen nun fest, dass die Verkaufsspezialisten besser zugänglich sind. Und die Verkaufsrepräsentanten verbringen nun mehr Zeit mit wirklich mehrwerthaltigen Face-to-face-Verkaufsaktivitäten, wie zum Beispiel komplexen Interaktionen mit bestehenden Kunden und Neukundengewinnung.69

Klar ist, dass Verkäufer, die von diesen Überzeugungen geleitet sind, im volumenstarken transaktionsorientierten Verkauf erfolgreich sind, wenn ihnen ihre Funktion deutlich bewusst ist. Probleme entstehen dann, wenn ihr Arbeitgeber ihnen den falschen Titel verleiht und sie darauf schult sowie ihre Ergebnisse daran misst, eine andere Rolle zu spielen, als es tatsächlich der Fall ist. Dies könnte beispielsweise sein, weil gerade ein neues Verkaufsschulungskonzept in Mode ist (Mitarbeiter im »Lösungsverkauf« zu schulen und sie als Verkäufer von Lösungen zu präsentieren, wenn es sich in Wahrheit um einen rein produktzentrierten Verkauf handelt). Die eigenen Mitarbeiter darin zu unterstützen, dass sie ihrer Rolle gewachsen sind und das auch so empfinden, und nicht das Gefühl haben, sie müssten etwas leisten, was ihre Rolle gar nicht hergibt, trägt maßgeblich zu einer produktiven und motivierten Belegschaft bei. Das beginnt damit, für jede Verkaufsrolle eine differenzierte und zutreffende Stellenbeschreibung zu entwickeln, und die Leistungsbeurteilung und Vergütung entsprechend darauf abzustimmen. Wie heißt es so schön? »Versuche nie, einem Schwein das Singen beizubringen; du verschwendest deine Zeit und das Schwein ärgert sich.«

Klar ist also, dass Verkäufer, die von Handlungsmotivator 1 getrieben sind, dort keinen Erfolg haben, wo Pathos und Überzeugung im End-to-end-Verkaufsprozess gefragt sind. Für diese Art des Verkaufs sind Verkäufer, die kontinuierliche, konstruktive Kundendialoge pflegen, besser geeignet.

HANDLUNGSMOTIVATOR 2

»EINE GROSSARTIGE KOMMUNIKATION BESTEHT DARIN, EINEN KONTINUIERLICHEN, KONSTRUKTIVEN DIALOG ZU PFLEGEN.« (SCHWUNGRAD)

Spitzenleister führen einen kontinuierlichen, konstruktiven und adaptiven Dialog mit ihren Kunden, weil sie sich damit den Ruf eines kompetenten Beraters erarbeiten und das der sicherste Weg ist, um genau dann zur Stelle zu sein, wenn sich eine Verkaufschance ergibt, auch wenn kein unmittelbarer Verkaufsabschluss lockt. Verkäufer, denen das gelingt, genießen den Vorteil, dass sie die Kriterien beeinflussen können, an denen alle nachfolgenden Anbieter gemessen werden. Und das erzeugt weitere Vorteile. Sie achten darauf, dass bestehende und potenzielle Kunde regelmäßig mit ihrer persönlichen Marke und ihrer Unternehmensmarke in Kontakt kommen, in dem Wissen, dass der ständige und wiederholte Kontakt (per E-Mail, Druckmedien, Telefonaten, Textnachrichten, Meetings und Social-Media-Posts) wie das Schwungrad wirkt, das einen dauerhaften Prozess in Gang bringt.

Ein Spitzenleister erklärte dazu: »Ich würde mein Anforderungsprofil folgendermaßen beschreiben: Ich möchte, dass mich der Kunde als Angehöriger seines engsten Kreises betrachtet, wenn er Probleme oder Konzepte analysiert, für die mein Unternehmen eine Lösung bietet. Damit das geschieht, muss er mich kennen, mir vertrauen und sehen, dass ich nicht nur dann Mehrwert biete, wenn er Geld auf den Tisch legt.«

Die folgenden Verhaltensmerkmale waren konsistent über alle Interviewtranskripte und das entsprechende Verhaltensmodell der Verkäufer enthalten, die sich von Handlungsmotivator 2 leiten lassen:

Am häufigsten beobachtete Verhaltensweisen
1. Umgänglich / kameradschaftlich
2. Großzügig / teilend
3. Anspruchsvoll
4. Charmant / charismatisch
5. inspirierend / motivierend

Als wir die 500 Spitzenverkäufer fragten, aus welchen Gründen Kunden sich ihrer Meinung nach gelegentlich für andere Anbieter entschieden, gab die Mehrheit Antworten wie die folgende: »Die Botschaft, die Zielgruppe oder der Zeitpunkt haben nicht gestimmt. Wenn das geschieht, frage ich nach, höre genau zu und verwende die Informationen, die ich erhalte, um mich neu auszurichten.« Louis Jordan drückte das so aus: »Als ich am Anfang begann, Geschäftsbeziehungen zu knüpfen, hörte ich nicht genau genug zu, was die Kunden wirklich wollten. Mehr als einmal versuchte ich, eine Abkürzung zu nehmen, traf irgendwelche Annahmen und dachte, ich sei der Beste. Das war eine der wertvollsten Lektionen, die ich im Verkauf gelernt habe. Wenn Sie das Ziel ins Visier nehmen, verfehlen Sie es vielleicht um einen winzigen Millimeter. Dieser eine Millimeter, den die Kugel beim Schuss abweicht, verwandelt sich in eine Meile, wenn sie ihr Ziel erreicht. Es ist also überaus wichtig, dass man ganz genau zuhört und beobachtet. Gehen Sie nicht davon aus, dass Sie schon alles wissen; graben Sie weiter. Am Ende müssen Sie natürlich zu einem Schluss kommen, aber ziehen Sie keine voreiligen Schlüsse.«

Wir sehen hier, dass die Verkäufer, die von Handlungsmotivator 1 getrieben sind, dazu neigen, einfach noch aggressiver zu verkaufen, während die dialogorientierten Verkäufer eher auf Reflexion und Nachjustierung setzen. Ein Spitzenverkäufer verbrachte zum Beispiel zehn Jahre damit, einen einzigen Key Account zu bearbeiten und hatte in der Zeit keine anderen Kunden. »Meine Firma bat mich sogar, nach Kalifornien zu ziehen, um an diesem Kunden dranzubleiben. Ich begann als

Juniorpartner und arbeitete fünf Jahre in dieser Rolle. Während dieser Zeit entwickelte ich einen kontinuierlichen, konstruktiven Dialog mit ihm.« Wären Sie bereit, die Geduld zu bewahren und auf die langfristige Wirkung des Schwungrads zu setzen? Dieser Partner tat es, und nach fünf Jahren erhielt er seine Belohnung. »Es wurde ein neuer Client Lead für diesen Kunden gesucht. Wegen der Beziehung, die ich zu ihm aufgebaut hatte, besaß ich einen großen Vorteil, und am Ende wollten sie, dass ich Seniorpartner werde. Die folgenden fünf Jahre war ich von dem Standort L.A. aus auf globaler Basis für diesen Kunden verantwortlich. Wären nicht die ersten fünf lehrreichen Jahre gewesen, hätte man mir diese Position nicht angeboten. Ob es darum geht, jemanden zu beraten, einen interessanten Artikel weiterzuleiten oder Leute miteinander in Kontakt zu bringen, es gibt Tausende von kleinen Gesten, die die Grundlage für eine dauerhafte Beziehung bilden können. Diese Dinge sind wichtig und Sie sollten sie tun, ohne eine Gegenleistung zu erwarten. Das gilt für Kunden und Ziele, aber auch für Kollegen und Mitarbeiter.«

Die Verkäufer, die daran glauben, dass das Schwungrad einen dauerhaften Prozess in Gang bringt, hören den Kunden viel besser zu als die Verkäufer, die auf die Holzhammermethode setzen. Das fällt mitunter schwer, denn Sie brauchen ein gewisses Selbstvertrauen in Ihr Fachwissen und die Bereitschaft, viele Stunden in etwas zu investieren, das scheinbar nur eine magere Rendite bietet. Letztlich ist es eine Frage der Überzeugung, dass dies die richtige Methode zur Geschäftsentwicklung ist. Dialogorientierte Verkäufer sind wesentlich neugieriger; als Folge ihrer Wissbegier und ihres echten Interesses an ihrem Gesprächspartner stellen sie bessere Fragen.

Harriet Taylor von Oracle sagte uns: »Als Problemlöserin verkaufe ich nie, indem ich mein Produkt anpreise und dann die Einwandbehandlung abarbeite. Stattdessen setze ich mein Charisma und meine soziale Kompetenz ein, um mir schon lange vor einem Verkaufsgespräch das Vertrauen meiner Kunden zu erarbeiten. Ich bin einer dieser wissbegierigen Menschen, die Fragen stellen, um ein echtes Verständnis meiner Kunden, ihrer Ziele und Herausforderungen zu gewinnen. Das ist unerlässlich.«

Ihr Ansatz ist typisch für Spitzenverkäufer. Die Wissbegier treibt sie dazu an, schwierige Fragen zu stellen, und das nicht nur, um das tatsächliche Kaufinteresse einzuschätzen und zu quantifizieren, sondern um sich ernsthaft in die Lage ihrer Kunden zu versetzen. Sie hören mehr zu, als dass sie reden und demonstrieren einen natürlichen Respekt vor ihrem Gegenüber, ohne sich anzumaßen, das Monopol auf die Weisheit zu besitzen.

Ein Spitzenverkäufer von Apple sagte Folgendes: »Wir müssen die Geschäfte unserer Kunden, ihre Märkte, Kunden und Wettbewerber studieren. Der beste Informant für all das ist der Kunde selbst. Also hören wir ihm zu.«

Louis Jordan sagte, »Ich glaube, es kommt darauf an, dass man dem Kunden gegenüber Empathie zeigt. Wenn Ihnen Ihr Kunde egal ist, kommt das wie ein Bumerang zurück. Empathie hebt den Verkauf auf eine höhere Ebene. Die Fähigkeit, eine andere Person für die Nutzen unserer Empfehlung zu begeistern und ihr aufzuzeigen, wie sie ihr Geschäft verbessert und ihren Gewinn steigert, ist unverzichtbar. Im Verlauf Ihrer Karriere arbeiten Sie mit Menschen, die Ihnen um einiges voraus sind. Von ihnen und ihren Erfahrungen können Sie lernen. Einer der Schlüssel zu einer effektiven Kommunikation ist die Fähigkeit, zu beobachten. Zuzuhören, wie Menschen Ideen interpretieren und kommunizieren; zu beobachten, welche Körpersprache sie haben und wie sie zeigen, dass sie zuhören. Wenn Sie zuhören, beobachten Sie. Jeder herausragende Verkäufer hat das irgendwann und irgendwo gelernt.«

Der amerikanische Autor und Verkaufscoach Keith Rosen hat Verkäufern die folgende Frage gestellt: »Erinnern Sie sich daran, wie Sie im Zuhören geschult wurden. Es ist gut möglich, dass Sie gar nicht oder unzureichend geschult wurden. Nur wenige von uns wurden tatsächlich darin geschult, effektiv zuzuhören. Meistens glauben wir, Zuhören bedeute einfach, die Worte zu hören, die der Kunde äußert, aber das beinhaltet nicht unbedingt, dass wir uns ernsthaft mit deren Inhalt auseinandersetzen. Wenn effektives Zuhören einen solchen Unterschied macht, warum hören wir dann nicht besser zu? Wahrscheinlich, weil das Konzentration, harte Arbeit, Geduld, die Fähigkeit, die Ideen anderer Menschen zu interpretieren und zusammenzufassen, sowie die Fähigkeit, nonverbale Kommunikation, wie zum Beispiel die Körpersprache, zu identifizieren und zu interpretieren, bedeutet. Zuhören ist ein sehr komplexer Vorgang, der Intellekt und Emotionen in Anspruch nimmt und eine bewusste Anstrengung erfordert.«[70]

Rosen nennt acht Fehler, die unsere Fähigkeit zum Zuhören beeinträchtigen:

1. Denken Sie an etwas anderes, während Ihr Kunde spricht? (*Geistige Abwesenheit*)
2. Warten Sie während eines Kundengesprächs darauf, dass Ihr Kunde eine Pause macht, damit Sie etwas loswerden können? (*Vorgefertigte Antworten*)
3. Wie schwer fällt es Ihnen, ruhig zu bleiben? Sagen Sie gelegentlich Dinge, ohne nachzudenken? (*Kompulsivität/Impulsivität*)
4. Tun Sie nur so, als würden Sie zuhören, um Stichworte für Ihre eigenen Kommentare zu finden? (*Auflauern*)
5. Haben Sie ein selektives Gehör? Hören Sie nur die Dinge, die Sie auf Basis Ihrer eigenen Vorurteile hören wollen? (*Bestätigung vorgefasster Meinungen*)
6. Fällt Ihnen die Botschaft nicht auf, die Ihr Gesprächspartner mit seiner Körpersprache, zum Beispiel Gesichtsausdruck, Blickkontakt und Stimmlage, vermittelt? (*Mangelnde Präsenz*)
7. Lassen Sie Hintergrundgeräusche zu, die Ihre Fähigkeit zuzuhören, einschränken? (*Lärminduzierter Stress*)
8. Hören Sie durch die Filter vergangener Erfahrungen oder einer ähnlichen Situation mit einem früheren Kunden? (*Verzerrte Wahrnehmung*)

Außerdem gibt er acht Empfehlungen, um ein besserer Zuhörer zu werden:

1. Sorgen Sie für Stille, um zu demonstrieren, dass Sie aktiv zuhören. Begrüßen Sie Pausen.
2. Unterbrechen Sie Ihren Kunden nie, während er spricht.
3. Seien Sie präsent; schalten Sie Ihre elektronischen Geräte aus.
4. Geben Sie Ihrem Kunden mit Kommentaren, wie »Was ich heraushöre, ist ...« oder »Erzählen Sie mir mehr ....« die Bestätigung, dass Sie genau zuhören.
5. Werden Sie zu einem lösungsorientierten Zuhörer. Achten Sie dabei stärker auf die beabsichtigte Lösung, als auf die Probleme.

6. Achten Sie auf die Dinge, die unerwähnt bleiben, und lernen Sie, zwischen den Zeilen zu lesen.
7. Widerstehen Sie der Versuchung zu widersprechen. Streiten Sie nicht.
8. Achten Sie auf Informationen, die Ihnen nützlich sein können.

Wie der amerikanische Arzt und Dichter Oliver Wendell Holmes Sr. (1809–1894) einst schrieb, ist es »die Aufgabe des Kenntnisreichen zu sprechen und das Privileg des Weisen zuzuhören.«

Spitzenleister haben Interesse an ihren Kunden als Individuen. Sie wollen wissen, was sie antreibt, wofür sie sich interessieren, was sie zu erreichen versuchen, warum sie ihre Ziele noch nicht erreicht haben, was sie zurückhält, welches die Konsequenzen einer Zielverfehlung wären und wie die Beziehungen zu anderen Menschen in der Organisation sind. Außerdem wollen sie wissen, was ihre Kunden verändern würden, wenn sie im Vorstand ihres eigenen Unternehmens säßen. Diese Gespräche basieren auf Interesse, Wissbegier und Zuhören.

Louis Jordan berichtete uns über den Verkaufsabschluss, der ihm in seiner gesamten Laufbahn die größte Befriedigung verschafft hatte: »Als ich bei einem großen Dienstleistungsunternehmen begann, betrug der Wert des größten Projekts, das bis dahin verkauft worden war, rund eine Viertelmillion Pfund Sterling. Ich sollte in einem Versicherungsunternehmen einen Termin mit einem potenziellen Kunden wahrnehmen, der aber noch relativ jung war. Schon bald wurde sehr deutlich, dass sich hier eine riesige Verkaufschance bot. Mein Gesprächspartner war eindeutig ein Senkrechtstarter im Unternehmen und mir wurde schnell klar, dass dies die Chance für den Aufbau einer echten Beziehung war. Ich hörte zu und zeigte Empathie. Nach dem Meeting kehrte ich ins Büro zurück und erhielt noch im Taxi einen Anruf, in dem mir mitgeteilt wurde, dass wir die erste Phase eines Projekts gewonnen hatten, das zu einer langfristigen Beziehung mit einem Wert von vielen Millionen Pfund Sterling führen würde. Das war so etwas wie eine Revolution. Die projektverantwortliche Person verdiente sich in zwei aufeinanderfolgenden Jahren den höchsten Bonus und ist mehr als 20 Jahre später zu einem meiner engsten Freunde geworden. Er hat sogar eines seiner Kinder nach mir getauft. Natürlich mussten wir zunächst sehr große Hürden überwinden, aber in unser beider Leben war das ein echter Wendepunkt. Als ich im Taxi den Anruf erhielt, dass wir die erste Projektphase für uns entschieden hatten, hatte ich keine Zustimmungskompetenz, weil ich kein Partner war. Kurz darauf wurde ich aber zum Partner befördert! Danach ging es steil bergauf. Der Kunde wollte einfach Empathie.«

Spitzenleister sind davon überzeugt, dass sie jedes Gespräch vollkommen unvoreingenommen beginnen sollten. Man könnte auch sagen, ihr leeres Glas warte darauf, gefüllt zu werden, anstatt mit einem vollen Glas zu beginnen, das darauf wartet, geleert zu werden.

Es ist durchaus möglich, dass ein Verkäufer, der das Gespräch mit der Diskussion über Ziele, Hindernisse und mögliche Lösungen beginnt, allein auf Basis seines Konzepts einen Verkaufsabschluss erzielt und gar nicht zu den technischen Merkmalen des Produkts vordringt, die der Kunde kauft. Selbstverständlich kann er sich kompetent dazu äußern, falls er gebeten wird, auf die technischen Aspekte zu sprechen zu kommen, aber er eröffnet das Gespräch nicht damit.

Wie sich die persönliche Zielerreichung beschleunigen lässt, wenn das Unternehmen seine Ziele erreicht, ist etwas, das sich die meisten Kunden bereits überlegt haben, bevor sie mit Ihnen sprechen. Da die meisten Verkäufer aber nur über ihre eigenen Produkte sprechen, wird Ihre Stimme aus der Masse hervorstechen, wenn Sie zeigen, dass Sie daran interessiert sind, alle relevanten Punkte zu einer stimmigen Lösung zusammenzuführen. Und hier kommt Pathos ins Spiel. Wenn Sie Ihrem Kunden deutlich machen können, inwieweit er selbst von Ihrer Lösung profitiert, liefern Sie ihm sehr persönliche Argumente zu seinem Vorteil, die er sich zu eigen machen wird. Gewinnen Sie zuerst das Herz Ihres Kunden und dann seinen Verstand.

Harriet Taylor erinnert daran, dass die meisten Kaufentscheidungen der Zustimmung mehrerer Personen bedürfen, daher sind Verkäufer gut beraten, möglichst vielen Leuten ihre persönlichen Vorteile zu verdeutlichen. Das setzt eine ausgeprägte Anpassungsfähigkeit voraus, weil Ihre Lösung möglicherweise aus unterschiedlichen Gründen unterschiedliche Personen überzeugen muss. »Sie müssen Konsens erzielen können. Kunden wollen Lösungen, die sofort zur Verfügung stehen, aber zugleich passgenau auf ihre Bedürfnisse zugeschnitten sind. Der Schlüssel liegt darin, dass Sie Ihre Karten nicht zu früh ausspielen, indem Sie zuerst Ihr Produkt anpreisen und sich dann von Ihrem Kunden anhören müssen, dass er sich eigentlich etwas anderes vorgestellt hat. Er darf keine feste Vorstellung von einer Lösung haben, bis Sie sie in seinem Bewusstsein verankert haben!«, sagt Harriet. »Sie müssen sich also zuerst möglichst viele Informationen beschaffen, Ihr Kundenwissen anschließend mit Ihren Marktkenntnissen über aktuelle beziehungsweise neue Trends in seiner Branche verknüpfen. Geben Sie ihm einen Grund, Sie als Experte mit einem außergewöhnlichen Fachwissen zu betrachten, auf den er unbedingt hören sollte. Damit löschen Sie alle vorgefassten Konzepte, mit denen er möglicherweise das Gespräch beginnt. Das leert sein Glas und versetzt Sie in die Lage, es mit der Lösung zu füllen, die ihn von seiner aktuellen Situation zum Ziel führt.«

Ein solches Vorgehen bedeutet, Standardpräsentationen und -lösungen als Orientierung zu nehmen, aber nicht als verbindliche Konzepte. Die Storys und Beispiele, die erfolgreiche Verkäufer im Verlauf des Kundengesprächs nennen, variieren von Kunde zu Kunde und sind stets auf die Aspekte abgestimmt, die sie nach ihren ersten Informationen als wichtigste Kernpunkte identifiziert haben. Wenn Kunden eine Story hören, die eins zu eins ihre individuelle Situation wiedergibt, können sie sich sofort damit identifizieren und sich selbst als Protagonist erkennen. Untersuchungen haben ergeben, dass sich bei Präsentationen 63 Prozent der Zuhörer an die Story erinnern, aber nur fünf Prozent an die Zahlen. Welche Story haben Sie in Ihrer letzten Verkaufspräsentation erzählt?

Zum Abschluss wollen wir eine Geschichte erzählen, die heute noch so beeindruckt wie im Jahr 1978, als sie sich ereignete. Ein Spitzenverkäufer versuchte, den größten Verkaufsabschluss seiner bisherigen Laufbahn unter Dach und Fach zu bringen. In einer Vorabbesprechung im Kundenunternehmen wartete er in der Kantine auf die Person, mit der er den Termin vereinbart hatte, und unterhielt sich währenddessen an der Kaffeemaschine mit einem Teamleiter, der nicht direkt in das Projekt involviert war. Dieser erwähnte beiläufig, dass alle Kinder in der Schule, die sein Sohn besuchte, eine Sammlung der *Star-Wars*-Actionfiguren besäßen, es ihm aber nicht gelungen sei, seinem Sohn eine solche Sammlung zu schenken, weil die beliebtesten Figuren innerhalb weniger Stunden nach ihrer Einführung ausverkauft gewesen seien. Weder habe er Stormtrooper noch einen Obi-Wan Kenobi gefunden und die Jawas mit Vinyl-Cape seien besonders selten zu bekommen. Bei den

Lieferverfahren, die Ende der 1970er-Jahre noch üblich waren, konnte es Monate dauern, bis solche Artikel nachgeliefert wurden. Diese Anekdote war reiner Smalltalk, ein beiläufiges Geplänkel zur Überbrückung der Wartezeit und hatte nichts mit dem eigentlichen Verkaufsabschluss zu tun.

Einige Wochen später fand im Management des Kundenunternehmen ein Stühlerücken statt, zwei Abteilungen wurden zusammengelegt und dem Teamleiter an der Kaffeemaschine wurde die Entscheidungsverantwortung für den Verkaufsabschluss übertragen. Als der Verkäufer hörte, wer nun das Sagen hatte, erinnerte er sich, dass er den neuen Entscheider bereits kennengelernt hatte. Da kam ihm eine Idee.

Als er sich zur Verkaufspräsentation in das Kundenunternehmen begab, legte er ein großes Blatt Papier auf den Vorstandstisch, auf das er am Abend zuvor sorgfältig mit einem schwarzen Stift eine Art Landkarte mit Kreisen gezeichnet hatte, die mithilfe von gestrichelten Linien miteinander verbunden waren. Sie trugen die Bezeichnungen »Tatooine«, »Death Star«, »Rebel Base« und »Trench Run« – wichtige Orte aus dem ersten *Star-Wars*-Film.

In seinem Aktenkoffer hatte er eine Sammlung aus begehrten *Star-Wars*-Figuren mitgebracht und ein Stück des knetgummiähnlichen Blu-Tack-Klebstoffs. Seine Geschichte drehte sich darum, wie sich die Organisation des Kunden erstmalig über die notwendige Veränderung klar wurde, wer diese vorantrieb, und welche Mitarbeiter Zeit investierten, um den neuen Konzepten zum Durchbruch zu verhelfen. Spielzeugfiguren wie R2-D2, Luke Skywalker sowie die seltenen Figuren Obi-Wan Kenobi und Jawa wurden auf dem Papier befestigt, trugen aber Namensschilder echter Mitarbeiter. Die Herausforderungen, die sie bewältigen mussten, waren mit verschiedenfarbigen Stiften auf dem Papier skizziert. Die Geschichte handelte davon, dass sie ein Ziel vor Augen hatten, aber zunächst im Death Star Ungewissheiten und Probleme überwinden mussten. Dieser Kreis begann sich mit einem halben Dutzend Stormtrooper zu füllen, von denen jeder ein leeres Pappschild trug. Der Verkäufer forderte die Anwesenden auf, zu entscheiden, welche sechs Bedürfnisse die höchste Priorität genossen, und diese auf die Pappschilder zu schreiben. Nach einer Reise durch das Hyperspace unter Führung von Han Solo, erreichten die Helden die Rebel Base, und dort wurde die Lösung des Verkäufers erklärt. Wie er sie implementieren würde, wurde in den Kreis Trench Run eingetragen.

Anschließend diskutierten die Zuhörer, ob jedes Element der Lösung des Verkäufers die Macht besaß, die verbleibenden Stormtrooper zu eliminieren. Die Hälfte des Spaßes bestand darin, sich darauf zu einigen, wie die Lösung optimiert und die Stormtrooper dann mithilfe von Obi-Wan Kenobis Lichtschwert und Chewbaccas Armbrust beseitigt werden konnten.

Der Verkäufer fragte jeden der Anwesenden, wie sich diese Ergebnisse seiner Meinung nach anfühlen würden, und schrieb ihre jeweiligen Antworten neben ihre Namen. Dann zeichnete er eine rote Explosionswolke über den Death Star sowie eine Reihe Zahlen, und zum Schluss schrieb er in Großbuchstaben, »MISSION ERFÜLLT.«

Als die leitende Führungskraft im Raum fragte, ob sie ein formales Angebot erhalten würden, deutete der Verkäufer auf das vielfarbige Schema und sagte: »Das werden wir gemeinsam machen (während er auf die Rebel Base zeigte). Dies sind die Probleme, die unser Angebot lösen wird (Stormtroopers), und so werden Sie sich dann fühlen. Hier stehen die Kosten (die Zahlen neben der roten Explosionswolke). Sie wissen, wo Sie mich finden, und ich möchte, dass Sie die Figuren behalten. Möge die Macht mit Ihnen sein.« Mit diesen Worten schloss er seinen Aktenkoffer und verließ den Raum.

Den letzten Eindruck, den er aus dieser Besprechung mitnahm, war der Gesichtsausdruck der Führungskraft, dem in diesem Augenblick dämmerte, dass sich der Verkäufer an die beiläufige Unterhaltung an der Kaffeemaschine einige Wochen zuvor erinnert hatte; dass er sich die Mühe gemacht hatte, die so schwer zu beschaffenden Actionfiguren aufzutreiben, und dass er eine unterhaltsame Präsentation vorbereitet hatte, die nicht nur alle Fragen seines Unternehmens beantwortete, sondern auch sein Bedürfnis als Vater erfüllte.

Der Verkäufer gewann den Auftrag – es war die teuerste Lösung – mühelos. Noch Jahre später erinnerten sich die Beteiligten an die innovative Präsentation. Sie war das Schwungrad, nachdem die Holzhammermethode der Wettbewerber längst vergessen war.

Auf der nächsten Seite finden Sie ein Arbeitsblatt für das Zielcredo Kommunikation. Suchen Sie sich einen ruhigen Ort, betrachten Sie die Fragen und schreiben Sie Ihre Antworten auf. Das wird Sie auf ihrem Zielpfad zum Verkaufscode der weltbesten Verkäufer ein ganzes Stück voranbringen. Anschließend liefern wir weitere Erkenntnisse über Kommunikation, die wir aus unseren Interviews mit den Verkaufsikonen gewonnen haben.

FRAGEN ZUR SELBSTREFLEXION ÜBER DAS ZIELCREDO RESILIENZ

1. Frage: Welche der acht Faktoren besitzen das Potenzial, meine Fähigkeit, meinen Kunden aufmerksam zuzuhören, zu beeinträchtigen?

2. Frage: Empfangen Kunden Ihre Kommunikation wie einen Schlag mit dem Holzhammer oder wie ein Schwungrad?

3. Frage: Was möchten Sie beibehalten und was möchten Sie verändern? (Denken Sie darüber im Kontext der Balance der drei rhetorischen Elemente Ethos, Logos und Pathos nach.)

4. Frage: Sind Sie wissbegierig und möchten möglichst viel über Ihre Kunden erfahren? Was möchten Sie verändern, um Ihr Interesse an ihnen zu demonstrieren?

WEITERE ERKENNTNISSE VON SPITZENVERKÄUFERN ÜBER KOMMUNIKATION

1. Betrachten Sie Stakeholder als einzigartig. Planen Sie, wie Sie mit ihnen kommunizieren wollen, um ihnen zu zeigen, dass Ihre Kunden für Sie mehr sind als eine weitere Auftragssumme. Achten Sie darauf, dass Sie sich vor jedem Kontakt vorbereiten. Formulieren Sie Ihre Fragen so, dass Ihre Kunden merken, dass Ihre Fragen ganz speziell auf ihre Situation abgestimmt sind, indem Sie sich auf Dinge beziehen, die Ihre Kunden zuvor erwähnt haben (oder auf Ideen, die von Ihren Kunden online gepostet wurden). Erklären Sie Ihren Kunden, wie der von Ihnen angebotene Mehrwert die Erreichung ihrer persönlichen Ziele beziehungsweise ihrer Unternehmensziele unterstützt. Fragen Sie sie, ob dies das Ergebnis ist, das sie sich vorgestellt haben, und was ihnen beziehungsweise ihrem Team die Zielerreichung bedeutet.
2. Prägen Sie sich in die Erinnerung Ihrer Kunden ein, indem Sie etwas tun, was andere Verkäufer nicht tun. Die Dichterin und Bürgerrechtsaktivistin Maya Angelou sagte: »Menschen vergessen, was Sie sagen, aber sie werden nie vergessen, was sie dabei empfunden haben.« Behandeln Sie sie mit Respekt und achten Sie darauf, kleine Höflichkeitsgesten zu zeigen. Laden Sie sie zu einem Gespräch an Orten ein, zu denen sie normalerweise keinen Zugang haben. Wenn Sie sich in der Phase der Bedürfnisermittlung befinden, laden Sie sie im Morgengrauen zu einer Fahrt im Heißluftballon ein und formulieren Sie Ihre Fragen, indem Sie Worte verwenden wie »Vogelperspektive«, »immer ganz oben sein«, »die nächsthöhere Ebene« und »Horizonte.« Wenn Sie die Präsentationsphase erreichen, nehmen Sie sie mit zu einer Autorennbahn, lassen Sie sie einen kraftvollen Motor spüren und richten Sie Ihren Pitch auf »einen höheren Gang einlegen«, »Beschleunigung« und »Steuerung« aus. Drucken Sie Spielgeldscheine in hohen Denominationen, legen Sie diese in Ihren Aktenkoffer und bitten Sie die Kunden,

den Aktenkoffer inmitten einer Besprechung zu öffnen und die Summe zu schätzen. Erklären Sie, dass die Geldstapel, die sie dem Koffer entnehmen, dem ROI entspricht, den Ihre Lösung im ersten Jahr erzielen wird. Stellen Sie sie Geschäftsleuten vor, von denen Sie wissen, dass Ihre Kunden sie bewundern. Lassen Sie ein Buch von ihrem Lieblingsautor mit einer persönlichen Widmung signieren und senden Sie es als Dankeschön. Drucken Sie ein Bild eines Stiers mit gestrichelten Linien, die alle Fleischstücke zeigen, und tragen Sie in die jeweiligen Felder die Probleme ein, die Ihre Lösung beheben wird. Wenn Ihre Kunden Ihnen schließlich den Auftrag erteilen, dann laden Sie sie zu einem exklusiven Abendessen ein, um ihren Aufstieg vom »Steakholder« zum »Stakeholder« zu feiern. (Wenn Sie am Ende einem Wettbewerber den Vorzug geben, senden Sie ihnen ein Fleischmesserset als Trostpreis.) Kreative Verkäufer wissen, wie man so kommuniziert, dass man seinen Kunden positiv im Gedächtnis haften bleibt. Zwar mögen einige dieser Ideen vollkommen übergeschnappt klingen, aber sie stammen alle von Spitzenverkäufern, die wir befragt haben. Wenn Sie sich bei dem Gedanken ertappen, »Das funktioniert nie!«, möchten Sie vielleicht der Frage auf den Grund gehen, warum Sie sich selbst einschränken. Was wäre, wenn es *doch* funktioniert?

3. Die besten Kommunikatoren zeigen echte Empathie und beschränken sich nicht auf die Floskel, »Kann ich mir vorstellen.« Stattdessen geben sie eine profunde Antwort, die deutlich macht, dass sie sich genau in die Lage ihres Kunden versetzen und sich mit seiner Situation identifizieren können, und sprechen dabei in der Stimmlage, dem Tempo und der Lautstärke, die zu der Stimmung ihres Kunden passt. Wenn Sie sich auf keine Erfahrung stützen können, die zur Kundensituation passt, fragen Sie: »Wie fühlt sich das an?« »Welche Auswirkungen hat das auf Sie?« »Wie könnte es anders gehen?«, und nutzen Sie das als Lernchance.
4. Die besten Verkäufer gehen den Bedürfnissen ihrer Kunden auf den Grund und erkundigen sich nach dem Grund; warum

zu diesem Zeitpunkt; was hat sich verändert, sodass diese Bedürfnisse plötzlich relevant geworden sind; wie gehen sie derzeit damit um; was gefällt ihnen an ihrer gegenwärtigen Situation und was möchten sie verändern; wer verlangt am lautesten nach einer Veränderung, und wer will unbedingt am Status quo festhalten; wie sehen die Erfahrungen jedes einzelnen mit einer solchen Veränderung aus; welches sind die damit verbundenen Risiken; hat eine mögliche Inaktivität Konsequenzen; lohnt es sich, die Initiative zu ergreifen; wann schließt sich das Chancenfenster; wie würde der Erfolg aussehen; woher wissen sie, wann sie die richtige Lösung gefunden haben; welche Kriterien wenden sie bei der Entscheidungsfindung an; wer hat die Kriterien bestimmt, und wer hat die Vorstellungen des oder der Entscheider beeinflusst. Das ist eine kleine Auswahlliste an Fragen, die die Verkaufsikonen nach ihren eigenen Worten verwenden, um für einen reibungslosen Kommunikationsprozess zu sorgen.

5. Geben Sie ein positives Feedback auf die Dinge, die Sie beobachten. Achten Sie darauf, Ihren Kunden bei einer Aktivität zu beobachten, die Sie bewundern, und sagen Sie ihm das. Das könnte die Art und Weise sein, wie er ein Meeting moderiert, oder eine Frage, die Sie wirklich ins Grübeln bringt, oder die Qualität einer Präsentation, die er gehalten hat, oder eine gemeinnützige Sache, die seine Abteilung unterstützt. In einigen Unternehmenskulturen geben die Führungskräfte nie positives Feedback. Ein freundliches Wort für gute Arbeit kann dann eine wohltuende Oase in einer endlosen Wüste sein.
6. Verzichten Sie auf Folien als Standardinstrument für Ihre Verkaufspräsentation. Ihr Marketingteam möchte vielleicht das Format und den Inhalt kontrollieren, aber Kunden wollen einen interaktiven Dialog, und keinen einseitigen Vortrag. Sie werden als wesentlich leidenschaftlicher, kreativer, kenntnisreicher und aufmerksamer empfunden werden, wenn Sie mit Papier und Bleistift, Tablet und Pen oder Textmarker und Whiteboard arbeiten.

WAS GEHT IM KOPF VOR SICH?

Psychologen sagen ...

Wir alle kommunizieren tagtäglich über unterschiedliche Kanäle, dennoch wird die Macht einer effektiven Kommunikation häufig unterschätzt. Der Autor S. F. Scudder schrieb in seiner Kommunikationstheorie (1980), dass »alle Lebewesen, die auf diesem Planeten existieren, kommunizieren, wenn auch auf unterschiedliche Weise.«[71] Denken Sie darüber nach. Als Menschen kommunizieren wir standardmäßig mithilfe von Sprache; Tiere geben Laute von sich und machen Bewegungen; Kinder schreien und weinen, bevor sie lernen zu sprechen, und Pflanzen lassen ihre Blätter hängen, um ihr Bedürfnis nach Wasser anzuzeigen. Wenn man Kommunikation aus der psychologischen Perspektive betrachtet, darf man also nicht nur den Informationsfluss zwischen den Gesprächspartnern betrachten, sondern muss auch die zugrunde liegenden Gedanken, Gefühle, Sichtweisen und Reaktionen berücksichtigen.

Verkäufer müssen sich überlegen, mit wem sie sprechen, und Inhalt und Form der Kommunikation darauf abstimmen. Sind die Kunden detailversessen und an Beschreibungen interessiert oder nur an Fakten? Wollen sie lange oder kurze E-Mails? Telefonieren sie lieber? Möchten sie einen kurzen persönlichen Austausch, bevor es zur Sache geht? Diese Dinge müssen Sie sich überlegen, wenn Sie mit einem Kunden, einem Stakeholder oder einem Branchenkollegen sprechen. Manchmal kann eine einfach Frage, wie zum Beispiel, »Wie soll ich mit Ihnen in Kontakt treten?« bereits klären, über welchen Kanal Ihr Gesprächspartner kommunizieren möchte. Welches Medium zieht er vor: E-Mail, Telefon, Textnachricht, soziale Medien et cetera ... ? Sorgen Sie vor allem dafür, dass Sie klar und präzise kommunizieren, egal welches Format Sie verwenden. Klarheit ist wichtig, um Missverständnisse zu vermeiden und sicherzustellen, dass Sie den größtmöglichen Einfluss auf das gewünschte Ergebnis haben, ob es sich um einen Verkaufsabschluss, die Verhandlung über Kosten oder die Werterzielung und das Teilen neuer Erkenntnisse handelt.

ABSCHLIESSENDE WORTE ÜBER KOMMUNIKATION

Der Moment, in dem George H. W. Bush die Präsidentschaftswahlen der Vereinigten Staaten verlor

In einer der letzten TV-Wahldebatten im Jahr 1991 beantwortete der amtierende Präsident Georg H. W. Bush Fragen über den Zustand der amerikanischen Wirtschaft. Der Moderator lud eine Dame im Publikum ein, ihre Frage zu stellen, die sie mit einigen persönlichen Beobachtungen einleitete. Sie sprach über ihre Stadt, in der die Menschen ihre Arbeit verloren; über ihre eigene Familie und darüber, dass einige ihrer Angehörigen arbeitslos seien und nur geringe Aussichten auf eine Neueinstellung hätten. Sie sprach auch über die Nöte, die diese Situation verursachte.

Die Fernsehkameras schwenkten genau in dem Moment auf Präsident Bush, als er auf seine Uhr blickte. Augenblicklich nahm er sich zusammen und demonstrierte Mitgefühl mit der Fragestellerin. Er sprach von »globalen Wirtschaftskräften«, von »Volkswirtschaft« und »Regierungspolitik.« Seine Antwort war eloquent, kenntnisreich und selbstbewusst. Er war der Präsident.

Sein Kontrahent, Kandidat Bill Clinton, wurde aufgefordert, diese Antwort zu kommentieren. Er trat auf die Fragestellerin zu und sagte, er könne ihr Leid nachempfinden. Auch er habe Freunde, die ihre Arbeit verloren hätten. Er könne sich die Kleinstadt vorstellen, in der sie lebte, weil das die Art Gemeinde sei, in der er selbst aufgewachsen sei. Bill Clinton war empathisch und drückte sich in leicht verständlicher, angemessener Sprache aus. Er wirkte menschlich.

Das Studiopublikum wusste, was soeben geschehen war. Das Publikum, das zu Hause vor dem Fernseher saß, wusste es auch. Kurz darauf wurde Bill Clinton zum 42. Präsidenten der Vereinigten Staaten gewählt.

Zielcredo

Erfolgreiche Verkäufer wissen, wie man kommuniziert (Kommunikation)

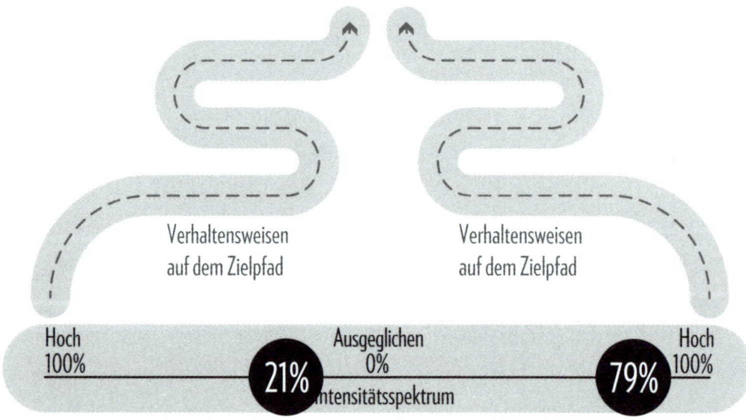

Handlungsmotivator 1
Eine großartige Kommunikation bedeutet, seine Botschaft kurz und knapp zu vermitteln (Holzhammer)

Handlungsmotivator 2
Eine großartige Kommunikation bedeutet, einen kontinuierlichen, konstruktiven Dialog zu pflegen (Schwungrad)

57 Prozent der Befragten ließen sich stärker von Handlungsmotivator 1 leiten.

43 Prozent der Befragten ließen sich stärker von Handlungsmotivator 2 leiten.

61 Prozent der Befragten gaben an, wenn Kunden nicht positiv auf eine bestimmte Verkaufsbotschaft reagieren, liege das daran, dass sie als Verkäufer ihre Botschaft nicht klar und deutlich genug zum Ausdruck gebracht hätten.

Wechselstrom fließt in beide Richtungen, Gleichstrom nur in eine. Wechselstrom transportiert Elektrizität über große Entfernungen und liefert mehr Energie, während Gleichstrom nur eine begrenzte Energie transportiert. Aus diesem Grund wird Wechselstrom in der Industrie und in Privathaushalten verwendet, während Gleichstrom vorzugsweise für batteriebetriebene elektrische Geräte verwendet wird. Das Problem ist, dass Batterien über kurz oder lang verbraucht sind und entweder ausgewechselt oder neu aufgeladen werden müssen. Wenn Sie kommunizieren, indem Sie einfach eine Botschaft vermitteln, ohne darauf zu achten, ob sie auch ankommt, ergeht es ihnen wie den Batterien, die nach und nach ihre Wirkung verlieren. Eine erfolgreiche Kommunikation fließt – genau wie der Wechselstrom – in beide Richtungen. Auf diese Weise entsteht ein kontinuierlicher, konstruktiver Dialog über große Entfernungen, und das liefert mehr Energie!

43 Prozent der Befragten erkennen an, dass der Aufbau von Beziehungen wichtiger ist, als ein einzelner Verkaufsabschluss (weil langfristige Beziehungen dazu beitragen, dass sie mehr Erfolg haben werden, als sie es sich je vorgestellt haben).

100 Prozent der Spitzenverkäufer hören mehr zu, als dass sie selbst sprechen.

100 Prozent der Spitzenverkäufer versuchen ständig, noch mehr über den Verkauf zu erfahren. Sie wollen ihre eigene Leistung kennen und wissen, wie sie sie verbessern können. Sie hören nie auf zu lernen, sich anzupassen und sich zu verändern.

KAPITEL 7

KNACKEN SIE DEN VERKAUFSCODE

In den vorhergehenden Kapiteln haben wir fünf Zielcredos und die zehn nachgeordneten Handlungsmotivatoren erforscht. Wir haben entdeckt, dass Verkäufer sich von beiden Handlungsmotivatoren leiten lassen, und dass das Geheimnis der Spitzenverkäufer in einer *spezifischen Ausprägung beider Handlungsmotivatoren* besteht. Nachfolgend illustrieren wir noch einmal die optimale Balance zwischen den Handlungsmotivatoren für jedes Zielcredo:

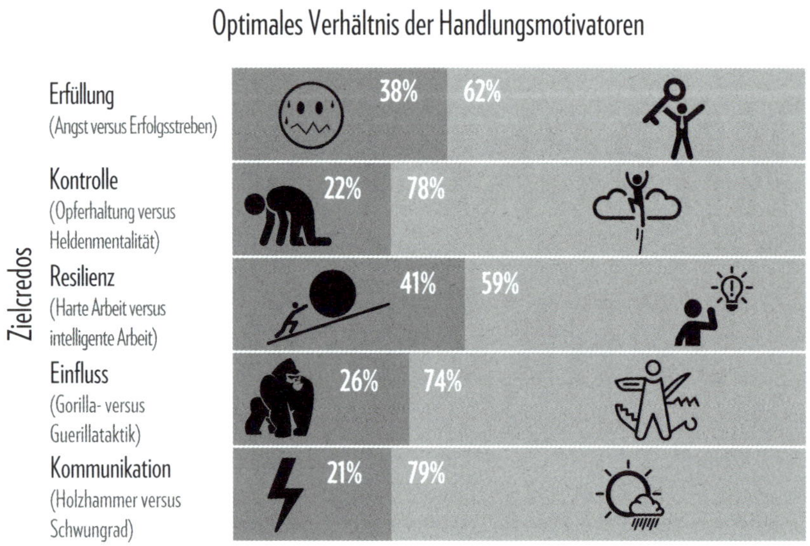

Abbildung 8 Die fünf Zielcredos und das optimale Verhältnis zwischen den Handlungsmotivatoren

Ihre eigene Balance ähnelt womöglich dem hier dargestellten Verhältnis, vielleicht ist sie aber auch ganz anders. Die Kluft zwischen Ihrer gegenwärtigen und der optimalen Motivationsbalance, wie sie die fünf Prozent der Spitzenverkäufer aufweisen, verdeutlicht die Größenordnung der notwendigen Veränderung Ihrer Überzeugungen und Handlungsmotivatoren, wenn Sie zur Liga der Spitzenverkäufer aufschließen wollen. Möglicherweise können Sie einige Schlussfolgerungen aus Ihrem persönlichen »Motivationsdelta« ziehen. Wenn Sie dieses Buch bis hierher gelesen haben, kann man vernünftigerweise davon ausgehen, dass Sie es als provokativ empfinden und sich zum Nachdenken angeregt fühlen. Das restliche Kapitel will Ihnen dabei helfen, einige Ihrer gegenwärtigen Überzeugungen und Motivationen zu verändern, und Sie in die Lage versetzen, andere Menschen nachzuahmen, die Ihrer Meinung nach die Eigenschaften besitzen, die Sie auch gerne hätten.

Was Sie an dieser Stelle nicht haben, ist eine spezifische Messung Ihres »Motivationsdeltas«. Aus diesem Grund haben die Autoren dieses Buches ein psychometrisches Instrument entwickelt, das Ihnen genau das liefern wird. Mehr Informationen dazu finden Sie auf der englischsprachigen Website www.salespersons-secret-code.com. Mit einer akkuraten Analyse Ihrer eigenen Motivationsbalance verfügen Sie über einen klar umrissenen Wegweiser, der Ihnen auf Ihrem Zielpfad Orientierung bietet.

Nehmen Sie sich ein Beispiel

Unsere Spitzenverkäufer sind nun unsere Vorbilder. Wir wissen, dass die fünf Prozent der besten Verkäufer so erfolgreich sind, weil ihre Überzeugungen sie dazu veranlassen, so zu denken und zu handeln, dass die Intensität ihrer Motivation weiter verstärkt wird. Die Verkaufsikonen, die wir im Verlauf des Buches immer wieder erwähnt haben, sind ausgezeichnete Beispiele für die Anwendung der eigenen Überzeugung auf eine Weise, die zu einer speziellen Kombination aus erfolgsfördernden Handlungsmotivatoren führt. Sie haben für jedes Zielcredo das richtige Spannungsverhältnis zwischen beiden Handlungsmotivatoren für sich gefunden, das sie auf ihrem Gebiet zu den Besten der Besten macht.

Sie denken vielleicht: »Das ist alles sehr schön für sie. Sie haben den Verkaufscode geknackt, aber wie gelingt mir das?« Es gibt einen einfachen Kunstgriff: Beschließen Sie, von unseren Vorbildern zu lernen und einige ihrer Techniken zu übernehmen. Viele herausragende Denker und Schöpfer haben festgestellt, dass die besten Ideen die sind, die man »kopiert und verbessert«.

»Durch Wertschätzung machen wir uns
die Exzellenz anderer zu eigen.«

Voltaire
1694–1778

Kopieren Sie so von dem, was Sie hier gelesen haben, so viel Sie wollen. Stellen Sie sich vor, welche Verkaufssteigerungen weltweit erzielt werden könnten, wenn jeder Verkäufer auf der ganzen Welt nur eine oder zwei der hier vorgestellten Ideen übernehmen und seine Motivationsbalance dem Optimum ein wenig näher bringen würde. Denken Sie an eines dieser altmodischen Radios vor dem Zeitalter des digitalen Streamings. Während Sie mit dem Sendersuchknopf einen Kanal suchten, erklangen eine Menge Hintergrundgeräusche, bis Sie schließlich das schwache Signal des gesuchten Senders wahrnahmen. Sie drehten weiter am Knopf und plötzlich vernahmen Sie ein lautes klares Signal. Im Verkauf gilt das Gleiche. Es mag eine Zeit lang dauern, bis Sie Ihren inneren Suchknopf so weit weitergedreht haben, bis Sie ein starkes, klares Signal empfangen. Und plötzlich finden Sie es und dann ertönt es laut und vernehmlich – Ihr Lieblingssender wartet!

Wenn man die Verhaltensweisen anderer Menschen übernimmt, nimmt man sich ein Beispiel. Das kann jeder, der dieses Buch gelesen hat. Wir wissen das, weil Sie sich in Ihrem gesamten Leben bewusst oder unbewusst an anderen ein Beispiel genommen haben. Indem wir andere nachahmen, lernen und entwickeln wir uns weiter. Sie haben Ihren Eltern nachgeeifert und machen das vielleicht noch immer. Sie haben Ihren Lehrern nachgeeifert und Sie werden von Arbeitskollegen gelernt haben, wie Sie Ihre Arbeit machen müssen. Die Liste der Menschen, die Sie im Verlauf Ihres Lebens nachahmen, ist mit Sicherheit sehr lang. Wie der Komponist Stephen Sondheim im Musical *Into the Woods* schrieb: »Pass auf, was du sagst; die Kinder hören zu. Pass auf, was du tust; die Kinder werden sich daran ein Beispiel nehmen.«

Jeder von uns besitzt die Fähigkeit, Neugier auf Dinge und Menschen zu entwickeln. Wir alle können einhalten, um zu beobachten oder zuzuhören, wie andere Menschen sich verhalten. Wir laden Sie ein, dass Sie das ganz bewusst und absichtsvoll tun und das Wissen, das Sie tagtäglich über sich selbst gewinnen, um diese Informationen ergänzen.

Wie Sie sich in sechs Schritten ein Beispiel an Ihrem Vorbild nehmen

1. Fokussieren Sie auf einen konkreten Aspekt, den Sie bei jemandem beobachtet haben und den Sie übernehmen wollen. Vielleicht wollen Sie von Gorillataktiken Abstand nehmen und eher ein Guerillakämpfer werden (siehe Kapitel 5: Einfluss) und be-

wundern einen Kollegen, der andere Menschen scheinbar mühelos beeinflussen kann. Das ist eine Fähigkeit, die Sie auch entwickeln wollen. Definieren Sie die Wirkung, die sein Verhalten beziehungsweise seine Fähigkeit auf Sie und andere Menschen hat. Was sehen, hören und empfinden Sie? Wenn Sie das gemacht haben, haben Sie den »Wow!«-Faktor gefunden. Der erste Schritt dreht sich um das »Was«, das »Wer« und das »Wow!«.

2. Beobachten Sie Ihre Vorbilder; beobachten Sie, wie sie mit anderen sprechen und welche Wirkung ihr Verhalten hat. Beobachten Sie ihre Körpersprache; vielleicht bewegen sie sich mit Selbstvertrauen, aufrechtem Gang und erhobenem Haupt. Möglicherweise werden Sie entdecken, dass das auf andere abstrahlt, die dann auch mehr Selbstvertrauen zeigen. Der zweite Schritt handelt vom »Wie«.
3. Fragen Sie sie: Bitten Sie Ihr Vorbild, sich vorzustellen, wie es die von Ihnen beobachteten Fähigkeiten anwendet und seine Erkenntnisse gewinnt. Seien Sie sich darüber im Klaren, dass es einige Zeit dauern kann, weil sich Ihr Vorbild der Fähigkeiten, die Sie an ihm beobachtet haben, möglicherweise gar nicht bewusst ist. Formulieren Sie Ihre Fragen in der Gegenwart und bitten Sie Ihr Vorbild, die folgenden Fragen rund um die Ausführung einer Aufgabe ausführlich zu beantworten:
   a. Was befindet sich in Ihrer Umgebung?
   b. Was machen Sie?
   c. Was sagen Sie?
   d. Welche Fähigkeiten setzen Sie dabei ein?
   e. Worauf kommt es für Sie in diesem Augenblick wirklich an?
   f. Wie würden Sie sich selbst beschreiben?

Nehmen wir das Beispiel aus Schritt 1 und Schritt 2. Sie könnten Ihr Vorbild fragen, »Wie würden Sie sich selbst beschreiben, wenn Sie selbstbewusst in ein Kundengespräch gehen?« Nehmen wir an, die Antwort würde ungefähr so lauten: »Ich bin ein Fachmann, der sein Metier beherrscht. Ich bin jemand, der sich die Anliegen seiner Kunden aufmerksam anhört und mit seinen Antworten demonstriert, dass ich mich in ihre Situation hineinversetzen kann. Ich werde sie dazu anspornen, mich als ihren

Verbündeten zu betrachten.« In diesem Moment haben Sie womöglich etwas entdeckt, das Ihnen von Nutzen ist; etwas, das Ihnen hilft, sich anders zu verhalten. Ihr Vorbild hat Guerilla-Eigenschaften beschrieben. Wie hätten Sie auf dieselben Fragen geantwortet? Hätten Sie bei der Beobachtung Ihres eigenen Verhaltens Gorilla-Eigenschaften beschrieben? In diesem Moment haben Sie möglicherweise eine Methode gefunden, Ihren »Sendersuchknopf richtig einzustellen.« Schritt 3 handelt vom »Fragen«.

4. Denken Sie über die Dinge nach, die Sie aus Ihren Beobachtungen und Gesprächen gelernt haben. Imitieren Sie dann die Verhaltensweisen Ihres Vorbilds und lassen Sie alle vorgefassten Meinungen und Konzepte zurück. Sagen Sie sich einfach, dass Sie von nun an genauso denken, sprechen und handeln werden, wie ihr Vorbild. Und dann machen Sie das! Schritt 4 handelt vom »Tun«.
5. Wenn Sie das Verhalten Ihres Vorbilds übernehmen, achten Sie darauf, welche Aspekte Ihres Tuns einen Unterschied bewirken. Wenn irgendein Verhalten Ihnen ganz offensichtlich keinen Nutzen bietet, dann streichen Sie es. Seien Sie »ganz präsent« und handeln Sie bewusst, wenn Sie die neuen Verhaltensweisen ausprobieren. Schritt 5 handelt von »Analyse und Bewertung«.
6. Notieren Sie sich den Prozess, das Verhalten, das Sprachmuster oder was es auch immer ist, das Sie übernehmen. Geben Sie sich Zeit, um es zu verinnerlichen. Das kann ein wenig dauern – seien Sie geduldig und lassen Sie sich Zeit.[72] Schritt 6 handelt vom »Übernehmen und Anpassen«.

Nachstehend eine Zusammenfassung der sechs Schritte:

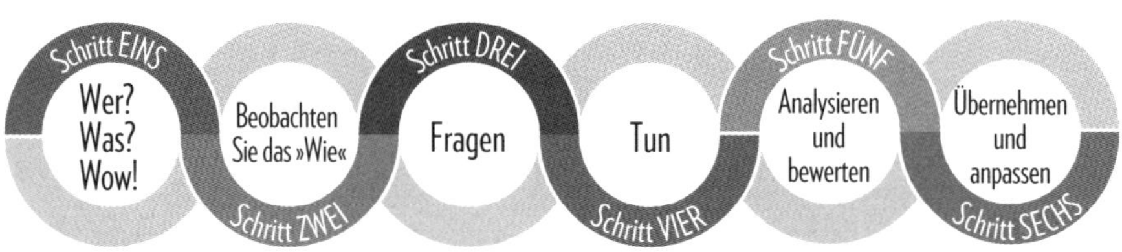

Abbildung 9 Die sechs Schritte zur erfolgreichen Nachahmung

Wir leben heute in der sogenannten VUCA-Welt (dieser Ausdruck wurde vom U.S. Army War College geprägt) – volatil, ungewiss, komplex und uneindeutig. Was bisher gewiss war, ist es nicht mehr. Das Tempo, mit dem sich der technologische Fortschritt vollzieht, sowie die Auswirkungen der Globalisierung haben unvorhergesehene und oft desorientierende Effekte. Niemand weiß, wie sich das in letzter Konsequenz auswirken wird. Heute ist es wichtiger denn je, ständig dazuzulernen und sich weiterzuentwickeln, wenn man sich erfolgreich in dieser Welt behaupten will. Die Entscheidung, ob Sie sich ein Beispiel nehmen und erfolgreiche Verhaltensweisen kopieren oder nicht, liegt bei Ihnen.

Spielen Sie mit Ihren Überzeugungen

Bei dieser Studie ging es um Überzeugungen. Die Überzeugungen der erfolgreichsten Verkäufer motiviert sie zu einem bestimmten Verhalten, und dieses Verhalten führt zu bestimmten Ergebnissen. Doch was genau ist eine Überzeugung und warum ist es so wichtig, dass wir unsere eigenen Überzeugungen und die Gründe dafür verstehen?

Beginnen wir mit dem Satz: »Wenn ich im Winter keinen Schal trage, werde ich mich erkälten.« Trifft er zu oder nicht? Das hängt natürlich ganz wesentlich davon ab, an welchem Ort auf dieser Erde Sie aufgewachsen sind, aber auf eines können wir uns alle einigen: Möglicherweise erkälte ich mich, wenn ich bei kaltem Wetter keinen Schal trage – möglicherweise aber auch nicht. Wenn ich mich erkälte, trifft der Satz wahrscheinlich zu. Wenn ich mich nicht erkälte, habe ich dieses Mal vielleicht Glück gehabt, aber ich werde mich das nächste Mal erkälten. Ich werde aber möglicherweise weiterhin davon überzeugt sein, dass es riskant ist, bei kaltem Wetter keinen Schal zu tragen.

Sie können leicht erkennen, dass der Satz über kaltes Wetter, Schals und Erkältungen nichts mit Fakten und Wahrheit zu tun hat, aber *alles* mit Glaube, einer blinden Gewissheit und einer subjektiven emotionalen Wahrheit. Vielleicht lachen Sie über die Hypothese, dass der Verzicht auf einen Schal unweigerlich eine Erkältung bedeutet – so wie die Nacht auf den Tag folgt, holen Sie sich eine Erkältung, wenn Sie zwischen November und März ohne Schal auf die Straße gehen. *»Welche Überheblichkeit!«* werden Sie rufen. Aber die nackte Wahrheit lautet, dass Sie diese Behauptung entweder glauben oder nicht.

Der Glaube ist eine emotional begründete Meinung, die wir für eine unverrückbare Tatsache halten.[73] Der Glaube beziehungsweise die Überzeugung liefert uns die Motivation, bestimmte Gaben oder Fertigkeiten einzusetzen. Diese wiederum fördern oder verhindern bestimmte Verhaltensweisen. Und sie haben einen großen Einfluss auf unsere Selbstwahrnehmung, das heißt, wer wir sind, und warum wir tun, was wir tun. Aus diesem Grund lassen sich so markante Unterschiede zwischen Spitzenleistern und leistungsschwachen Menschen feststellen. Und das ist der Grund, warum wir auf einen Blick erkennen können, warum unsere Verkaufsikonen so überaus erfolgreich sind.

Das, was wir oft für die Wahrheit halten, sowohl in Bezug auf uns selbst als auch in Bezug auf andere, sind nichts weiter als Annahmen. Wir nehmen das, was wir glauben, für die objektive Wahrheit und handeln so, dass sich diese Annahmen verstärken, und wenn wir »entdecken«, dass wir recht hatten oder die Annahme ihr Versprechen erfüllt hat, wird daraus eine Überzeugung. Auf Glauben basierende Überzeugungen sind die Ursache einiger der schlimmsten Exzesse der Menschheit (der Holocaust, die Inquisition, Apartheid et cetera), aber auch guter Momente gewesen (die Gründung der Vereinten Nationen, der Tag, an dem Juri Gagarin der erste Kosmonaut wurde, oder Bob Geldorfs unerschütterlicher Glaube, dass Musik dazu beitragen kann, den Hunger in Äthiopien zu besiegen). Was wir glauben, bestimmt unser Handeln. Glaube ist ein zentraler Bestandteil der menschlichen Existenz.

Wir haben Sie daher eingeladen, darüber nachzudenken, wie sich Ihre glaubensbasierten Überzeugungen auf den Menschen, Verkäufer oder Verkaufsmanager auswirken, der Sie gerne sein möchten. Aber wie beginnen wir damit, unsere vorgefassten Meinungen über uns selbst und die Welt, in der wir leben, zu verändern? Kehren wir noch einmal zurück zum Schal und der Erkältung. Wie kann ich meine Überzeugung »loslassen«, dass der Schal für meine Gesundheit unerlässlich ist? Nun, stellen Sie sich vor, wie es wäre, wenn Sie es wagen würden, an einem kalten Tag ohne Schal auf die Straße zu gehen. Vielleicht gefällt es Ihnen, die kalte Luft im Nacken zu verspüren. Vielleicht gefällt Ihnen auch das Gefühl der größeren Bewegungsfreiheit, ohne einen eng um den Hals geschlungenen Schal. Vielleicht fällt Ihnen plötzlich auf, dass viele andere Leute auf der Straße ebenfalls ohne Schal unterwegs und trotzdem gesund sind. Das nennt man das »Gesetz der Ähnlichkeit« – wir achten auf Leute, die so sind wie wir selbst, und wollen genauso sein. Kurzum, um eine glaubensbasierte Überzeugung zu überwinden, können Sie einfach eine andere Überzeugung »ausprobieren.« Wenn sie Ihnen wirklich Angst und Anspannung bereitet, können Sie immer wieder zu Ihrer alten Überzeugung zurückkehren. Der Trick besteht darin, es einfach zu wagen. Was hält Sie davon ab? Oder haben Sie vielleicht Angst, dass es Ihnen am Ende gut gefällt und Sie ganz auf Schals verzichten?

Wie Sie neue Überzeugungen »ausprobieren«

1. Wählen Sie einen der beiden Handlungsmotivatoren für ein bestimmtes Zielcredo aus, den Sie intensivieren wollen, um ein besseres Gleichgewicht zwischen den beiden Handlungsmotivatoren herzustellen. Welcher Handlungsmotivator wird das sein? Sie könnten zum Beispiel beschließen, sich dem Handlungsmotivator 1 des Zielcredos Erfolg zu widmen, um Ihre Angst vor Misserfolg zu überwinden (»ich betrachte Misserfolg als Lernchance«). Oder Sie könnten beschließen, sich auf Handlungsmotivator 2 zu konzentrieren (»ich werde mich selbst überraschen und brillant sein«). Nehmen wir an, Sie würden das tun. Wie würde das aussehen? Was geschieht, wenn Sie sich selbst überraschen? Vielleicht haben Sie einen neuen Kunden gewonnen, von dem Sie nie geglaubt haben, dass Sie ihn überzeugen können? Vielleicht haben Sie Ihr Jahresziel um 100 Prozent übertroffen? Vielleicht haben Sie Ihre Verkaufsziele in einem wirklich schwierigen Markt erreicht? Was ist es, das den Unterschied bewirken würde, den Sie selbst erleben möchten?
2. Denken Sie nun an eine andere Situation – einen Moment, in dem Sie eine brillante Leistung erbracht haben. Wie war das? Wo waren Sie? Was geschah? Was haben Sie getan, das so beeindruckend war? Was sahen, hörten und empfanden andere in Ihrer Umgebung, als sie Ihre brillante Leistung miterlebten? Wir bezeichnen diesen Prozess als »Assoziierung.« Sie assoziieren Ihre Situation mit einer Zeit, in der Sie genau die Eigenschaften, Fertigkeiten und Verhaltensweisen demonstriert haben, die Sie jetzt reaktivieren wollen. Ist es nicht interessant festzustellen, dass wir das, was uns angeblich fehlt, tatsächlich schon können, tun und sind?

3. Wenn Sie ständig und immer wieder eine geistige Verbindung zu der Zeit herstellen, in der Sie herausragende Arbeit geleistet haben, können Sie das positive Erfolgsgefühl bewahren. Das bezeichnen wir als »Verankerung«. Vielleicht berühren Sie Ihren Ehering oder Ihre Uhr oder vielleicht schließen Sie auch die Augen, wenn Sie sich die Gefühle von damals wieder in Erinnerung rufen. Wenn Sie versuchen, sich zu verankern, kann es passieren, dass die Gefühle blass bleiben. Das ist normal. Unterbrechen Sie den Verankerungsprozess, machen Sie eine Pause und versuchen Sie es anschließend erneut. Manchmal bedarf es mehrerer Anläufe.
4. Wenn Sie glücklich darüber sind, dass Sie sich voll und ganz in die Zeit zurückversetzen können, in der Sie herausragende Arbeit geleistet haben; wenn Sie davon überzeugt sind, dass Sie brillant sind, dann konzentrieren Sie sich auf Handlungsmotivator 2 und betreiben Sie ein wenig Introspektion. Achten Sie auf:
    a. Ihre Umgebung – wo Sie sind und wie sich das anfühlt.
    b. Ihr Verhalten – Ihre Worte und Handlungen, die eindeutig belegen, dass Sie sich selbst überraschen, indem Sie brillante Arbeit leisten.
    c. Die Fähigkeiten, die Sie in diesem Augenblick demonstrieren.
    d. Das, was Ihnen wichtig ist, und wie das Wissen darüber Ihr Verhalten und Ihre Fähigkeiten unterstützt.
    e. Den Einfluss, den dieses neue Verhalten auf Ihre Selbstwahrnehmung hat. Was verschiebt sich, was bewegt sich, was entwickelt sich weiter?
    f. Die breitere Wirkung, die Sie nun erzielen. Vielleicht werden Sie nun, da Sie herausragende Arbeit leisten, zum Vorbild für andere. Oder Sie setzen den Standard für die Vorgehensweisen in Ihrer Branche.

Es ist wichtig, diesen Prozess ständig zu wiederholen. Auf diese Weise entsteht ein Kreislauf der kontinuierlichen Lernerfahrungen und des Wachstums. Im Verlauf der Zeit verändert sich in unmerklichen Schritten unsere Selbstwahrnehmung. Das geschieht, weil wir uns selbst die Erlaubnis erteilt haben, anders zu sein.

Sir Winston Churchill sagte einst: »Sich zu verbessern, heißt sich zu verändern. Perfekt zu sein, bedeutet, sich oft zu verändern.«[74] Vielleicht werden wir nie perfekt sein, aber wir können zu der Überzeugung gelangen, dass sich der Versuch lohnt. Wenn wir das zu unserem Credo machen, sind wir bereit zu akzeptieren, dass die Methoden und Verhaltensweisen der Vergangenheit nicht unbedingt auch die Garanten für zukünftige Erfolge sind. Außerdem akzeptieren wir die Prämisse, dass Veränderung gut ist. Wer weiß, möglicherweise gelingt es uns, besser zu werden, als wir je für möglich gehalten hätten. Wie sagte Albert Einstein? »Man ist nur dann gescheitert, wenn man aufhört, es zu versuchen.«[75]

KAPITEL 8

DER VERKAUFSCODE – LEKTIONEN FÜR MANAGEMENT UND FÜHRUNG

Unser Verkaufsberuf ist von der Entwicklung von Prozessen geprägt, die Kundenbeziehungsmanagement-Systeme, Key-Account-Management-Prozesse, strategische Beziehungsanalyse und Formulare in den unterschiedlichsten Farben unterstützen. Viele von ihnen sind wirklich herausragende Instrumente, die kein Profi, der etwas auf sich hält, missen wollen würde. Es ist überdies zur akzeptierten Norm geworden, dass diejenigen von uns, die Verkauf zu ihrem Beruf gemacht haben, Möglichkeiten zur Weiterentwicklung unserer Verkaufskompetenzen erhalten – wie man Kunden anspricht, wie man Fragen stellt, wie man ein Angebot formuliert und wie man den Mehrwert, den wir erzielen, am besten darstellt. Das ist alles gut und wichtig. Kein Kunde sollte einem Verkäufer gegenübersitzen, der sein Metier nicht beherrscht. Aus der Perspektive eines Verkaufsmanagers gibt es aber noch ein drittes Element zu berücksichtigen. Neben dem traditionellen Fokus auf Prozesse und Kompetenzen besitzen wir inzwischen ein detaillierteres Verständnis der Art und Weise, wie sich tiefsitzende Überzeugungen im Verhalten ausdrücken. »Verkaufstransformation« ist ein Begriff, der heutzutage Teil des Managementsprachgebrauchs ist. Es wäre höchst riskant, irgendwelche Prozessveränderungen oder Veränderungen im Kompetenzprofil vorzunehmen, ohne zu verstehen, dass es einen Code für erfolgreichen Verkauf gibt, und dann die eigene Verkaufsmannschaft mit den vorbildlichen fünf Prozent der Spitzenverkäufer vergleichen zu wollen. Das wäre so, als würde man mit verbundenen Augen Auto fahren und blind auf ein Ziel zusteuern, von dessen Existenz Sie gar nichts wissen und es daher nicht einmal erkennen würden, wenn Sie es unversehrt bis dorthin schaffen würden! Verkaufsmanager und Verkaufsführungskräfte sind nun in der Lage, sich auf ihre Rolle zu konzentrieren, in dem Wissen, dass sie großen Einfluss auf den Erfolg ihrer Leute und die Erfahrung haben, die Kunden mit ihrem Unternehmen machen. Dabei sollten drei Bereiche berücksichtigt werden:

1. Wie lautet der Verkaufscode der weltbesten Verkäufer? Warum und auf welche Weise könnte er wichtig sein und für mich und mein Team einen echten Unterschied bewirken? (Wir haben in diesem Buch begonnen, diese Frage zu beantworten.)
2. Wie groß ist die Kluft zwischen der individuellen Motivationsbalance meines Teams und der optimalen Motivationsbalance,

die die fünf Prozent der Spitzenverkäufer aufweisen? (Die Verkaufscode-Psychometrie kann bei der Beantwortung dieser Frage helfen. Weitere Informationen finden Sie auf der englischsprachigen Website unter *www.salespersons-secret-code.com.*)
3. Welche Veränderungen nimmt jeder Verkäufer im Licht der Erkenntnisse, die die Psychometrie bietet, an seinen Überzeugungen und Verhaltensweisen vor, um den Verlauf seines derzeitigen Zielpfads neu auszurichten? Wie kann ich das beeinflussen und welche Hilfe brauche ich womöglich von internen Stakeholdern und externen Vordenkern?

Der Verkaufscode ist eine Quelle der Erkenntnisse, die zum ersten Mal deutlich macht, warum nichts – weder eine starke Markenpolitik, ein Produktvorteil oder eine geschickte Preispolitik noch Inspirationstraining, transformatives Coaching oder einfallsreiche Verkaufsmethodologien – einen Verkäufer zu wahrer Größe verhelfen, wenn er selbst in seinem tiefsten Inneren bestimmte Dinge in Bezug auf Kunden oder den Verkauf generell nicht für möglich hält. Jede Führungskraft im Verkauf, die dieses Buch liest, wird Verkäufer in seinem Unternehmen nennen können, die beständig erfolgreich sind. Und genauso wird er Verkäufer nennen können, die das gleiche Produkt oder die gleiche Dienstleistung verkaufen und über ähnliche Kompetenzen verfügen, aber die anscheinend nicht die gleichen Überzeugungen haben, und zwar weder, was ihre eigene Person noch was ihr Angebot betrifft. Tatsache ist, dass wir dazu neigen, uns gemäß unseren Überzeugungen zu verhalten. Obwohl beide Verkäufertypen dieselben Chancen haben, erzielen sie ganz unterschiedliche Ergebnisse. Dieses Phänomen ist nicht auf den Verkauf beschränkt. Es äußert sich auch in vielen anderen Lebensbereichen. Als die Autoren das Manuskript zu diesem Buch fertigstellten, stand in England ein großes Fußballereignis bevor. In der Saison 2015/2016 stellte der Fußballklub Leicester City die Sportwetten von 5.000:1 auf den Kopf, indem er zum ersten Mal englischer Meister wurde. Das war der Club, der in der Saison zuvor beinahe aus der Premier League geflogen war und nun den Titel mit 81 Punkten holte – einem Vorsprung von 10 Punkten vor der zweitplatzierten Mannschaft (Arsenal). Und dennoch dümpelte Leicester City nur neun Monate später auf einem abstiegsgefährdeten Platz vor sich hin, erzielte keine Tore mehr und geriet immer weiter ins Hintertreffen. Der eigentliche Punkt ist folgender: Angesichts einer derart katastrophalen Schicksalswende stellt sich die Frage, ob die Spieler (und natürlich der Trainer) plötzlich weniger kompetente Fußballer waren? Unwahrscheinlich. Hatten sich die Spielregeln verändert? Nein. Waren alle anderen Klubs der ersten Liga so viel besser geworden, dass sie Leicester City weit abhängten? Einige vielleicht, aber ganz sicher nicht alle.

Vielleicht ist die Wahrheit viel einfacher. Niemand hatte in der Saison, in der die Mannschaft ihren größten Triumph feiern konnte, viel von Leicester City erwartet. In der folgenden Saison lasteten jedoch hohe Erwartungen auf der Mannschaft. Vielleicht hatten die Spieler, die sich die Freiheit genommen hatten, besser zu sein, als sie sich je vorgestellt hatten, Angst vor dem Misserfolg, die sie schließlich lähmte. Vielleicht hatte die Mannschaft zugelassen, dass ein vorübergehendes Formtief im folgenden Jahr zu einer sich selbst erfüllenden Prophezeiung wurde, anstatt auf ihrem Erfolg in der Saison 2015/2016 aufzubauen. Alles war wieder so, wie es immer war; vielleicht war ihr Erfolg wirklich nur ein Strohfeuer gewesen – und vielleicht glaubten die Spieler genau das.

Unsere Überzeugungen über uns selbst tragen dazu bei, uns selbst zu definieren. Wenn unsere Überzeugungen erschüttert oder herausgefordert werden; wenn sie nicht wirklich durchdacht sind oder wir gar keine Überzeugungen haben, können wir ins Wanken geraten. Das wollen wir nun wieder auf den Verkauf übertragen. Wir erinnern uns an einen Kunden, dessen Verkaufsmannschaft wir coachten, während wir dieses Buch schrieben. Ein Verkäufer – wir wollen ihn Paul nennen – dümpelte in den unteren 20 Prozent der Mannschaftstabelle seines Unternehmens. Er war umgänglich, positiv gestimmt, arbeitete bis spätabends und kannte sein Produkt aus dem Effeff. Wir zeichneten seine Kundengespräche auf, die anschließend von Analysten abgehört wurden, um in den Dingen, die er immer gut machte, den Aspekten, die er üblicherweise vergaß oder sich nicht zu erwähnen traute, und den Aspekten, in denen er eine uneinheitliche Leistung aufwies (soll heißen, die er an einem Tag sehr gut und an einem anderen Tag sehr schlecht machte) Muster aufzuspüren.

Im Verlauf eines mehrmonatigen Coachings stieg Pauls Kompetenzquotient und seine Verkaufspersönlichkeit begann sich zu verändern. Er hörte auf, immer sofort auf die Produktinformationen zu sprechen zu kommen, lernte, seine Kunden reden zu lassen, ihnen zuzuhören und ihre Argumente zusammenzufassen und zu verdeutlichen. Er begann die Kundenbedürfnisse in Bezug auf Risiko und Wert zu quantifizieren, sein Selbstvertrauen stieg und auch seine Position in der verkaufsinternen Rangliste. In der ersten Hälfte des Fiskaljahrs hielt er eine Spitzenposition. Allem Anschein nach hatte er einen erfolgreichen Turnaround erzielt.

Doch dann starb seine Großmutter. Er nahm sich diesen Verlust sehr zu Herzen und brauchte zur Bewältigung seiner Trauer eine längere Auszeit. Als er nach mehreren Monaten an seinen Arbeitsplatz zurückkehrte, hatte sich seine Perspektive völlig verändert. Trauer und Ängste fraßen ihn buchstäblich auf; er war in eine Stimmung versunken, die seine emotionale *Resilienz* beeinträchtigte und seine *Kommunikation* mit Kunden und Kollegen behinderte. Im Vergleich zu dem Verlust eines Familienmitglieds schienen berufliche Sorgen unwichtig und hohl. Er begann, zu spät zu Besprechungen zu erscheinen oder überhaupt nicht aufzutauchen, und begab sich in eine anhaltende Abwärtsspirale des *Kontroll*verlusts. Das Kapital und der *Einfluss*, die er sich im Rahmen seines vorherigen Aufstiegs erarbeitet hatte, waren dahin.

Paul besaß die Fähigkeiten, um der Beste in seinem Geschäft zu sein. Das hatte er bereits unter Beweis gestellt. Die Produkte seines Unternehmens, die Generierung von Verkaufschancen und die Preisgestaltung waren unverändert und seine Branche erfuhr sogar ein bescheidenes Wachstum. Er besaß nach wie vor die Unterstützung eines persönlichen Verkaufscoaches, eines Experten in Produktschulung, eines fürsorglichen Managers und einer wohlwollenden Personalabteilung, die bereit war, alles zu tun, um ihn wiederaufzurichten. Dennoch konnte er sich nicht aufrappeln, obwohl er zu einem früheren Zeitpunkt des Jahres bereits seine *Erfüllung* gefunden hatte. Er hatte jeden Grund, erfolgreich zu sein, und trotzdem waren seine Batterien leer und sein Glaubenssystem zerbrochen.

Später gelang es Paul, sich aus seinem Tief zu befreien und seine Überzeugungen in Übereinstimmung mit dem Verkaufscode der weltbesten Verkäufer neu auszurichten. Inzwischen steuert er auf eine Position unter den 25 Prozent der besten Verkäufer seines Unternehmens zu. Seine Geschichte unterstreicht einmal mehr die Tatsache, dass die eigenen Überzeugungen maßgeblich sind. Sie sind das Fundament, auf dem alles andere aufbaut.

Was sagt uns das über die Rolle von Verkaufsmanagern und Verkaufsführungskräften in Bezug auf den Verkaufscode? Erstens, dass ihre Bedeutung für die Schaffung einer Umgebung, in der Verkäufer erfolgreich sein können, nun offensichtlicher geworden ist. Während wir auf Basis unserer Interviews mit den Spitzenverkäufern den Verkaufscode definierten, hat sich nicht einer der Verkäufer jemals negativ über die Managementkultur geäußert, in der sie tätig waren. Alle Spitzenverkäufer gaben an, sie wüssten, welche Ergebnisse und welches Verhalten von ihnen erwartet wurde, welche Prozesse sie zu beachten hätten und sie würden die bestehenden Systeme kennen. Für sie war all das eine Selbstverständlichkeit – so etwas wie ein »Hygienefaktor.« Hier gibt es Best-Practice-Lektionen für Manager und Führungskräfte. Die Schaffung einer erfolgsfördernden Umgebung ist direkt mit der Unterstützung der Zielcredos und der optimalen Ausprägung der Handlungsmotivatoren verknüpft.

Das wollen wir nun näher betrachten:

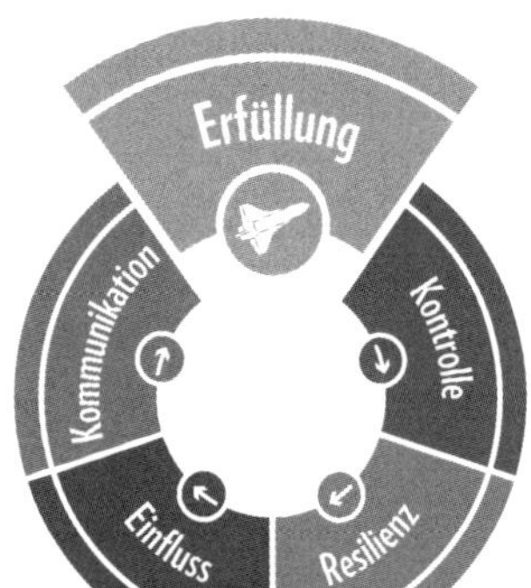

Nehmen wir das Zielcredo Erfüllung. Wenn ein Manager eine Umgebung schafft, die von Befehlen und Kontrolle geprägt ist, in der jeder, der einmal von der Linie abweicht, sofort verwarnt wird, oder in der von oben Anweisungen erteilt anstatt dass Fragen gestellt und konstruktive Dialoge initiiert werden, dann haben wir die perfekte Umgebung für eine stark ausgeprägte Angst vor Versagen. Ja, das mag Menschen dazu antreiben, ihre Verkaufsziele zu erfüllen, aber – wie wir bei unseren Spitzenverkäufern gesehen haben – es dient nicht dazu, Verhaltensweisen zu fördern, die auf der tiefen Überzeugung gründen, dass »ich besser sein kann, als ich es mir je vorgestellt habe«. Am Ende kann es sogar selbstzerstörerisch wirken. Auf jeden Fall begünstigt eine solche Umgebung eine ganz kurzfristig orientierte Perspektive. Nachhaltig ist das nicht.

So lange Ihre Unternehmenswerte und Verfahren unangetastet bleiben, sollten Sie zu Experimenten und Wagemut anspornen. Zeigen Sie

Ihren Leuten, dass Sie an sie glauben. Bestrafen Sie keine Fehler, sondern ermutigen Sie Ihre Leute dazu, Fehler zu machen, aus denen das ganze Team lernen kann. *Es gibt keine Fehler, sondern nur Feedback.* Das ist eine Überzeugung, keine Wahrheit. Aber wenn sich Manager so verhalten, als sei das die Wahrheit, helfen sie ihren Leuten, den Handlungsmotivator zu kultivieren, der ihnen das Vertrauen gibt, dass sie sich selbst übertreffen können.

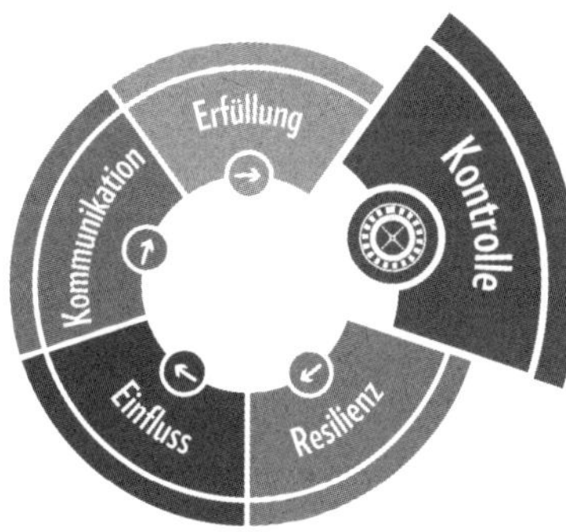

Irgendjemand oder irgendetwas ist immer für Erfolg verantwortlich. So lautet das Zielcredo für Kontrolle. Ganz eindeutig wird jeder Verkaufsmanager und jede Führungskraft im Verkauf, die ihr Gehalt wert sind, eine Umgebung schaffen wollen und Verhaltensweisen erwarten, die deutlich machen, dass jeder Verkäufer davon überzeugt ist, dass er für seinen Erfolg selbst verantwortlich ist (Heldenmentalität). Natürlich erleben wir alle schlechte Phasen, in denen wir alles und jedem die Schuld für unseren Misserfolg geben, nur uns selbst nicht. Manchmal haben wir keine Kontrolle über Ereignisse, aber wenn es uns gelingt, unsere Leute dazu zu bewegen, das Vertrauen zu haben, dass sie Sorgen und Probleme in positive Handlungen verwandeln können und anerkennen, dass die letztendliche Verantwortung bei ihnen liegt, dann wachsen wir als Manager und Führungskraft über uns selbst hinaus. Laden Sie die Teammitglieder in Ihrem nächsten Verkaufsmeeting dazu ein, sich an ihre positiven Verkaufserfahrungen zu erinnern. Lassen Sie sich von ihnen erklären, welche Herausforderungen sie überwunden haben, wie ihnen das gelungen ist und wie sie ihren Erfolg empfunden haben, damit sie diese positiven Emotionen wachrufen und teilen können. Erinnern Sie Ihre Leute daran, dass sie sich auf die Dinge konzentrieren, die sie unter Kontrolle und auf die sie Einfluss haben. Man kann sich leicht in Lamentos über Faktoren verlieren, auf die man keinen Einfluss hat. Diese Klagen rauben Energie und sind ansteckend wie ein Virus. Als Führungskraft liegt es an Ihnen, eine Reihe von gemeinsam geteilten Standards zu formulieren, die keinen Raum für diese Art von Diskussionen lassen. Die Macht der Erinnerung an vergangene Erfolge erhöht die

Wahrscheinlichkeit, dass sich dieser Erfolg wiederholt, und reduziert die Gefahr, dass jemand in eine Opferhaltung verfällt.

Holen Sie Ihre Leute aus ihrer Komfortzone, indem sie sie dazu einladen, ein Verkaufsmeeting zu leiten oder eine Bewertung der Vertriebspipeline durchzuführen. Bestimmen Sie Verkäufer zur Befragung verlorener Kunden, um herauszufinden, warum sie nicht mehr von Ihrem Unternehmen kaufen oder den Anbieter gewechselt haben. Machen Sie Ihre erfahrensten Teammitglieder zu Mentoren für neue Verkäufer und Nachwuchskräfte. Nehmen Sie die bisherige persönliche Bestleistung Ihrer Verkäufer und fordern Sie sie dazu heraus, diese zu übertreffen. Wenn Sie diese und andere Dinge tun, um Ihre Leute aus der Komfortzone zu holen, senden Sie die Botschaft aus, dass Sie erwarten, dass für jedes Problem und jede Herausforderung eine Lösung gefunden wird, und dass wir alle über die nötigen inneren Ressourcen verfügen, um diesen Anforderungen gerecht zu werden. »Handeln vertreibt die Angst« ist eine Management-Maxime, die Menschen wirklich in die Lage versetzen kann, sich von der Opfermentalität zu befreien.

Bei der Schaffung des richtigen Klimas, in dem Helden gedeihen, ist es wichtig, sich auf positive Perspektiven zu konzentrieren. Als Führungskraft kommt es darauf an, dass Sie Ihr Team auf einen positiven Dialog einschwören, und das gelegentlich unter völliger Missachtung einer ausgewogenen Sichtweise. Was verlief an dem Telefonat gut? Was noch? Was noch? (Verzichten Sie auf die Frage, was hätte besser laufen können.) Eine sehr effektive Übung für eine Gruppe Verkäufer ist, sie zu bitten, sieben Dinge aufzuschreiben, die sie am Vortag erreicht haben. Sie werden feststellen, dass es einigen leicht fällt und andere über einem leeren Blatt brüten. Nun wissen Sie, mit welchen Teammitgliedern Sie arbeiten müssen, um ihr Gefühl für Leistung und damit ihre Fähigkeit, ihr Schicksal selbst zu bestimmen, zu verbessern.

Als Manager und Führungskraft im Verkauf erwarten Sie von Ihren Leuten, dass sie eine solide Arbeitsethik demonstrieren und hart für positive Ergebnisse arbeiten. Wie wir gesehen haben, arbeiten Spitzenverkäufer aber nicht nur hart, sondern vor allem intelligent. Wenn Sie Ihren Leuten dabei helfen, sich weiterzuentwickeln, neue Lernerfahrungen zu machen und die Grenzen des Möglichen auszudehnen, werden Sie ihnen die Augen öffnen, ihre Perspektive erweitern und die Messlatte möglicherweise noch höher setzen, als sie je für Sie gesetzt wurde.

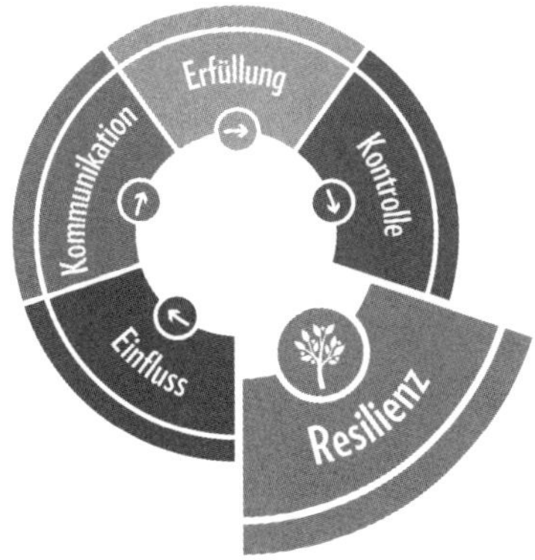

Fürchten Sie sich nicht davor, dass Ihre Leute möglicherweise Muskeln entwickeln, die Sie selbst nie entwickelt haben. Gute Führungskräfte umgeben sich mit Leuten, die besser sind als sie selbst. Auf diese Weise schaffen Sie ein Klima, das zum Lernen anspornt und in dem intelligente Arbeit gedeiht. Sie können nie ein Monopol auf Weisheit besitzen, und wenn Sie eine Umgebung geschaffen haben, in der Ideen und Kreativität Wertschätzung erfahren, werden Sie und Ihr Team in harten Zeiten die besten Voraussetzungen mitbringen, um mit vereinten Kräften durch unruhiges Fahrwasser zu navigieren.

Das einzige, dessen wir uns sicher sein können, ist, dass Volatilität, Ungewissheit, Komplexität und Mehrdeutigkeit uns auch in Zukunft begleiten werden. In diesem Kontext kommt der Rolle des Managers und Führenden als einer Person, die Verhaltensweisen erwartet, die zu einer Umgebung passt, in der hart *und* intelligent gearbeitet wird, maßgebliche Bedeutung zu. Verlangen Sie von Ihren Leuten agiles Verhalten, um sie für das Zielcredo Resilienz zu rüsten, das Herausforderungen und Widrigkeiten als selbstverständliche Lebenstatsachen betrachtet. Unsere Studie zeigt, dass inflexibles Verhalten, das als einzige Reaktion auf Herausforderungen noch größere Anstrengung kennt, zu weniger erfolgreichen Verkäufern führt. Zum agilen Verhalten gehört die Fähigkeit, Feedback einzuholen, ständig dazuzulernen und Dinge neu zu bewerten, mithilfe der »Daumenregel« zu arbeiten, anstatt auf ein starres Vorgehen zu pochen; eine gut entwickelte emotionale Intelligenz zu demonstrieren und sich auf Menschen und Situationen zu konzentrieren, anstatt sich auf Prozesse oder ein wahrgenommenes Fachwissen zu stützen.

Wir haben erfahren, dass Stress schwächen aber auch stärken kann. Selbstverständlich gehört es zu den Aufgaben eines guten Managers und Führenden, so engen Kontakt zu seinen Leuten zu pflegen, dass er erkennt, wenn der negative Stress überhandnimmt, und gegebenenfalls einzuschreiten. Dementsprechend bedeutet, für das richtige Maß an positivem Stress zu sorgen, dass ein Wettbewerbsklima herrscht, das von hohen Anforderungen und vernünftigen Erwartungen geprägt ist. Zusammengefasst lautet die Frage: Wie etabliere ich eine Denkhaltung und ein Verhalten, das meine Leute dazu ermutigt, innovativ und kreativ zu denken, ihr persönliches Wohlbefinden zu steuern und andere zu unterstützen, wenn Resilienz gefragt ist?

Das Zielcredo Einfluss lautet, *dass erfolgreiche Menschen Einfluss haben.* Wie wir erfahren haben, lassen sich einige Menschen von einem Handlungsmotivator leiten, der auf Einflussnahme mithilfe von Macht und Stärke fokussiert, während andere mit Flexibilität Einfluss gewinnen. Wie kann ein Verkaufsmanager beziehungsweise eine Führungskraft im Verkauf die Umgebung so beeinflussen, dass beide Handlungsmotivatoren vorhanden sind, die Erzielung der optimalen Balance aber an Dynamik gewinnt? Eine Lösung besteht darin, sicherzustellen, dass Sie mithilfe gemeinsamer Werte und Motivationen eine Kultur des Vertrauens schaffen. Verkünden Sie, was Sie tun werden, und tun Sie, was Sie sagen. Seien Sie konsistent und fair, wenn es darum geht, Belohnungen und Kritik zu verteilen. Vermitteln Sie Ihren Leuten, wann sie nicht nachgeben dürfen, wann sie nachgeben und wann sie Nein sagen sollten. Unterstützen Sie ihre Entscheidungen. Erwägen Sie, Ihr Verkaufsteam dazu einzuladen, einen gemeinsam vereinbarten Wertekodex zu unterschreiben, der einen verbindlichen Standard – unter anderem – für Integrität und Anstand untereinander, gegenüber der Organisation und den Kunden fördert.

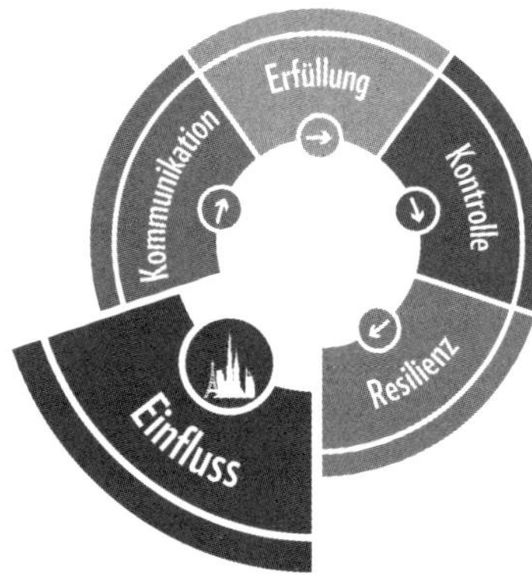

Verfolgen Sie in Bezug auf die Motivation einen wissenschaftlichen Ansatz, indem Sie herausfinden, was jedes einzelne Ihrer Teammitglieder motiviert, und ihm beziehungsweise ihr die notwendige Unterstützung bieten. Diese Motivatoren können Wissen, Harmonie, Kontakte, soziale Vorteile, Macht, Leistung, Errungenschaften und sogar Geld sein. Einige Verkäufer fühlen sich besonders motiviert, wenn Sie ihnen gegenüber ein sehr anspruchsvolles Ziel erwähnen und sagen, Sie glaubten allerdings nicht, dass sie es erreichen könnten. Möglicherweise tun sie alles, um es zu erreichen, nur um Ihnen zu beweisen, dass

Sie unrecht hatten. Lesen Sie noch einmal das einleitende Kapitel dieses Buches und überlegen Sie sich, wie Sie sich die unterschiedlichen Motivationen Ihrer Leute zunutze machen können.

Gehen Sie mit gutem Beispiel voran: Leben Sie das Verhalten vor, das Sie von Ihren Verkäufern erwarten. Das bedeutet, dass Sie die Kunst des sogenannten Storytellings beherrschen, Wissbegier demonstrieren, aufmerksam zuhören und auf Ihre eigene Resilienz achten müssen. Heutzutage gibt es keinen Platz mehr für Gorillataktiken und Holzhammermethoden. Mit gutem Beispiel voranzugehen, bedeutet, Guerillataktiken einzusetzen und einen kontinuierlichen, konstruktiven Dialog zu pflegen.

Alle bisher vorgestellten Ideen senden eine klare Botschaft an Ihre Leute. Sie beobachten und erleben Situationen, in denen Sie Ihre Macht – Ihre Gorilla-Talente – einsetzen. Sie beobachten aber auch, wann Sie eine Denkhaltung und Verhaltensweisen demonstrieren, die Ihre Fähigkeit beweisen, situativ, flexibel und souverän zu managen und zu führen. Das sind Ihre Guerilla-Talente. Mit der Schaffung einer solchen Umgebung werden Sie bestimmte Verhaltensweisen verlangen, die zur Weiterentwicklung der Kompetenzen Ihrer Mitarbeiter beitragen. Wenn Ihre Mitarbeiter selbst davon überzeugt sind, dass sie die notwendigen Fähigkeiten besitzen (und ihren Wert schätzen), erhöht sich die Wahrscheinlichkeit, dass sie die vorbildlichen Verkäufer werden, die Sie sich vorstellen.

Die Bedeutung der Kommunikation liegt in ihrer Wirkung auf den Empfänger, nicht in der Absicht oder dem Wunsch des Absenders. Dies ist eine weitere Überzeugung. Wenn wir sie für wahr halten, bedeutet das, dass wir nicht mit der Holzhammermethode vorgehen dürfen, wenn wir uns in einem Kundengespräch befinden und feststellen, dass unsere Botschaft nicht ankommt. Stattdessen sollten wir uns fragen, was wir besser machen können, um unseren Kunden anders anzusprechen und auf andere Weise mit ihm zu kommunizieren. Wir müssen aufhören, unserem Kunden irgendetwas einhämmern zu wollen und stattdessen einen kontinuierlichen, konstruktiven Dialog führen, der unsere Spitzenverkäufer so erfolgreich gemacht hat. Die Überzeugung bestimmt das Verhalten. Und hier kann die Umgebung, die Verkaufsmanager und Führungskräfte schaffen, einen großen Einfluss haben. Unterstützen Sie die Handlungsmotivatoren für Kommunikation: Erwarten Sie von Ihren Leuten, dass sie kurze, knappe und einprägsame Informationen geben können und ihre Produkte und Serviceleistungen mit all ihren Merkmalen und Nutzen in- und auswendig kennen; erwarten Sie aber auch, dass sie kommunizieren wie das Schwungrad, das einen dauerhaften Prozess in Gang bringt, indem sie zuhören, sich auf den Kunden konzentrieren und ihm Unterstützung bieten, ohne eine unmittelbare Gegenleistung zu erwarten. Ist das die Umgebung und das Klima, das Sie für Ihr Team geschaffen haben?

Die meisten, wenn nicht sogar alle Manager verstehen, dass sie eine Verkaufskultur schaffen müssen, die die erwünschten Verhaltensweisen fördert, und die Fähigkeiten und Kompetenzen ihrer Mitarbeiter entwickeln müssen. Was diese Studie gezeigt hat, ist, dass die besten Manager ihre Aktivitäten auf die optimale Ausprägung eines jeden Handlungsmotivators ausrichten, weil sie damit das Fundament für den Erfolg ihres Teams legen. Die erwarteten Verhaltensweisen gehen aus dem Kontext hervor, in dem das Team seine Aktivitäten entfaltet. Wenn zum Beispiel eine positive, herausfordernde Kultur herrscht, verstehen die Mitarbeiter, dass von ihnen ein Verhalten erwartet wird, dass diese Kultur verstärkt. Die Fähigkeiten und Kompetenzen, die sie unter Beweis stellen, passen dann entsprechend zum gewünschten Verhalten und der Umgebung.

Manager und Führungskräfte werden ihren Mitarbeitern dabei helfen, den Verkaufscode zu knacken, indem sie sie fördern und fordern. In unserer Studie offenbarte sich, dass viele leistungsschwache Verkäufer *glaubten*, sie täten das Richtige und hätten die richtige Mentalität. Die bedauerliche Wahrheit lautet, dass viele von ihnen perfekt in der Lage sind, Spitzenleistungen zu erbringen, sie wurden bisher nur nicht dazu herausgefordert, ihre Überzeugungen zu hinterfragen und neu auszurichten beziehungsweise sich erstmalig eine erfolgsfördernde Denkhaltung zuzulegen. Manager, die ihre Leute coachen, sind von unschätzbarem Wert. Die Mitarbeitergespräche, die den Verkaufscode knacken, drehen sich nicht um nachrangige Indikatoren, wie zum Beispiel die Zahl der Anrufe, die ein Verkäufer in der Vorwoche getätigt hat, oder die Zahl der Kundenmeetings, die er vereinbart hat, sondern eher um Leitindikatoren wie diese: »Berichten Sie mir, welche Recherchen Sie vor einem Verkaufsgespräch über Ihren Kunden anstellen«, »Welche Aspekte unseres Angebots wird der Kunde Ihrer Meinung nach am relevantesten finden?«, »Warum glauben Sie das?« oder »Welche Initiativen werden Sie ergreifen, um nächste Woche etwas Neues zu lernen?«

Nun sind die Verkäufer aufgefordert, jenseits der vordergründigen Aspekte Verhalten und Fähigkeiten zu agieren. Sie sind aufgefordert, darüber nachzudenken, warum es wichtig sein könnte, Recherchen über einen Kunden anzustellen; darüber nachzudenken, warum es wichtig ist, das Angebot auf die Kundenbedürfnisse abzustimmen und sich eine Mentalität zu eigen zu machen, die nach kontinuierlicher Selbstverbesserung strebt. »Was ist daran so wichtig?« und »Warum ist es wichtig?« sind zwei Frage, mit denen sich innere Überzeugungen identifizieren lassen. Fragen, die auf die Umgebung, das Verhalten und die Kompetenzen abheben, sind wichtig und notwendig; sie helfen Managern zu verstehen, was ihre Mitarbeiter tun, wo und wie sie es tun und so weiter. Die Fragen, die auf das Verständnis der inneren Überzeugungen abzielen, sind jedoch unverzichtbar, weil sie es sind, die uns Erkenntnisse darüber liefern, *warum* jemand macht, was er macht. Jetzt, nachdem Sie den Verkaufscode der weltbesten Verkäufer in den Händen halten, sind Sie mit den nötigen Fragen gerüstet, die das Überzeugungssystem betreffen. Heute ist die Notwendigkeit, dass Manager und Führungskräfte einen intensiven Dialog mit ihren Mitarbeitern führen, um herauszufinden, warum ihnen bestimmte Dinge wichtig sind, offensichtlicher denn je.

Eine Sache, die daraus deutlich wird, ist, dass sich auch die Manager und Führungskräfte über ihr Glaubenssystem bewusst sein müssen. Sie können kaum jemanden coachen und ihn darin unterstützen, dass er sich in seinen Überzeugungen die Besten der Besten zum Vorbild nimmt, wenn Ihr eigenes Überzeugungssystem nicht auf Erfolg ausgerichtet ist. Vergessen Sie daher nicht, sich die Zeit zu nehmen, darüber nachzudenken, ob sich Ihre eigene Motivationsbalance mit der der Spitzenverkäufer vergleichen lässt. Betrachten Sie Ihr eigenes Verhalten sowie Ihren Management- und Führungsstil. Passen sie zu den hier besprochenen Erfolgsfaktoren? Unterstützen sie den Verkaufscode oder führen sie eher dazu, dass er Ihnen verschlossen bleibt? Bringen Sie also zuerst Ihren eigenen Haushalt in Ordnung, bevor Sie bei anderen aufräumen!

Der Verkaufscode der weltbesten Verkäufer hat dazu beigetragen, das wahre Gefühl für Sinn und Identität freizusetzen, das die meisten erfolgreichen Verkäufer in unserer Studie besitzen. Zwar ist jeder Mensch anders, aber wie sich herausgestellt hat, sehen sich Spitzenleister als Menschen, die:

- sich vor Misserfolg fürchten, diese Furcht dient ihnen aber als Motor, um über sich selbst hinaus zu wachsen;
- nicht über Dinge nachgrübeln, auf die sie keinen Einfluss haben, sondern sich darauf konzentrieren, Dinge zu ihrem Nutzen und zum Nutzen ihrer Kunden zu bewegen;
- hart arbeiten, um schwere Zeiten zu überstehen, aber stets darauf achten, ihren Stress und ihre Energie klug zu steuern, indem sie noch intelligenter arbeiten;
- wissen, dass sie die Macht besitzen, andere zu beeinflussen und ihren Einfluss mit einem flexiblen Vorgehen kombinieren, um andere mitzureißen:
- ihr Produkt- beziehungsweise ihr Dienstleistungsangebot genau kennen und ihr Fachwissen im Rahmen eines kontinuierlichen, dynamischen Dialogs angemessen kommunizieren.

Diese Identitätsaussagen könnten aus einer Studie über die Überzeugungen erfolgreicher Verkäufer stammen, aber sie wären genauso gut anwendbar auf vorbildliche Führungskräfte. Vielleicht liegt darin eine weitere Wahrheit, nämlich dass Spitzenverkäufer zugleich vorbildliche Führungskräfte sind.

In diesem Buch haben wir Licht auf Bereiche geworfen, die wir oft lieber verstecken. Unsere Überzeugungen sind etwas Höchstpersönliches; diese Studie hatte jedoch zum Ziel, Wege anzubieten (im Verkauf oder auf anderen Gebieten), über die jeder ein ausbalanciertes Glaubenssystem übernehmen kann, das nach unseren Beobachtungen immer wieder zum Erfolg führt. Von einigen von uns verlangt das allerdings, dass sie sich von ihren bisherigen Überzeugungen verabschieden. Das wiederum fällt manchen Menschen schwerer als anderen. Es gibt eine nicht bestätigte Geschichte über einen Manager, dessen Team ein frisch gebackener Universitätsabsolvent zugewiesen wurde. Dieser junge Überflieger dachte, er könne alles, und seine Rolle sei sowieso nur eine Zwischenstation auf seinem Weg an die Spitze. Trotzdem betonte er gegenüber dem Manager immer wieder, er sei lernbegierig und entschlossen, von der Erfahrung anderer zu profitieren. Bei zahlreichen Gelegenheiten bot der Manager dem ehrgeizigen jungen Mann an, ihn zu beraten und zu coachen, aber alle seine Versuche stießen auf Widerstand.

Eines Tages beschloss der Manager, nun sei es genug, und als sie das nächste Mal in seinem Büro zusammensaßen, bot er dem jungen Mann ein Glas Wasser an. Er stellte ihm ein leeres Glas hin und begann es zu füllen. Als das Glas randvoll war, hörte er jedoch nicht auf, sodass das Glas überlief und sich das Wasser auf dem Schreibtisch ausbreitete und alle Unterlagen, einschließlich der des jungen Mannes durchweichte. Viele der durchtränkten Papiere fielen auf den Fußboden. Der junge Mann war schockiert und verärgert und rief: »Stopp! Sie sind verrückt und ruinieren alles, auch meine Arbeit.« Der Manager goss jedoch weiter Wasser aus der Flasche, bis diese leer war. Erst dann sprach er. »Sie wollten, dass ich Ihnen Wasser eingieße. Wenn Sie das Wasser auffangen wollen, müssen Sie aber dafür sorgen, dass Ihr Glas stets leer ist.«

Wir können nur dann Erkenntnisse und neues Wissen sammeln, wenn unser Kopf für die Möglichkeit der Veränderung offen ist. Wenn wir uns weigern uns zu öffnen, behandeln wir neue Erkenntnisse als Feinde, die wir vertreiben müssen. Wenn wir die neuen, endlosen Möglichkeiten jedoch willkommen heißen, indem wir stets ein leeres, empfangsbereites Glas bereithalten, lassen wir zu, dass neue Realitäten in unser Leben eintreten.

Die Veränderung beginnt bei uns selbst. Finden Sie also heraus, was der Verkaufscode für Sie bedeutet, und genießen Sie die Herausforderung, die Gläser Ihrer Mitarbeiter mit den Erkenntnissen, die Sie von unseren Verkaufsikonen gewonnen haben, und den Überzeugungen der fünf Prozent der Spitzenverkäufer zu füllen. Wie die Verkaufsikone und Piano Matchmaker™ Erica Feidner sagte: »Ich weiß eigentlich nicht wirklich, welches mein Geheimcode für Erfolg ist, aber nun, da ich weiß, dass es ihn gibt, kann ich es gar nicht erwarten, ihn zu entdecken!«

ANHANG

DIE SECHS GRUNDTYPEN IN ANLEHNUNG AN EDUARD SPRANGERS PSYCHOLOGISCHE TYPENLEHRE

Unsere ursprünglichen Recherchen im Jahr 2013 enthüllten eine Reihe von Faktoren, die die 500 leistungsstärksten und die 500 leistungsschwächsten Verkäufer motivieren. Das waren (ohne eine bestimmte Reihenfolge):

- Der Wunsch zu lernen, Neues zu entdecken und zu wachsen.
- Der Wunsch, für die geleistete Anstrengung gut vergütet zu werden.
- Der Wunsch nach persönlichem Wohlbefinden oder Selbstverwirklichung.
- Der Wunsch, Teil einer gemeinsamen Erfahrung zu sein und anderen in ihren Vorhaben zu helfen.
- Der Wunsch, das eigene Schicksal selbst in die Hand zu nehmen und Anerkennung für den eigenen Erfolg zu erhalten.
- Der Wunsch, den bestmöglichen Standard zu bieten und die Dinge *richtig zu machen.*

Unsere Psychometriker wiesen schon früh darauf hin, dass unsere Daten eine bemerkenswerte Ähnlichkeit mit den Ergebnissen Eduard Sprangers Untersuchungen über Werte und Einstellungen aufwiesen. Spranger (1882–1963) war ein deutscher Philosoph und Psychologe sowie Autor des Werkes *Lebensformen*, das einen wesentlichen Beitrag zur Persönlichkeitstheorie geleistet hat und bis heute angewendet wird.[76] Wir honorieren Sprangers nachhaltigen Beitrag zum Verständnis der menschlichen Psyche, indem wir auf seinem Modell aufgebaut haben, wobei wir unsere Untersuchungsergebnisse eher als eine Ergänzung seines Modells, denn als völlig neues Modell betrachten. Für uns war es eine Entdeckung.

Wir haben die Motivationen daher in Anlehnung an die sechs Grundtypen Eduard Sprangers psychologischer Typenlehre kategorisiert (siehe Abbildung 10):

- Theoretisch
- Utilitaristisch (in Anlehnung an Sprangers ökonomischen Grundtyp)
- Ästhetisch
- Sozial

- Individualistisch (in Anlehnung an Sprangers politischen Grundtyp)
- Traditionell (in Anlehnung an Sprangers religiösen Grundtyp)

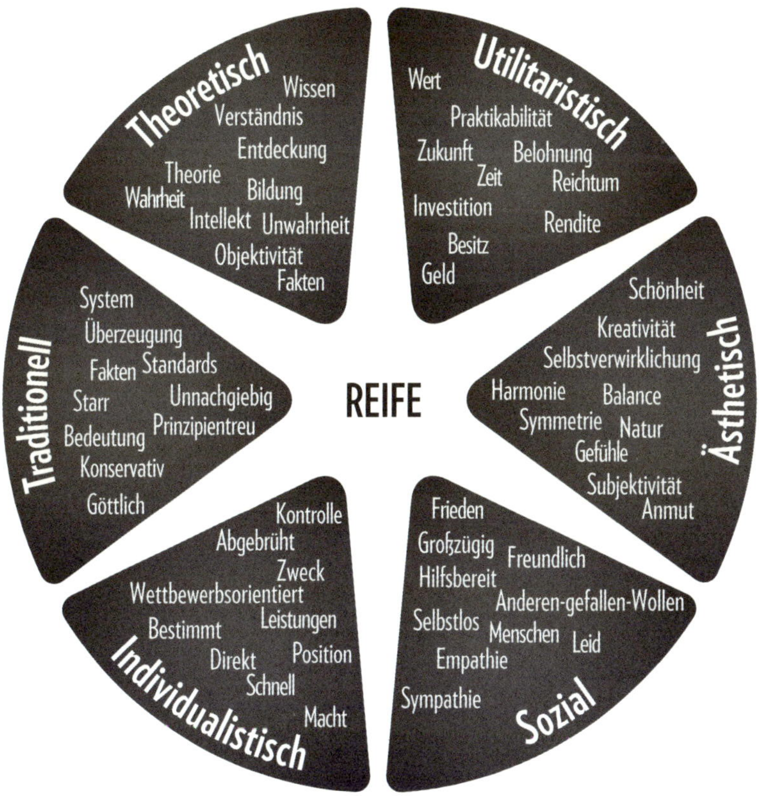

Abbildung 10 Die sechs Grundhaltungen (Motivatoren)

Es lohnt sich, sich einen Moment Zeit zu nehmen, um dieses Modell zu verstehen. Menschen sind facettenreiche Lebewesen. In den meisten Lebenssituationen wird ein Mensch von Natur aus von einem oder zwei Motivationstypen getrieben.

Verkäufer mit einer dominanten **theoretischen** Motivation streben nach Wissen um des Wissens willen. Sie sind in der Lage, gewaltige Mengen an Informationen aus unterschiedlichsten Quellen zu verarbeiten, erkennen sehr schnell Muster und genießen es, ihre intellektuelle Überlegenheit unter Beweis zu stellen. Diese Breite an Wissen verleitet sie jedoch womöglich, von Idee zu Idee und Trend zu Trend zu springen, ohne wirklich in die Tiefe zu gehen. Unter Druck kann ihr Ehrgeiz, »Recht zu haben«, zur Besessenheit werden, bis zu dem Punkt, an dem praktische Angelegenheiten wie Sicherheit, Reputation, Anstand, Familie oder finanzielle Schranken ignoriert werden. Sollten sie dafür verantwortlich gemacht werden, die Theorie in Handlung zu verwandeln, ziehen sie es vor, Analysen zu empfehlen. Unter noch höherem Druck werden sie womöglich versuchen, alle Eventualitäten vorherzusehen und Katastrophenszenarios über mögliche Ereignisse zu entwickeln. Nicht selten springt dieser Verkäufertyp über Bord, wenn Kollegen von ihm erwarten, dass er nicht nur ein guter Theoretiker, sondern auch ein guter Praktiker ist.

Verkäufer mit einer dominanten **utilitaristischen** Motivation sind Kapitalisten, die stets auf den nützlichen oder praktischen Wert achten. Sie sind bestrebt, eine Rendite auf die investierte Zeit, ihre Aktivitäten und ihr Geld zu erhalten, indem sie Salden erstellen und sehen, ob sich ihr Einsatz rechnet. Ihr Wert für andere liegt in ihrer Kreativität, mit der sie Ressourcen einsetzen, um mit minimalem Aufwand einen ökonomischen Gewinn zu erzielen. Sie erledigen ihre Arbeit mithilfe von Dritten, aber sie machen sich meist nicht viele Freunde. Ihre Allianzen dauern genau so lange, wie ihnen ihre Verbündeten für die Erreichung ihrer Ziele nützlich sind. Unter Druck können sie zu Workaholics werden, die von anderen den gleichen Einsatz und die gleiche Mehrarbeit erwarten, bis der Druck nachlässt und das Ziel erreicht ist. Unter extremem Druck neigen sie dazu, vom kollektiven Wohlergehen auf Selbsterhalt umzuschalten und wenig Rücksicht auf andere zu nehmen, da sie in erster Linie ihre eigene Welt verbessern wollen.

Verkäufer mit einer dominanten ästhetischen Motivation suchen nach neuen Erfahrungen und Selbstausdruck. Oft sind es Nonkonformisten, die neue Erfahrungen suchen – je mehr Erfahrungen sie sammeln, desto stärker entwickeln sie sich weiter und desto schärfer wird ihre Intuition. Ihr Wert für andere liegt in ihrer Fähigkeit, einen Blick für das große Ganze zu entwickeln, potenzielle Konfliktfelder zu erkennen, Empathie zu zeigen und kreative Kurskorrekturen vorzunehmen. Üblicherweise haben sie Interesse an Seminaren oder Erfahrungen, die die

Chance für persönliches Wachstum bieten. Unter Druck (zum Beispiel in einer chaotischen oder konfliktgeprägten Umgebung) funktionieren sie nicht gut, neigen dazu, Fakten zu ignorieren und Entscheidungen auf Basis ihres Empfindens zu treffen, wie eine ideale Welt beschaffen sein sollte, und nicht auf Basis der Realität.

Verkäufer mit einer dominanten **sozialen** Motivation sind bestrebt, möglichst jeden Konflikt zu vermeiden. Sie konzentrieren sich auf die Frage, wie ihre Handlungen anderen zugutekommen, und investieren ihre Zeit, um anderen dabei zu helfen, ihr Potenzial auszuschöpfen. Ihre Wert für andere liegt in ihrer Selbstlosigkeit und der Großzügigkeit, mit der sie ihre Zeit und ihre Fähigkeiten zur Verfügung stellen, sowie in ihrem Selbstverständnis als eine Art Robin Hood, der Unrecht beseitigt. Sozial motivierte Verkäufer sind eher menschenorientiert als gewinnorientiert und wollen einen Beitrag zu einer bedeutsamen Mission leisten. Unter Druck neigen sie dazu, zu Eiferern zu werden, die versuchen, ihre Mission durchzusetzen, kostes es, was es wolle, und dabei den Punkt zu überschreiten, an dem andere eine verlorene Sache aufgeben würden. Das kann dazu führen, dass Menschen und Ressourcen aufs Spiel gesetzt werden. Wenn sich andere ihnen entgegenstellen, neigen sie dazu, von sozial auf diktatorisch umzuschwenken.

Verkäufer mit einer dominanten **individualistischen** Motivation wollen sich vor allem selbst behaupten. Sie konzentrieren sich darauf, ihre eigene Position und Macht beziehungsweise die ihres Unternehmens zu stärken. Ihr Wert für andere liegt in ihrer machiavellistischen Fähigkeit, die Strategien und Taktiken zu planen, die für einen Erfolg nötig sind. Sie neigen dazu, nach materiellem Besitz zu streben und sich mit Statussymbolen zu schmücken, die eine besondere Autorität suggerieren, wie zum Beispiel exklusive Uhren, Ringe, Schreibgeräte, Schreibtische, Markenkleidung, Titel und Auszeichnungen. Sie pflegen Allianzen, die ihnen für die Stärkung ihrer eigenen Position nützlich sind, haben aber kein Problem damit, diese genauso schnell wieder zu lösen, wenn sie ihnen keinen Nutzen mehr bieten. Unter Druck (zum Beispiel eine echte oder wahrgenommene Bedrohung ihrer Macht und Position, die drohende Entziehung eines monetären Motivators oder die Versetzung in eine Position, in der ein Karriereaufstieg unwahrscheinlich ist) kann ihr Selbsterhaltungstrieb andere Überlegungen zunichtemachen. Letztlich wollen individualistische Verkäufer Erfolg und die entsprechende Anerkennung.

Verkäufer mit einer dominanten **traditionellen** Motivation wollen ihre Bedeutung beziehungsweise Rolle im großen Plan kennen und suchen Strukturen, um Ziele »auf die richtige Art und Weise« zu erreichen. Sie wenden das System, an das sie glauben, auf Alltagsdinge und Geschäftsentscheidungen an. Ihr Wert für andere liegt in ihrer Hingabe an »das System«. Sie treffen beständig Werturteile, arbeiten nach »orthodoxen« Methoden, sind pflichterfüllt und verhalten sich entsprechend der Hierarchien. Außerdem verlangen sie von anderen, Rechenschaft über ihre Standards abzulegen, und fungieren in Gruppen als das gute Gewissen. Andererseits neigen sie dazu, sich zu lange an Traditionen festzuklammern und können oft nicht gut mit Veränderung umgehen. Unter dem Druck von Veränderungen oder der Konfrontation mit anderen Überzeugungen neigen sie zu Engstirnigkeit und dem Festhalten an Bekanntem. Unter Umständen brechen sie sogar neue Regeln, um die alten zu erhalten.

Abbildung 11 zeigt, wie stark die sechs Motivatoren das Verhalten leistungsschwacher und leistungsstarker Verkäufer im Durchschnitt prägen.

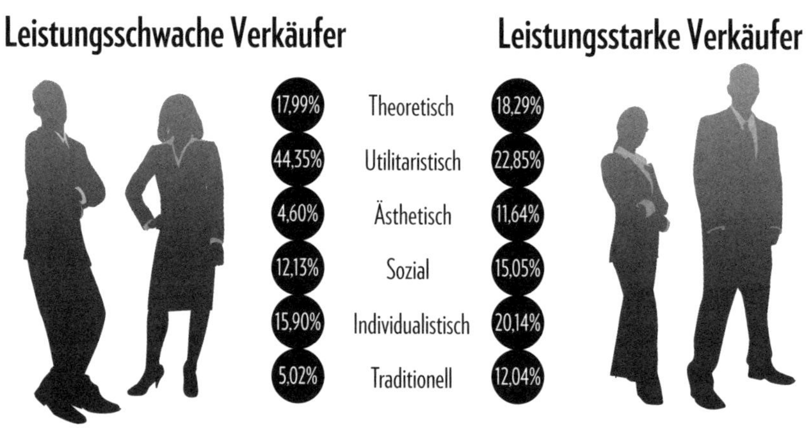

Abbildung 11 Verteilung der sechs Motivatoren unter den leistungsschwachen und leistungsstarken Verkäufern

Der am weitesten verbreitete Motivator in der Gruppe der leistungsschwachen Verkäufer ist der utilitaristische Motivator (44,35 Prozent). Er gibt das Verhältnis zwischen der verbrachten Zeit, der erhaltenen Belohnung, der Effizienz und des daraus abgeleiteten wahrgenommenen Wertes wieder. Der zweithäufigste Motivator steht mit nur 17,99 Prozent weit abgeschlagen dahinter; er kommt nur auf gut ein Drittel des Hauptmotivators. Das ist bemerkenswert, weil die utilitaristischen Werte stark das eindimensionale Stereotyp des Verkäufers aus den 1950er-Jahren widerspiegeln, der von Haustür zu Haustür ging und versuchte, Leute zum Kauf zu nötigen. Das mag in den Wirtschaftswunderjahren der Nachkriegszeit funktioniert haben, als das Produkt König war, aber heute – vor allem angesichts der Generation der Millennials, die nach Rollen suchen, die ihnen Sinn und Zweck bieten – scheint diese Art Motivation zu einem wenig erfolgversprechenden Verhalten und entsprechend mageren Ergebnissen zu führen.

Während unserer Untersuchungen fragten wir uns, bis zu welchem Grad die Motivation durch Zeit und Geld ein Nebeneffekt der taktischen Beurteilungsfragen von Verkaufsmanagern war: *Wie viel Zeit haben Sie letzte Woche mit echtem Verkauf verbracht? Wie viele Anrufe haben Sie getätigt? Wie viele Anrufe haben Sie für diese Woche geplant? Wie viel Geld sind sie wert? Wann bekommen Sie die Unterschrift?* Wir haben festgestellt, dass es zwar eher nicht der Weiterentwicklung des Verkäuferberufs dient, wenn Manager ihre Verkäufer weiterhin an nachgeordneten Indikatoren messen, in der Praxis hat das jedoch keine großen Auswirkungen auf die Kernmotivatoren der Verkäufer. Damit erhielten wir die Bestätigung, dass es sich bei den identifizierten Motivatoren um intrinsische tiefe Überzeugungen handelte, und keine extrinsischen, von außen induzierte Motivatoren.

Bei den Ergebnissen der Spitzenverkäufer fällt auf, dass die sechs Motivationen gleichmäßiger verteilt sind. Ganz eindeutig hatten diese Verkäufer ein größeres Maß an Flexibilität in ihrer Reaktion auf unterschiedliche Situationen entwickelt. Das impliziert eine gewisse emotionale Beherrschung und Reife.

Da diese Erkenntnisse mehr Fragen als Antworten aufwarfen, begannen wir im Jahr 2015 mit den Untersuchungen, die zur Entdeckung des Verkaufscodes der weltbesten Verkäufer geführt haben.

BIBLIOGRAFIE

1 William E. Smith, "Disaster Screaming Like a Banshee", Time Magazine, 2001.

2 William Moulton Marston, *Emotions of Normal People*, London: Cooper Press, 2014.

3 James Allen, *As a Man Thinketh*, London: The Savoy Publishing Company, 1903.

4 Eliot Rosen and Ellen Burstyn, *Experiencing the Soul: Before Birth, During Life, After Death*, London: Hay House Inc., 1998.

5 Matt Mayberry, "The Extraordinary Power of Visualizing Success", *Entrepreneur Magazine*, 30. Januar 2015, aufgerufen am 20. Oktober 2016, https://www.entrepreneur.com/article/242373.

6 Denis Waitley, *Seeds of Greatness – The Ten Best-Kept Secrets of Total Success*, New York, NY: Pocket Books, 2010.

7 Nathan Furr, "How Failure Taught Edison to Repeatedly Innovate", *Forbes*, 9. Juni 2011, aufgerufen am 21. Oktober 2016, https://www.forbes.com/sites/nathanfurr/2011/06/09/howfailure-taught-edison-to-repeatedly-innovate/#3ab16eb865c9.

8 Nick Curtis, "Why Failing Upwards is the Best Way to Succeed", *The Telegraph*, 16. Februar 2016, aufgerufen am 22. Oktober 2016, http://www.telegraph.co.uk/wellbeing/mood-and-mind/whyfailing-upwards-is-the-best-way-to-succeed.

9 Jennifer Nielsen, "Highlights from Oprah's JK Rowling Interview", Jennielsen, 4. Oktober 2010, aufgerufen am 13. Mai 2017, http://www.jennielsen.com/archives/501.

10 Henry Charles Link, *The New Psychology of Selling and Advertising*, Whitefish, MT: Literary Licensing, 1932, 102.

11 Alex Hill, Liz Mellon, Ben Laker and Jules Goddard, "The one type of leader who can turn around a failing school", *Business Review*, Oktober 2016, aufgerufen am 21. Oktober 2017, https://hbr.org/2016/10/the-one-type-of-leader-who-can-turnaround-a-failing-school.

12 Carmine Gallo, *Talk Like TED – The 9 Public Speaking Secrets of the World's Top Minds*, London: Pan Macmillan, 2014.(Deutsche Ausgabe: *Talk Like TED – Die 9 Geheimnisse der besten Redner*, München: Redline, 2016.)

13 Abraham Maslow, *A Theory of Human Motivation* (New York, NY: Start Publishing, 2012), 46.

14 Helmuth Graf von Moltke, *Moltke on the Art of War: Selected Writings*, Hrsg. Daniel J. Hughes, übers. v. Harry Bell, Novato, CA: Presidio Press, 1996.

15 Mike Berardino, "Mike Tyson explains one of his most famous quotes", *Sun Sentinel*, 9. November 2012, aufgerufen am 13. Mai 2017, http://articles.sun-sentinel.com/2012-11-09/sports/sfl-mike-tyson-explains-one-of-his-most-famousquotes-20121109_1_mike-tyson-undisputed-truth-famousquotes.

16 Sigmund Freud, *Das Unbehagen in der Kultur*, Wien: Internationaler Psychoanalytischer Verlag, 1930.

17 David Daniel Kennedy, *Feng Shui for Dummies*, 2. Auflage, Hoboken, NJ: John Wiley & Sons, 2010.

18 Richard Bach, *Running from Safety: An Adventure of the Spirit*, New York, NY: Delta, 1995.

19 Post Staff Report, "Why Losers Have Delusions of Grandeur", *New York Post*, 23. Mai 2010.

20 Charles Darwin, *The Descent of Man: Selection in Relation to Sex*, London: John Murray Publishers, 1871.

21 Justin Kruger and David Dunning, "Unskilled and Unaware of It: How Difficulties in Recognizing One's Own Incompetence Lead to Inflated Self-Assessments", *Journal of Personality and Social Psychology* 77, 1999.

22 Mar Abrahams, "Those Who Can't, Don't Know It", *Harvard Business Review*, Dezember 2005, aufgerufen am 24. Oktober 2016, https://hbr.org/2005/12/those-who-cant-dont-know-it.

23 Confucius, *The Analects of Confucius*, übers. v. William Edward Soothill. Yokohama: Fukuin Printing Company, 1910, 168.

24 Abraham Maslow, "A Theory of Human Motivation", *Psychological Review* 50, 1943, 370-396.

25 Oliver Wendell Holmes, *The Complete Poetical Works of Oliver Wendell Holmes*, Boston, MA: Houghton, Mifflin and Company, 1908.

26 Kelly McGonigal, *The Upside of Stress: Why Stress Is Good for You, and How to Get Good at It*, London: Penguin Random House, 2015. (Deutsche Ausgabe: *Glücksfaktor Stress: Warum Stress uns erfolgreich und gesund macht*, Stuttgart: Trias, 2018.)

27 "Engagement is the keystone of employee productivity", Human Performance Institute national survey, Februar 2010, aufgerufen am 26. Oktober 2016, https://fisher.osu.edu/supplements/10/7951/Engagement%20White%20Paper.pdf

28 Ross Devol et. al., *The Economic Burden of Chronic Disease: Charting a New Course to Save Lives and Increase Productivity and Economic Growth*, Santa Monica, CA: Milken Institute, October 2007.

29 "At a Glance 2015", The National Center for Chronic Disease Prevention and Health Promotion (CDC), aufgerufen am 27. Oktober 2016, https://www.cdc.gov/chronicdisease/resources/publications/aag/pdf/2015/nccdphp-aag.pdf.

30 "Napoleon Bonaparte quotes and sayings", 95 Quotes, 22. Juli 2016, aufgerufen am 2. November 2016, http://95quotes.com/index.php?/napoleon-bonaparte-quotes/853675.html.

31 Institute of Medicine, "PTSD Compensation and Military Service", National Research Council, September 2007, aufgerufen am 28. Oktober 2016, https://www.nap.edu/catalog/11870/ptsdcompensation-and-military-service.

32 Randy Herring, "Recuperation and Muscular Growth!", *Bodybuilding*, 22. Juli 2016, aufgerufen am 2. November 2016, https://www.bodybuilding.com/content/recuperation-andmuscular-growth.html.

33 "Employee & Retiree Services," SAS Institute, aufgerufen am 4. November 2016, http://www.sas.com/corporate/sasfamily/extras/index.html#menus.

34 "Fortune Rankings," SAS Institute, aufgerufen am 6. November 2016, http://www.sas.com/news/preleases/FortuneRanking09.html.

35 Addam Corre, "15 Great Motivational Quotes from Henry Ford," *Life Daily*, 27. November2014.

36 Martin Scorsese, *Wolf of Wall Street*, Paramount Pictures, 2013.

37 Arthur Miller, *Death of a Salesman*, Penguin Books, 1 January, 1996. (Deutsche Ausgabe: Tod eines Handlungsreisenden, Frankfurt am Main: S. Fischer Verlage, 1987.)

38 Christopher Clarey, "Strange Habits of Successful Tennis Players," *New York Times*, 21. Juni 2008.

39 Ebenda.

40 Paul LeFavor, *US Army Special Forces Small Unit Tactics Handbook*, Fayetteville, NC: Blacksmith Publishing, 2013, 238.

41 Chris Lang, 11. April 2011, Kommentar zu "What is the average conversion rate for an outbound telemarketing campaign?," *Quora*, 11. April 2011, aufgerufen am 8. November 2016, https://www.quora.com/What-is-the-average-conversion-rate-for-anoutbound-telemarketing-campaign

42 Abby Ellin, "Resiliency: the Buzzword That Could Take Your Career to New Heights", Johnson & Johnson, 9. Oktober 2016, aufgerufen am 12. November 2016, https://www.jnj.com/innovation/resilience-in-the-workplace-training-human-performance-institute.

43 Robert M. Sapolsky, *Why Zebras Don't get Ulcers*, 3. Auflage, New York, NY: St Martin's Press, 2004. (Deutsche Ausgabe: *Warum Zebras keine Migräne kriegen: Wie Stress den Menschen krank macht*, München: Piper 1998.)

44 Lynette Ryals and Iain Davies, "Vision Statement: Do You Really Know Who Your Best Salespeople Are?", *Harvard Business Review*, Dezember 2010, aufgerufen am 14. November 2016, https://hbr.org/2010/12/vision-statement-do-you-really-knowwho-your-best-salespeople-are.

45 Laurence Minsky and Keith A. Quesenberry, "How B2B Sales Can Benefit from Social Selling", *Harvard Business Review*, 10. November 2016, aufgerufen am 16. November 2016, https://hbr.org/2016/11/84-of-b2b-sales-start-with-a-referralnot-a-salesperson.

46 Andy Hoar, "Death of a (B2B) Salesman", Forrester Research, 13. April 2015, aufgerufen am 18. November 2016, https://www.forrester.com/report/Death+Of+A+B2B+Salesman/-/ERES122288

47 Nicholas A.C. Read und Stephen J. Bistritz, *Selling to the C-Suite: What Every Executive Wants You to Know About Successfully Selling to the Top*, New York, NY: McGrawHill Education, 2009.

48 Neil Rackham, *To Increase Sales, Change the Way You Sell*, (Harvard Business Review, 2014).

49 Jim Keenan and Barbara Giamanco, *Social Media and Sales Quota*, Denver, CO and Atlanta, GA: A Sales Guy Consulting and Social Centered Selling, 2013.

50 Ebenda.

51 Alex Hisaka, "5 B2B Buyer Preferences to Know," LinkedIn Sales Blog, 24. September 2014, aufgerufen am 22. November 2016, https://www.linkedin.com/pulse/5-b2b-buyer-preferencesknow-alex-hisaka.

52 Kevan Lee, "The 29 Most Common Social Media Rules: Which Ones Are Real? Which Ones Are Breakable?", *Buffer*, 2. März 2015, aufgerufen am 24. November 2016, https://blog.bufferapp.com/social-media-rules-etiquette.

53 Maggie Hibma, "The Marketer's Guide to Proper Social Media Etiquette", *Hubspot*, 6. Mai 2013, aufgerufen am 28. November 2016, https://blog.hubspot.com/marketing/marketers-guide-propersocial-Mediaetiquette#sm.00005pr9d2eb7f8sqsz2cm3jmun05.

54 Jodi Parker, "Social Media Etiquette Guide," *Tollfreeforwarding*, 18 Juli 2014, aufgerufen am 29. November 2016, https://tollfreeforwarding.com/blog/social-media-etiquette-guide.

55 Rebekah Radice, "10 Golden Rules to Successful Social Media Marketing", 25. November 2014, aufgerufen am 2. Dezember 2016, https://rebekahradice.com/golden-rules-successful-social-mediamarketing.

56 Chris Brogan, "An Insider's Guide to Social Media Etiquette", Owner Media Group, 24. Februar 2011, aufgerufen am 5. December 2016, http://chrisbrogan.com/socialmediaetiquette.

57 Travis Balinas, "Social Media Etiquette for Business", *Outbound Engine*, 23. September 2015, aufgerufen am 7. Dezember 2016, http://chrisbrogan.com/socialmediaetiquette.

58 The Routledge Companion to Marketing History, Hrsg. D.G. Brian Jones und Mark Tadajewskim, Abingdon: Routledge, 2016).

59 Laura Barnett, "Death of a Salesman: No More Door-to- Door Britannica", *The Guardian*, 14. März 2012, aufgerufen am 9. Dezember 2016, https://www.theguardian.com/media/shortcuts/2012/mar/14/britannica-death-salesmen-door.

60 Paula Gorry, "The Journey of Direct Selling", *Sales Initiative*, 30. November 2015, aufgerufen am 12. Dezember 2016, http://www.sales-initiative.com/toolbox/selling/the-journey-of-direct-selling.

61 Katt Savage, "It Really Sucks: A Kirby Vacuum Salesperson's Story", *Schizophasic*, 10. Mai 2012, aufgerufen am 16. Dezember 2016, http://schizophasic.blogspot.co.uk/2012/05/itreallysucks-kirby-vacuum.html

62 Rebekah Bernard, "Can You Fake Empathy Until It Becomes Real?", KevinMD.com, 13. September 2015, aufgerufen am 2. Januar 2017, http://www.kevinmd.com/blog/2015/09/can-you-fakeempathy-until-it-becomes-real.html.

63 Anthony Goh and Matthew Sullivan, "The Most Misunderstood Business Concept in China", *Business Insider*, 24. Februar 2011, aufgerufen am 5 Januar 2017, http://www.businessinsider.com/themost-misunderstood-business-concept-in-china-2011-2?IR=T.

64 Robert Cialdini, Influence: *The Psychology of Persuasion*, London: Harper Collins, 1984. (Deutsche Ausgabe: *Die Psychologie des Überzeugens: Wie Sie sich selbst und Ihren Mitmenschen auf die Schliche kommen*, Göttingen: Hogrefe, 2017.)

65 Aristotle, *On Rhetoric*, übers. v. George A. Kennedy, Oxford: Oxford University Press, 2011. (Deutsche Ausgabe: Aristoteles, *Rhetorik*, Ditzingen: Reclam 1999.)

66 Sean O'Neill, "Cold Calling Analysis: How Many No's to Get a Yes", *Vendere Partners*, 1. August 2011, aufgerufen am 7. Januar 2017, http://info.venderepartners.com/bid/66537/Cold-Calling-Analysis-How-Many-No-s-to-Get-a-Yes.

67 Jeremy Miller, "3 zu Rule: Engage Customers Before They Need Your Services", *Sticky Branding*, 5. Mai 2015, aufgerufen am 10. Januar 2017, https://stickybranding.com/3-rule-engagecustomers-before-they-need-your-services.

68 Gerhard Gschwandtner, "Are You at Risk of Being Replaced by Technology?", *Selling Power*, 3. August 2010, aufgerufen am 12. Januar 2017, http://blog.sellingpower.com/gg/2010/08/areyou-at-risk-of-being-replaced-by-technology-.html.

69 Christopher Davie et al, "Three Trends in Business-to-Business Sales", McKinsey & Company, Mai 2010, aufgerufen am 15. Januar 2017, http://www.mckinsey.com/business-functions/marketingand-sales/our-insights/three-trends-in-business-to-business-sales

70 Keith Rosen, "Effective Listener: It Ain't About You", *ProfitBuilders*, aufgerufen am 27. November 2016, erneut aufgerufen am 18. Januar 2017, http://www.profitbuilders.com/articles/communication/skills-to-becoming-the-most-effective-listener.php.

71 S. F. Scudder, "Sociological Systems", Communication Theory, 15. Januar 2016, aufgerufen am 19 Mai 2017, http://www.opentextbooks.org.hk/ditatopic/14729.

72 Robert Dilts & Judith DeLozier, *NLP II – The Next Generation: Enriching the Study of the Structure of Subjective Experience*, Capitola, CA: Meta Publications, 2010. (Deutsche Ausgabe: *NLP II – die neue Generation: Strukturen subjektiver Erfahrung – die Erforschung geht weiter*, Paderborn: Junfermann Verlag, 2013.)

73 Sue Knight, *NLP at Work: The Essence of Excellence*, 3. Auflage, London: Nicholas Brealey Publishing, 2009.

74 Winston Churchill, *His Complete Speeches, 1897–1963: Vol. 4* (1922-1928), Hrsg. Robert Rhodes James, New York, NY: Chelsea House Publishers, 1974, 3706.

75 "A quote by Albert Einstein" Goodreads, 28. November 2016, aufgerufen am 18. Januar 2017, https://www.goodreads.com/quotes/118182-you-never-fail-until-you-stop-trying

76 Eduard Spranger, *Types of Men: The Psychology & Ethics of Personality*, Halle: M. Niemeyer, 1928.

77 Ian Mills and Mark Ridley, *100 Big Ideas to Help You Succeed*, London: LID Publishing, 2013.

INDEX

A

Adidas 38, 96, 113, 121
Agassi, Andre 120
Alexander der Große 174
Ali, Muhammad 58
Angelou, Maya 197
Angst 67, 69
Angst vor Fehlern 53
Anpassungsfähigkeit 191
Apple 188
Arbeit
  harte 113, 115, 224
  intelligente 113, 115, 224
Aristoteles 174, 176
Asics 38
Assoziierung 213
Attribution
  äußere 101
  innere 101
Atychiphobie 53
Autorität 167
AXA Direct 37

B

B2B-Geschäft 157
Bach, Richard 86
Bedürfnispyramide 73
Bedürfnisse, grundlegende 73
Benton, Phil 69, 96, 113, 121
Benton; Phil 38
Beständigkeit 166
Bezos, Jeff 72
Bill & Melinda Gates-Stiftung 94
Bolt, Usain 133
Bonaparte, Napoleon 111
Brennende Plattform 53
Bush, George H. W. 201

C

Can-do-Mentalität 93
Carnegie, Dale 30
Carrey, Jim 58
Churchill, Sir Winston 215
Cialdini, Robert 166
Cisco 45
Cisco Systems 183
Clean Questioning 16
Clinton, Bill 201
Closer 149, 183
Coaching 63
Covey, Stephen 118
Cunliffe, Tom 69

D

Deloitte 33, 122
Demotivatoren 15
Dickie, Jim 182
Disneyland 37
Dunning, David 87
Dyson, James 61

E

Edison, Thomas 61
Edmunds, Claire 40, 153
Effektivität 167
Eigenverantwortung
  bedingungslose 81
Einfluss 21, 24, 161, 164, 166
Einstein, Albert 215
Ellison, Larry 30
Empathie 162, 181, 188, 191, 198
Erfolg 61, 67, 80
Erfolg geistig vorwegnehmen 58
Erfüllung 19, 23, 24, 48, 51, 65, 67, 70, 73, 90
Erholungspausen 125

Ethos 175, 176, 179, 181, 183
Exzellenz 63

F

Facebook 159
Fehler 223
Feidner, Erica 30, 69, 151, 231
Ford, Henry 116
Freud, Sigmund 81

G

Gagarin, Juri 212
Gegenseitigkeit 166
  Regeln der 165
Geldorf, Bob 212
Gesetz des sinkenden Grenzertrags 56
Glaubenssätze
  persönliche 16
Glaubenssystem 229
Glaubenssystem von Spitzenverkäufern 51
GlaxoSmithKline 28, 94
Goodnight, Jim 113
Gore, Al 25
Gorilla 148
Gorillataktik 145, 147, 149, 227
Gorillataktiker 151
Gschwandtner, Gerhard 182
guanxi 165
Guerilla 143
Guerillataktik 145, 227
Guerillataktiker 151

H

Handlungsmotivator Angst 51
Handlungsmotivatoren 18, 24, 48, 80, 86, 89, 90, 113, 145, 176, 178, 206, 207, 213, 222, 228
  Intensität der 63
Handlungsmotivator Wunsch 51
Held 82
Heldenmentalität 81, 84, 91, 95, 223
Hindernisse
  herunterbrechen 164
Holmes; Oliver Wendell Jr. 101
Holmes, Oliver Wendell Sr. 190
Holzhammer 179
Holzhammermethode 227

I

Instagram 158
Introspektion 214

J

Jordan, Louis 33, 63, 66, 122, 123, 186, 188, 190
Jordan, Michael 58
J. P. Morgan 37, 65, 95, 96

K

Keenan, Jim 156
Kommunikation 22, 24, 176, 179, 188, 195, 228
  effektive 200
  nonverbale 163
Konfuzius 91
Kontinuierliche Verbesserung 52
Kontrolle 20, 24, 84, 90, 91, 97
Kontrolle, Lokation der 102
KPMG 33
Kruger, Justin 87
Kundenkontakt 156

L

Lea, Jennifer 124
Leicester City 219
Leidenschaft 69
Leistungsspirale
  negative 131
LinkedIn 158

Link, Henry C. 65
Loehr, Dr. James 119
Logos 175, 176, 179, 181, 183

M

Mailvaganam, Dilip 35, 68, 97, 152
Marke, persönliche 72
Maslow, Abraham 73
Master 149
Maxwell, John 18
Mayberry, Matt 58
McGonigal, Kelly 109
McKinsey 183
Medien, soziale 156
Mentalität
 wachstumsorientierte 94
Microsoft 35, 68, 97, 152
Minderwertigkeitskomplex 65
Misserfolg 59, 61, 63, 69, 80, 85, 180
Moltke, Helmuth von 81
Monolog, innerer 128
Motivation
 ästhetische 236
 individualistische 237
 soziale 237
 theoretische 235
 traditionelle 238
 utilitaristische 236
Motivationsbalance 206, 208, 218, 229
Motivationsdeltas 207
Motivatoren 15
Moulton, Garth 182
Multiplikationseffekt 154

N

Netzwerk 142
New Balance 38
Nike 38, 95, 96

O

O'Day, Raphaela F. 123
Ogilvy, David 30
Opfer 82
Opfermentalität 81, 84, 87
Oracle 42, 96, 187

P

Pathos 175, 176, 179, 184, 191
Patton, George S. Jr. 122
Pink, Daniel 25
Pinterest 159
Platon 174
Pol, Chuck 27, 154
Psychometrie 15, 219

R

Rackham, Neil 155
Raikes, Jeff 94
Read, Nic 90
Redner 150, 183
Regenerierungsstrategien 112
Resilienz 20, 24, 110, 112, 120, 123, 130, 131
Rhetorik 174
Rosen, Keith 188
Rotter, Julian B. 102
Rowland, J. K. 61

S

Sapolsky, Robert 131
SAS 113
Schoenmakers, Iris 92
Schuller, Colleen 28, 94, 153
Scudder, S. F. 200
Selbsterfüllung 73
Selbstmanagement 117
Selbstregenerierung 118
Selbsttäuschung 148
Selbstüberzeugung 148
Selbstverbesserung 91

Selbstverpflichtung 166
Socializer 150
Social Media 157
Social-Media-Marketing 155
Social-Media-Posts 157
Social-Media-Selling 155, 156
Social Selling 156
Sokrates 174
Sondheim, Stephen 208
Sony 44
Souveränität 24
Sozialer Beweis 167
Spitzenleister 27, 29, 31, 33, 35, 37, 39, 41, 43, 45, 58, 64, 67, 69, 82, 92, 95, 97, 99, 178, 185, 190, 191, 230
Spitzenverkäufer 24, 91, 94, 113, 116, 119, 140, 142, 154, 176, 178, 186, 187, 188, 192, 198, 218, 222, 228, 229, 239
Spranger, Eduard 233
Steinway 30, 151
Stone, Justin 36, 65, 95, 96
Streben 67
Stress
  negativer 225
  positiver 225
Stressauslöser 124
Stressmanagement 108
Sympathie 167
Syrus, Pubilius 68

T

Taylor, Harriet 42, 96, 187, 191
Twitter 158
Typenlehre
  psychologische 234
Tyson, Mike 81

U

Überzeugung
  glaubensbasierte 213
Überzeugungen
  nachgeordnete 18
Überzeugungssystem 229
Überzeugungssysteme 25
Under Armour 38
Unterforderung 130

V

Verankerung 214
Verantwortung 80, 99
Verdrängungsökonomie 182
Verkäufer
  Glaubenssystem 17
  traditioneller 182
Verkaufscode 18
Verkaufsergebnisse 24
Verkaufsikonen 25, 69, 70, 195, 207
Verkaufsintegrität 152
Verkaufskultur 228
Verkaufspräsentation 199
Verkaufstechniken
  manipulative 162
Verkaufstransformation 218
Verknappung 167
Vision
  gemeinsame 166
Vodafone 27, 154
Voltaire 207
Vorbilder 209
VUCA 211

W

Waitley, Denis E. 61
Wheeler, McArthur 86

Z

Zielcredo Einfluss 21, 159, 226
Zielcredo Erfüllung 19, 48, 49, 222
Zielcredo Kommunikation 22, 195
Zielcredo Kontrolle 20, 84, 223
Zielcredo Resilienz 20, 117, 126, 225
Zielcredos 16, 17, 19, 23, 24, 48, 80, 89, 90, 206, 222
Zielpfade 24
Ziglar, Zig 30
Zuhören 164, 181, 186, 188, 189
  verbessern 189

DIE CODEKNACKER

IAN MILLS ist Managing Partner von Transform Performance International und Co-Autor des Buches *100 Big Ideas to Help You Succeed* (LID, 2013).[77] Er ist Verkäufer und hat Verkaufsorganisationen in den hoch dynamischen Sektoren Konsumgüter, Finanzen und Technologie geleitet. Seit 1999 ist Ian einer der führenden Köpfe beim Aufbau einer global erfolgreichen Performance-Improvement-Beratung, die Kunden in mehr als 60 Ländern erfolgreiche Lösungen bietet, und hat Transformations- und Behavior-Change-Projekte für Unternehmen wie Hewlett-Packard, Deloitte und American Express durchgeführt – von Lima im Westen bis Peking im Osten.

MARK RIDLEY ist Gründungspartner von Transform Performance International und eine der treibenden Kräfte hinter diesem überaus erfolgreichen Unternehmen mit Sitz in Großbritannien. Als inspirierender Coach und Co-Autor des Buches *100 Big Ideas to Help You Succeed* (LID, 2013) arbeitet er seit mehr als 25 Jahren als Stratege, Vorsitzender und Facilitator für globale Marken, Investmentfirmen und akademische Institutionen in 60 Ländern. In diesen Rollen inspirierte er Führung- und Coaching-Talente, trug maßgeblich zur Umsatzsteigerung bei und transformierte die Kommunikation. Mark Ridley moderiert regelmäßig auf großen Konferenzen und anderen Veranstaltungen weltweit. Er ist ein anerkannter Experte auf den Gebieten Verkaufsführung, emotionale Intelligenz und Exzellenz in der Zusammenarbeit.

DR. BEN LAKER ist Partner von Transform Performance International und trat nach einer wissenschaftlichen Forschungskarriere in das Unternehmen ein. Er ist Mitgründer des Centre for High Performance und leitete MBA-Programme an der britischen Kingston Business School. Dr. Laker war außerdem Visiting Professor an der Russian Presidential Academy of National Economy. Er hat mit Apple und der NASA zusammengearbeitet und ist Autor von drei Artikeln zum Thema Führung, die in der *Harvard Business Review* veröffentlicht wurden. Weitere seiner Beiträge wurden in *Forbes, The Economist, The Times, The Guardian, The Telegraph* und *The Independent* veröffentlicht und auf BBC Newsnight ausgestrahlt.

TIM CHAPMAN ist Partner von Transform Performance International und Dozent für Verhaltensökonomik und Internationales Verkaufsmanagement an der Universität von York. Er verfügt über mehr als 25 Jahre Erfahrung im direkten Verkauf im internationalen Industriekundengeschäft, in Senior-Management-Positionen und in verschiedenen Sales-Excellence-Rollen. Tim Chapman hat ein erfolgreiches Coaching- und Beratungsgeschäft mit Schwerpunkt auf emotionaler Verkaufsintelligenz aufgebaut und führt Projekte für eine Reihe von mittelständischen Unternehmen und Konzernen in Großbritannien, Kontinentaleuropa, Kanada und den Vereinigten Staaten durch.

DER VERKAUFSCODE

Die Erfolgsgeheimnisse der weltbesten Verkäufer

ISBN 978-3-03876-524-0

1. Auflage 2019

Übersetzung: Almuth Braun
Lektorat: Evelyn Boos-Körner
Korrektorat: Kathrin Lichtenberg
Layout: Ulrich Borstelmann
Projektleitung: Gregory C. Zäch
Druck und Bindung. FINIDR

Printed in Europe

www.midas.ch

Die englische Originalausgabe ist unter dem Titel
»The Salespersons Secret Code« bei LID Publishing erschienen.

Midas Management Verlag AG, Dunantstrasse 3, CH-8044 Zürich
Website: www.midas.ch / Mail: kontakt@midas.ch / Social Media: @midasverlag

Die deutsche Nationalbibliothek verzeichnet diese Publikation in der Deutschen Nationalbibliografie; Detaillierte bibliografische Daten sind im Internet über www.dnb.de abrufbar.